基于学习科学的学科教学丛书

丛书总主编◎皮连生　庞维国　高宏伟

陈　刚／著

U0237999

物理
学习与教学论

WULI XUEXI YU JIAOXUELUN

华东师范大学出版社

课堂教学的科学

——《学与教的心理学》在学科教学中的运用

1987 年,我在苏州铁道师范学院(今苏州科技大学)从事公共课心理学的教学工作。当时,我国高等师范院校一般只开设一门心理学课程(一个学期,每周 2—3 课时)。教材内容主要是从苏联引进的普通心理学,包括认知过程:注意、感知觉、记忆、思维、想象;个性心理特征:能力、性格、意志等;另外还增加了有关儿童发展心理学和教育心理学等的内容。学生对心理学这门概念多、实际运用难的课程普遍不感兴趣,认为学了用不上。教育行政部门对这门课程也普遍不够重视。在一次江苏省教委的会议上,我提出心理学课程只开一学期,每周只有两课时,课时太少。一位教委负责人回答:"给两课时基层学校还嫌浪费,给三课时就更嫌浪费了。"

值得庆幸的是,国际心理学在 20 世纪七八十年代发起了认知心理学革命。认知心理学恰好回答了钱学森先生提出的教育科学的基础理论问题。他说:"教育科学中最难的问题,也是最核心的问题是教育学科的基础理论,即人的知识和应用知识的智力是怎样获得的,有什么规律。解决了这个核心问题,教育科学的其他学问和教育工作的其他部门就有了基础,有了依据。没有这个基础理论,其他也就难说准。所以,首先应该集中研究教育科学的基础理论。"例如,加涅在 20 世纪 70 年代将学生的学习结果分成言语信息、智慧技能、认知策略、动作技能和态度等五个类别。他在《学习的条件》一书中解释了每类学习的过程和条件。除态度之外,其他四类学习结果都来源于知识。加涅系统地阐明了知识是怎么转化为学生的技能和智慧能力(即钱先生所说的"应用知识的智力")的一般规律。这样心理学就从孤立地研究认知过程走上将认知过程与知识学习相结合的道路。

20 世纪八九十年代,在认知学习理论基础上又产生了一门新学科,即基于学习心理学的系统化教学设计。它通过四个关键环节,使教师教学行为建立在科学的学习心理学基础上:

(1)通过一套技术使教学目标行为化,变得可以观察和测量;

(2)对教育目标中的学习结果类型及其学习的条件进行分析,据此决定学习的过程和条件;

(3)依据上述分析选择适当的教学过程和方法,为有效学习创造合适的条件;

(4)对照目标设计测量与评价教学效果的工具(包括测验题、练习题)以及评价标准。

传统上,教师的教学主要基于经验。新教师上岗主要模仿老教师的做法。因此一般师范院校的学生认为"不用学心理学,照样可以当教师"。在系统化教学设计产生并被移植到学校课堂教学之后,教师不学心理学,寸步难行。因为不懂心理学,在备课时教师不会写教学目标;在上课时,教师不知道学习的性质是什么,往往会将技能教成知识,或用教知识的方法来教学生态度和行为,也不知道如何用外显行为来检测学生内在的能力和倾向的变化。

为了反映国际学习心理学和教学设计方面的新进展,改革高等师范院校公共心理学课程,我在1987年承担高等师范院校公共心理学课程的教学工作之后,就着手改革高等师范院校公共心理学的教材内容。经过三年的努力,在华东师范大学心理学系邵瑞珍教授的指导下,苏州铁道师范学院联合上海教育学院、浙江省教育学院、南京师范大学和宁波师范学院(今宁波大学)部分心理学教师编写了一本以学习心理学和教学心理学为主要内容的高等师范院校公共心理学教材,取名《学与教的心理学》(1990年由华东师范大学出版社出版)。实际上,它是我国第一本基于科学心理学的教学论,简称科学取向的教学论。

该教材一经使用就受到试用学校的普遍欢迎。苏州铁道师范学院的公共心理学教学教材获院内优秀教材一等奖,并获江苏省普通高校优秀教学质量三等奖(1991年);宁波师范学院的公共心理学教学改革获院内特等奖,省内二等奖(1993年);《学与教的心理学》曾获上海市哲学社会科学优秀著作三等奖(1994年),优秀教材一等奖(1999年),2006年入选教育部普通高校教育"十一五"国家级规划教材。

《学与教的心理学》被作为高等师范院校公共心理学教材之后,受到了普遍欢迎,每年发行一万多册,近三十多年来经久不衰。但试教学校的教师和学生普遍感到该书的特点是新和难。难在什么地方?不在文字,而在于如何运用。因为学习公共心理学的师范院校的学生来自语文、数学、英语、历史、地理等不同系科。公共心理学教材只讲一般学习与教学的心理学原理,举例也大多数是小学的例子。学科知识越简单,越容易被来自不同系科的学生接受。但各学科的学生如何在本学科的实践中运用学与教的一般心理学原理呢?对于这个问题,不仅学生感到难,任课教师也感到难,而且作为教材的编者,也犯难,因为这是一个有待研究和开发的全新领域。同时,这一任务不是心理学家、教学设计专家能独立完成的,他们必须与中小学学科教师合作,只有经过多年努力,才可能在理论研究和案例开发上获得较大突破。自20世纪90年代以来,我和我的硕士、博士研究生先后在华东师范大学附属小学进行多年语文教学研究,之后又连续三年在上海市宝山区十所中小学校的多个学科课堂中进行应用研究。在硕士、博士论文研究的基础上,我们出版了"学科教学论新体系"丛书共七种:语文、数学各两册,自然科学、社会科学和英语各一册(2004年和2005年先后在上海教育出版社出版)。

此后,我和王小明、庞维国及他们的研究生的参与下,将修订的布卢姆认知目标分类学《学习、教学和评估的分类学:布卢姆教育目标分类学修订版》(2001年)、加涅等的《教学设计原理》(2005年)、史密斯等的《系统化教学设计》(2005年)、迪克等的《教学设计》(2005年)和M·P·德里斯科尔的《学习心理学:面向教学的取向》(2005年)翻译出来,于2008至2009年在华东师范大学出版社先后出版,为深入进行学与教的理论与应用研究提供了最新资料。

从学科应用研究来看,语文学科是最难运用学与教的心理学原理的学科。经过长期积累和近十年的集中研究,语文学科的应用研究取得了重大突破。由我和合作者所著的《小学语文学习与教学论》和《小学语文教学设计与实施》已经完稿。由安徽师范大学文学院何更生教授(心理学博士)及其合作者所著的《中学语文学习与教学论》和《中学语文教学设计与实施》、由华东师范大学教师教育学院陈刚副教授(心理学博士)及其合作者所著的《物理学习与教学论》和《物理教学设计与实施》近期内可以完稿。由北京师范大学张春莉教授(数学硕士、心理学博士)及其合作者所著的《数学学习与教学论》和《数学教学设计与实施》实践卷争取在年内完稿。因研究人员更换,由苏州科技大学教育与公共管理学院吴红耘教授及其合作者所承担的《历史学习与教学论》和《历史教学设计与实施》,由徐州市教研室副主任、英语特级教师李秋颖及其合作者所承担的《英语学习与教学论》和《英语教学设计与实施》争取明年完成。

在2005年前,我们的教学案例开发是单科进行的。自2005年起,广州市花都区教育局提出了构建"科学课堂"的任务。构建"科学课堂"实质上就是用科学取向的教学理论武装教师,并通过在专家指导下的教学设计与实施的反复练习,使该理论支配教师备课、上课和评课的行为。全区设立了七所实验学校(小学三所,初中、高中各两所),同时聘请我的学术团队中的五名教授、一名副教授和一名特级教师进行理论指导。经过两年不分学科与分学科系统培训与操练,实验学校的教学骨干才开始比较系统地领会了科学取向的教学论。一旦他们系统地领会了科学取向的教学论,他们的教学设计就能表现出创造性。现在广州市花都区的"科学课堂"建设已经进入第三年,正是到了出人才和出成果的时候。

在此我要十分感谢广州市花都区教育局和教研室领导为我们提供了心理学专家、学科教学论专家、教研员和优秀的一线教师四结合开发教学案例的机会。没有你们的高瞻远瞩和强有力的领导,要完成这样的大型工程是不可想象的。经过三十年努力,供教师学习与运用的心理学不仅有《学与教的心理学》的一般原理,不久又会有语文、数学、英语、物理、历史等学科版的学与教的心理学教材出版。尽管不同学科的研究深度会有不同,可能还会留下遗憾,但我们已尽力了。

皮连生

目 录

本书的目标是解决物理教学中的"教学"问题。教学问题本质上是学习问题,符合学生学习机制的教学就是合理的,否则就是有待改进的。当代学习心理学的发展,以及关于内部的信息加工过程、学习后内部表征方式、相应外显行为等方面的研究成果,已经能够为解释教学有效性提供依据。我们将采用学习心理学的成果,阐述物理课程学习的类型、学习结果以及学习的内部机制,并基于此提出完整的物理教学设计理论。

本书共分为三部分。

第一部分:学习心理学取向的教学理论

本部分概述学习心理学取向的教学论的理论基础。重点解决如下问题:

(1)物理教学目标的一致性。从学习内容上看,物理学的发展为学习者提供的可学习的内容有:物理概念和规律、解决物理问题的各种方法、科学家在科学研究中表现出的一致稳定的行为等。从学习结果的类型看,上述三方面学习内容对应于《义务教育物理课程标准(2011年版)》提出的三维目标。以上各类型学习结果在不同物理问题解决中的综合运用,就表现为个体解决问题的能力与意愿,此种综合表现也就是《普通高中物理课程标准》(2017年版)提出的物理学科核心素养。所以,两个版本的课标从不同的角度对相同的学习内容提出了要求,其间不存在本质性的差异。要达成课标要求,无论是从三维目标实现还是从学科核心素养培养的角度,都需要回答以下问题:物理学科学习有哪些类型,不同类型学习结果的内在学习机制是什么,并在此基础上阐述有效教学的规律。此为本书第二部分重点解决的问题。

(2)学习心理学理论在物理课程学习中的具体运用。这不仅是本书立论的基础,同时也是进一步建立基于学习心理学的物理教学理论的前提。我们将结合物理学科实例,阐述加涅学习结果分类、信息加工等成熟的学习心理学理论。

(3)学习心理学取向的教学理论与哲学经验取向的教学理论的区别。教师应能区分两种取向教学理论的适用范围及特征,尽可能避免不同语境夹杂混用造成各执一词的交流困境。在这个部分,我们将对学习心理学取向教学理论中的核心环节——教学任务分析做出初步讨论。

第二部分:物理学科学习与教学分论

本部分阐述物理课程不同类型学习结果的学习机制与相应的教学方案。重点解决如下问题:

(1)方法的实质与教学实现。方法或者说策略是教学理论中一个非常核心的概念。通过讨论提出方法是引导个体形成解决问题的思考方向,从认知结构中选择、组合解决问题所需必要技能的技能。同时阐述方法的类型、习得机制以及相应的培养方案。

(2)物理概念和规律的学习与教学实现。阐述物理概念和规律意义学习的两种基本学习途径——实验归纳学习途径、理论分析学习途径中各子环节问题解决所用的策略。由于实验学习途径主要对标于学生"科学探究"素养的经历和学习,理论分析途径主要对标于学生"科学思维"素养的经历和学习,这方面的内容实质上解决了以上两方面素养实现的可能性和途径等问题。

(3)物理复杂习题学习的实质与教学实现。阐述学生在解决新题与常规习题方面学习的内部机制以及学习结果方面的不同,提出针对新题和问题图式类习题的教学方案。

(4)科学态度的实质与培养。从态度的三个成分、五个习得阶段阐述科学态度的实质。根据亲历学习和替代学习开发科学态度培养的模式。这方面的内容回答了科学态度与社会责任素养的实质以及相应培养方案的问题。

第三部分:物理教学设计理论

本部分构建以学习心理学为基础的物理教学设计理论。主要解决如下问题:

(1)物理学习的分类。合理有据的学习分类是分类教学有效性最基本的保证。本书综合学习心理学各家分类理论,提出将学习内容、学习类型、学习内部机制、内部表征方式以及外显行为整合一体的认知领域学习分类。根据学习分类开发出物理教学目标陈述的技术。

(2)物理教学设计的流程。包含教学任务分析、教学目标阐述、教学方案规划、学习结果测评等环节。重点阐述物理概念和规律意义习得的教学任务分析技术。

(3)教学规划的实施。教学方法的选择与教学难点的突破是教学规划环节的两项主要工作。教师可以选择有效信息在师生间传递的不同方式,实质体现出不同的教学方法。教学难点的本质是学习难点,通过教学任务分析,可以揭示学习过程中的内在机制,也就揭示了学生在哪些具体环节存在难点并回答了如何突破的问题。

(4)物理学习结果的测评。阐述物理概念和规律学习、问题解决学习后表现出的各外显行为的联系与区别,根据外显行为设计不同类型学习结果的测评项目。

本书是作者在皮连生教授指引的"学习心理学在中小学学科教学应用"方向十余年思考所得的汇总。作者坚信真正有价值的教学研究应以教学实际发生的现象为研究对象,并依据学习心理学理论予以解释,这是教师专业化的一条可行之路。衷心感谢皮连生教授的引领和帮助。希望我们的工作可以为物理教学的有效实施找出一种解决方案。限于作者水平,书中错漏之处必不少见,期待关心这部分工作的专家同仁,不吝批评并予以指正。

陈刚

2019 年 6 月

第一编
学习心理学取向的教学理论

第一章　物理课程学习的价值

物理科学不仅对物质文明的进步和人类对自然界认识的深化起着重要的推动作用，而且对人类思维的发展也产生了不可或缺的影响，同时在科学研究过程中形成的科学精神也是一种重要的文化精神，是人们应具备的一种重要的科学文化素质。弘扬科学精神对提高人们的科学文化素质具有重要意义，它可以帮助青少年确立科学的人生观和价值观，进一步提高认识问题和解决问题的能力，使其破除迷信、克服愚昧、自觉抵制伪科学。本章阐述物理科学发展对人类进步的影响，由此确立物理课程学习对个体成长具有的价值。分析指出近些年课程改革提出的"提高学生科学素养"或"培养学生核心素养"，从本质上说是没有差异的。

第一节　物理学对人类社会发展具有的价值

20 世纪 30 年代，人们通常认为科学是一种可证伪的知识体系，这种认识只是静态地审视科学，把科学仅仅等同于科学研究的结果——科学理论，而忽视了科学研究的动态过程本身，这是一种狭义的科学本质观。基于这种科学观，近代科学教育理论曾把科学教育等同于科学知识的教育，这种科学教育没有全面体现出科学学习应有的价值，具有一定的局限性。

20 世纪 60 年代以后，人们开始从一种广义的角度来理解科学，认为科学是一种特殊的社会文化探究活动。科学本身是一种探究活动，而作为知识系统的科学理论只是这种探究活动的结果；科学是一种特殊的社会文化现象，只有在特殊条件下才能得以产生和发展。[1]这种广义的科学本质观自提出后就开始逐步影响世界各国的科学教育理念。本节基于广义的科学本质观，从物理研究过程和结果两个方面阐述物理研究对人类社会的实际影响，从而助力教师体会物理课程实施的价值。

一、科学方法及其价值

方法是有助于提高个体解决特定问题效率的技能。在物理学研究的过程中，伴随着物理理论的积累和完善，确保科学研究有效性的科学方法亦在逐步形成和完善。

---

[1] 袁运开，蔡铁权.科学课程与教学论[M].杭州：浙江教育出版社，2003：6—7.

(一) 亚里士多德的研究方法与特点

1. 亚里士多德的研究方法

亚里士多德认为物体下落的快慢是由它们的重量决定的,物体越重,下落得就越快。他的思想与人们直观的经验比较吻合。我们平时看到树叶、雪花从空中飘下来,下落得比较慢;雨滴、石块从空中落下,下落得比较快。通过比较归纳,人们相信应该是重的物体下落得比轻的物体快。

亚里士多德认为,必须有力作用于物体,物体才能运动,没有力的作用,物体就会静止下来。这里,亚里士多德的思想与人们直观的经验也是比较吻合的。正如我们平时看到的,马拉车,车才能前进;马不拉车,车就停止了。其他的机械也一样,总是要有动力才能维持它的运动,没有动力的机械是不能运动的。通过比较归纳,人们相信力是维持物体运动的原因。

亚里士多德用四因说,尤其是"目的因"来解释自然。第一种是物质因,即形成物体的主要物质;第二种是形式因,即主要物质被赋予的设计图案和形状;第三种是动力因,即为实现这类设计而提供的机构和作用;第四种是目的因,即设计物体所要达到的目的。在他看来,自然界中物质的运动就是要奔向它的目的的。

亚里士多德认为,存在截然不同的两类运动:一类是自发的运动。物体都有趋向其"自然处所"的特性,石头这样的重物体向下落,火焰这样的轻物体向上窜腾,石头越重就应当降落得越快。另一类是强迫的运动。停在马路上的车,它没有"自然处所",所以必须有马拉的力或者别的什么力作用于它才会运动。例如,一块石头在台阶边晃动,如果被推过边沿,它就会掉落下去。在这种情况中,物质因就是石头本身这种物质;形式因就是总的地势,即台阶和石头所处的位置;动力因就是任何推动石头的东西;目的因就是石头尽可能寻求最低落点的"愿望"。

2. 亚里士多德的研究特点

尽管亚里士多德的许多论断是不正确的,但如果考察其研究活动的本身,我们可以发现一些重要的特征:

(1) 将客观世界作为观察对象,站在客观世界的对面审视与探究,与我国天人合一的哲学思想相异,由此确立了物理学研究的对象。以自然界为研究对象,努力探究自然界背后存在的因果联系。

(2) 重视经验和感觉,强调解释应与经验相符。这种观点是以事实为依据的科学态度的雏形。

(3) 倡导逻辑理性的研究方法。亚里士多德认为分析学或逻辑学是一切科学的工具。他是形式逻辑学的奠基人,力图把思维形式和存在联系起来,并按照客观实际来阐明逻辑的范畴。到了古希腊的后期,理性抽象和逻辑方法的发展及其相互结合,为寻求事物和过程背后的本质与原因提供了有力的思想武器,大大增强了自然哲学的地位和解释能力。但在实际运用中,由于过于强调根据大前提进行推理,并且存在轻视实际经验的倾向,因此演绎逻辑具有哲学思辩的特征,如当柏拉图谈到"天文学和几何学一样,可以靠提出问题和解决问题来研究,而不去管天上的星界"的时候,实质上说明了古希腊的哲学家们都是把当时所谓的"自然科学"当作思辩的哲学来研究的,并不关心实际问题。这种方法由于无法保证推理的大前提的可靠性,由此可能导致推理出不正确的结果。

(二)伽利略的研究方法与特点

1. 伽利略的研究方法

亚里士多德在研究单摆时认为,单摆"摆幅小,需时少"。伽利略通过观察教堂的吊灯,寻找各种东西做实验,借助自身的脉搏进行计时,最后得出结论:单摆的运动是等时的,摆动的周期与摆幅无关。

伽利略通过斜面实验来研究小球的运动。他选用倾角不同的斜面,把一个铜球从蒙着羊皮纸的斜面上滚下来(控制小球从斜面下滚的摩擦,使它尽量小),在实验中小球都是从静止开始释放(控制小球的初始状态)。他还通过控制斜面的倾角、小球起始点的高度进行研究。通过对实验数据进行分析,伽利略发现,一切金属小球不论轻重,其降落速度与时间成比例,即物体降落所经过的距离与时间的平方成正比,这就是匀加速运动的规律。

2. 伽利略的研究特点

从本质上来说,伽利略的实验是人为地创造一个环境来控制物体运动变化的过程,是一种排除干扰,突出主要因素,在一个理想的环境下进行的操作。可以说,实验的精髓不在于观察,不在于动手做,而在于"控制"。伽利略不仅进行了控制变量的实验研究,而且对实验过程进行了定量的数学描述,对实验数据进行了处理。伽利略认为"自然科学书籍要用数学来写",这是伽利略与亚里士多德的又一个明显的区别。

在相同的研究问题上,伽利略修正了亚里士多德的论断,得出了符合实际的正确结论。伽利略的重大贡献与其说是对亚里士多德理论的修改,不如说是方法上的重大突破。实验研究、理想实验等方法逐渐形成并得以在研究中确立起来。

在伽利略等物理学家的研究引领以及培根、笛卡儿等哲学家的整理提升下,科学研究的方法逐渐形成。科学研究由直觉思辩的研究发展到实证的研究,伽利略实验方法的确立使自然科学走上了独立发展的道路,并开创了近代科学。物理科学的成就得益于它的科学方法体系:在对客观世界进行研究时,采用以控制变量为主要特征的实验方法;在对事物的性质进行概括时,采用理想化的方法;在对微观未知领域进行探索时,采用建立模型的方法;在对物理规律进行表述的时候,使用并发展了数学方法。各种科学方法的核心是实验,以实验为依据,又不断地用实验进行检验。一个科学的理论之所以是科学的,不仅在于它能够解释已有的大量事实,更重要的是根据该理论可推得一些尚未为人所知的、可用实验检验的论断,这些论断如果得到证实,无疑是该理论的成功。但如果新出现的事实与该理论不符,则必须改造甚至抛弃旧理论,建立新理论。这就是科学方法,又称为实证方法。

(三) 科学研究的基本方法

物理科学在从哲学分化出来以后的几百年里迅速发展。从理论上看,伽利略开创、牛顿完成了第一个完整的科学体系即经典力学的体系;从制成第一支温度计开始到 19 世纪中叶,众多科学家共同建立了包括能量守恒定律在内的热学体系;从奥斯特发现电流的磁效应到法拉第提出"场"的观点,并由麦克斯韦完成了电磁场理论;爱因斯坦在相对性原理和光速不变原理的基础上,建立了相对论;普朗克提出了量子的概念,经过一大批科学家的努力,建立起了量子力学的完整的理论体系。时至今日,科学理论空前繁荣,科学研究领域日益扩大,科学的形式也日臻完美。

科学史表明,科学研究普遍适用的途径有二:一是通过归纳-猜测认识程序提出新的科学理论,二是通过假说-演绎认识程序提出新的科学理论。[①]

1. 归纳-猜测

归纳-猜测认识程序可用图 1-1 表示:

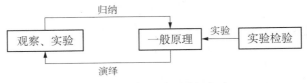

图 1-1 归纳-猜测认识程序

归纳-猜测认识程序的核心思想主要可以归结为两条:一是非常强调"经验事实"在整个科学研究程序中的奠基作用,它认为要认识自然现象,必须先观察自然现象,包括在实验中观察自然现象,所以它认为观察、实验是科学研究的起点。观察、实验的目的,是为了获得经验事实,在经验事实的基础上才能归纳出理论。二是它非常强调"归纳"的认识作用,认为归纳就是科学理论发现的逻辑通道,所以它认为科学研究基于归纳的方法。在历史上,古希腊哲学家亚里士多德,著名科学家牛顿、波义耳以及当代众多的逻辑经验主义的科学家都认为他们自己的科学发现活动是符合"归纳-猜测"认识程序的。

2. 假说-演绎

假说-演绎认识程序是批判理性主义的科学家和哲学家提出来的。著名科学家爱因斯坦曾经总结过自己作出科学发现的认识程序。他把自己的科学发现认识过程用图 1-2 表示:

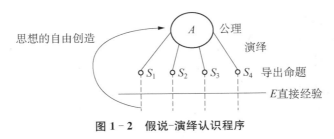

图 1-2 假说-演绎认识程序

---

① 袁运开,蔡铁权.科学课程与教学论[M].杭州:浙江教育出版社,2003:18~19.

19世纪末,经典物理学的时空观遇到了迈克尔逊-莫雷实验事实的严重挑战,爱因斯坦为了解决经典物理学时空观中的这个问题进行了科学研究。1905年前后,他首先站在已有的知识背景上,通过"思维的自由创造"大胆猜想,提出了两条假设,即"相对性原理"和"光速不变原理",然后以此为出发点,通过形式逻辑演绎推出了如下著名的命题:①运动物体的长度会收缩;②运动时钟会变慢;③物体的质量随其运动速度的增大而增大;④质能公式 $E = mc^2$,其中 E 是能量,m 是质量,c 是光速。

上述两条假设和四条命题就构成了现代物理学上著名的"狭义相对论"。爱因斯坦认为,他的狭义相对论是针对迈克尔逊-莫雷问题而构建的,它当然能很好地解决该问题,但狭义相对论是不是真理尚有待实践检验。后来,运动时钟会变慢的命题在 μ 子衰变实验中得到了验证,质能公式在原子核裂变反应的实验中也得到了验证,于是经实验检验,狭义相对论是正确的科学理论。

从以上讨论中不难看出,物理学研究活动是科学家的一种有目标的认知活动(探究客观世界的规律),活动的结果应该与实践经验相吻合。科学方法是提高该认知活动的效率,避免研究活动陷入一种盲目的状态,并且可以保证这种认知活动的有效性即获得结果的真实性的一类知识。从学习分类理论的角度来说,此类知识被称为认知策略。

除了指导科学研究一般的科学方法,如实验归纳途径、理论分析途径外,在解决科学问题时通常会采用一些较为具体的科学方法,如等效替代法、转换法、对称思维、守恒思维方法等。关于方法的实质,可参见第四章相关内容;关于科学方法的层次,可参见第五章第二节图5-11以及所讨论的内容。

二、科学态度及其价值

(一)科学精神

科学研究活动的认知主体是科学家,今天科学家的研究工作已经职业化,科学家凭借从事的科学研究活动领取薪金。这就是说,科学研究活动已经变成一种社会职业。科学研究活动像所有有组织的社会活动一样,都需要文化精神的参与。也就是说,科学研究活动不能仅仅被看作是一组技术性的和理论性的操作活动的集合,同时还必须被看作是一种献身于既定精神价值和受伦理标准约束的社会文化活动。这种特定的、合理的精神价值和伦理标准,常常通过科学家们在科学研究活动中的某些高尚卓越的气质、风格、意志、态度和修养体现出来。人们把它们的总和称为科学精神。

科学精神主要有理性精神(坚持自然界的发展变化是有规律的等)、求真精神(对自然界的现象具有强烈的好奇心等)、求实务实精神("实事求是"的态度、"实践是检验真理的最高标准"的观念)、创新精神(敢于批判、刻意革新等)、有事业心、奉献精神(为祖国、为人民贡献一切智慧和力量等),此外还有勤奋、实干、知难而进、团队合作精神,不怕失败,坚忍不拔、百折不挠的意志等。

（二）科学精神的价值

科学精神是人类精神文明的重要组成。科学精神虽然为科学家所体现，但是它的形成与一般人类文化精神有关。它是一般人类文化精神在科学这块沃土上特殊培育和发扬光大的结果。它对科学事业的发展具有重要作用，但是它的积极意义却绝不只局限于科学界。科学精神可以深化或外化为一般人类文化精神。譬如，理性精神就是如此。讲究理性最早是从哲学开始的。古希腊哲学家认为，在表面上看来纷繁复杂的自然现象背后，存在着自然秩序的法则，即能为人类理性所探明的自然界的普遍规律。这种观念就是科学理性精神的开端。根据这种精神，科学家对自然界不是仅仅单纯地观察和收集资料，而是要进一步对其进行理论思考并推出有关的系统知识。于是，古希腊数学家将古埃及人的土地测量的实践经验归纳为具有逻辑性的、相关的、系统的几何学。古希腊的天文学家运用古巴比伦祭司收集的星象资料从事天文学研究，探究天体运行的内在规律。理性精神在古希腊的科学研究活动中得到了充分发挥，并创造出了辉煌的理论成果。这个实践和成果又反过来进一步强化了人们的理性意识。古希腊哲学家进一步强烈地认识到，当个人将自己的生活同按照理性认识所达到的客观标准协调一致时，即当理性成为人们行为稳定的指导性的信念时，人就能达到个人品德的完善。他们希望所有的人类信仰及行为都要服从于明晰的理性之光，把人的伦理道德从强权、传统、教条、迷信及神话传统中解放出来。由此铸成了古希腊的理性主义传统，并从此成为一种重要的人类文化精神。这种文化精神在近现代欧洲许多国家的现代化进程中起过积极的作用。

科学研究活动形成的科学精神，丰富了人类精神文明的内容，对树立理性思想、摆脱愚昧思想以及伪科学的影响有着不可替代的作用。科学精神不是凭空产生的，而都是由实际研究活动中的研究者体现出来的，并成为科学研究者共同认可的准则。我们应该结合学科知识的教学，进行科学精神的教育。

三、物理理论的特征及其价值

（一）物理理论的特征

1. 可检验性

科学理论的可确证性和可证伪性都是指它的可检验性。可检验性是科学知识最重要的特征。在物理学中，检验真理的标准就是实验——一种严格控制条件下的测量。任何物理理论都必须接受实验的检验。然而，这不等于说理论完全处于被动的地位，有时候正是理论才决定了人们要做什么样的实验，并且决定人们可以在实验中看到什么。

2. 真理性

科学的目的在于探究自然界客观存在的规律。通过科学特有的探究过程，人们可以获得有关自然界的真理性的知识。科学理论不是终极的绝对真理，即便被经验事实确证，也可能是近似的真理。随着科学实践的不断深入以及研究方法的不断发展，近似的真理可能被修改完善,后面的理论比前面的更接近真理。

3. 系统性

科学理论实际上是一些关于自然规律的命题的集合,这些命题之间是存在一定逻辑关系的。事实表明,一门成熟的科学理论可以通过公理化的方法将其理性地组织在一个演绎体系中。例如,牛顿建立的经典力学理论就可以通过公理化的方法表示出来。

科学发展的历史一再证明,人类认识的每一次飞跃总是导致一种新理论的建立,这种新理论将原来被认为十分不同的领域统一起来,从而可以概括更多的东西。例如,牛顿力学的建立(1686年)统一了地上的运动规律与天上的运动规律;安培和法拉第的工作(1831年)统一了电学和磁学;麦克斯韦的电磁理论(1873年)进一步统一了电磁学与光学;爱因斯坦的狭义相对论(1905年)统一了时间和空间的概念;爱因斯坦的广义相对论(1916年)进一步统一了空间、时间与物质运动;统计物理学(1901年)在宏观物理与微观物理之间架起了桥梁;量子力学(1926年)的建立更统一了物理学与化学,甚至将部分生物学也统一进来。经过一系列统一理论的建立,人们认识到,物质世界的一切物理规律归根到底受到四种截然不同的基本作用力的影响。现代物理理论又试图在这四种基本相互作用力之间寻求统一。

(二)物理理论的价值

1. 物理理论满足人类追求安全感的基本需要

安全需要是指人类躲避危险、防御侵害、排除不安定因素等的需要,和满足个体生理需要一样,是人类最基本的需要类型。当人类无法真正认识周围世界的现象时,就会产生恐惧、不安等情绪,并尝试提出一些无法检验的解释(或者把这些现象的发生归结于不可检验的神秘力量,由此会形成迷信)。人类对周围世界现象的认知是满足个体安全需要的最重要的内容。物理学提供对人类生活的自然界结构层次和运动变化规律的真理性认识,帮助个体获得心理上的舒适感。所以物理理论对人类最直接的价值就是满足个体对周围世界的理解,满足人类的安全需要。

2. 物理理论推动技术进步[①]

科学、技术对社会的影响,主要通过技术创新对社会经济发展的影响集中地表现出来。也就是说,物理理论通过技术应用于控制自然和人类自身能力,改善人类的生活,对人类的物质文明作出贡献。

(1)技术与科学的区别。有研究对科学、技术作了如下界定:"科学是人们认识自然界的一种活动,它的成果是科学理论的发现,其途径是科学探究;而技术则是人们改造世界的一种社会实践活动,它的成果是新产品或新工艺的发明,其途径的核心部分是技术设计。"这意味着,技术和科学是两种不同的人类文化形态。因此,在科学教育中,应当将科学和技术区别开来,避免将二者混为一谈。

---

① 袁运开,蔡铁权.科学课程与教学论[M].杭州:浙江教育出版社,2003:38—41.

（2）技术与科学的联系。① 经验技术时期（远古时代至 1500 年）。这个时期的技术是一种经验型的技术，这些技术所含的工艺知识是工匠师傅们实际生产操作和传统常识的集合。人们能掌握和使用这些技术，但并不能对其原理作出理论的说明。一些技术只能意会而不能言传，即它们具有"默会"的性质。因此这个时期的技术教育的方式只能是师傅带徒弟的教学形式，徒弟只有通过与师傅一起进行技术实践的过程，观察、揣摩师傅的操作活动，积累经验，在"做"中学。

从事农业生产而形成的技术有锄地、灌溉、养殖以及制造工具等。为了应对长期定居生活而形成的技术有大型房屋的营造技术、纺织技术、原始制陶技术等。

② "科学的技术"的出现（1500 年至 1750 年）。这一时期的新技术与经验技术相比，有一个明显的差别，即传统经验技术中所涉及的工艺知识往往只是工匠们的个人经验，而科学的技术中所涉及的工艺知识的一部分（不是全部）则是应用科学理论来解决技术难题时所得出的结论。

例如，伽利略为解决建筑技术中的难题研究了"梁的抗断裂力问题"，他通过力学分析和数学计算，最后得出如下命题：任一给定的宽度超过厚度的直尺形梁或棱柱体梁侧立时要比平放时具有更大的抗断裂力，且这两个抗断裂力成宽与厚之比；长度相等但厚度不等的棱柱体和圆柱体梁，其抗断裂力与裂面的厚度的立方成正比；等等。类似的情况在英国也很普遍，在 17 世纪英国皇家学会的科学家的科研选题中，超过一半的选题是有关技术难题的解决的。

重大技术的经济社会效益往往要在其被产业化的几十年后才显现出来。"科学的技术"特别是蒸汽机技术、机械化纺织技术在实现产业化之后，便导致了 1750—1840 年第一次工业革命的产生，出现了纺织产业、蒸汽机和机床制造业、造船业、航运业、铁路设备制造业和铁路运输业等新的拉动经济增长的产业部门。

③ "技术科学"的产生（1750 年至 1840 年）。"技术科学"与"科学的技术"的差别在于，在技术的工艺知识中，前者是全部科学化的，而后者是局部科学化的。

1750 年到 1840 年是西方第一次工业革命时期。在这个时期，工业的发展需要更大的技术进步来解决诸如大批量炼钢工艺等技术问题。需要求解的问题仅靠对现存技术的修改、组合已显得力不从心。在这种情况下，只能进一步地求助于科学，靠科学为技术提供新的"技术原理"，从而启发新技术的发明。也就是说，科学要以上述途径向技术活动中的工艺知识进行全面地（而不是像前面所提到的"科学的技术"那样只是部分地）渗透，这种渗透的结果是产生了一种更为科学化的技术。由于这种技术的工艺知识均被科学化了，可以看作是一种独立的科学知识体系，因此被人们称为"技术科学"。例如，1776 年约翰·威尔金森（John Wilkinson）的大规模炼钢技术就是如此。他首先使用鼓风机，向熔铁炉鼓吹空气，使吹入的空气中的氧与熔铁中所含的杂质碳起化学反应，生成一氧化碳或二氧化碳挥发掉，从而得到不含碳的金属钢。在这里威尔金森实际上是依据化学反应理论为炼钢技术提出了一个新的基本原理和具体的工艺流程。电动机、发电机技术也是如此。

④ "理论技术"的出现(1840 年至今)。从 19 世纪中叶开始,科学发展进入了全盛时期,与此同时出现了企业兴办"工业研究实验室"的现象。19 世纪 70 年代,德国的染料和化学工业由于在人才方面普遍地雇佣了专业化学家,企业得到迅速发展。在这个时期,技术进步主要是与对工业的"研究与开发"有关。

与这种发展相适应,科学与技术的相互作用发展到了这样一种状况:科学往往以某一门或某几门科学理论渗透到一种具体的技术理论中去,形成一种新的技术,人们称之为"理论技术"。

20 世纪 40 年代之后出现的"高技术",其实都属于理论技术,如信息技术(微电子、光电子、电子计算机和现代通信技术等)、新材料技术(高性能金属材料、新型有机高分子材料、先进的无机非金属材料和复合材料技术等)、新能源技术(核能、太阳能、风能、生物能、地热能、海洋能和氢能等技术)、航天技术、海洋工程技术和现代生物工程技术(基因工程、酶工程和发酵工程等)。

"理论技术"与"技术科学"的差别在于,前者是由一门或几门科学理论构成其工艺知识的,而后者是由一门科学理论中的部分定理来表述其工艺知识的。这种差别反映了技术科学化程度上的不同。实际上,它们与"科学的技术"的差别也在于此。从经验技术到科学的技术,从科学的技术再到技术科学,从技术科学进一步到理论技术,体现了技术发展科学化不断加强的趋势。

由于科学与技术之间不断地相互作用,科学研究中不断地使用新技术,而技术发展也不断地科学化,于是科学与技术的边界就变得越来越不明显。由于技术发展的科学化趋势,所以今天技术发明与科学理论发现的关系越来越密切,应用研究和技术开发越来越依赖于基础研究,"科学原理推演法"在新技术原理的构思活动中也用得越来越多。

(3) 科学与技术对社会经济发展的影响。从发达国家经济发展的经验来看,科学技术对经济发展所起的作用越来越大。技术创新是企业获取利润的主要手段,通过技术创新创造出的一种新产品,能更充分地满足现有的要求和原先已满足的要求,从而导致企业利润的形成。

技术创新是国家宏观经济较快发展的推动力。由于首创企业在经济效益上的示范作用,可带动较大范围的创新氛围,形成创新企业群,可能会产生新的高利润率的产业部门,并与利润、工资和税收之间的收入分配有机融合,也就是与社会经济生活中的投资、就业、消费等相结合,促进国民生产总值稳定增长。

技术创新是产业结构优化的直接动力。20 世纪的经济发展研究表明,发达国家在经济增长的同时,还通过技术创新,促使产业结构不断优化。工业部门占总产值的比重以及工业劳动力所占比重大幅上升,农业劳动力所占比重下降,服务业所占比重上升。

科学、技术对社会经济的影响主要是通过技术创新对社会经济发展的影响集中地表现出来的。从近 300 年的世界经济发展史来看,科学技术这个因素对经济发展所起的作用,较生产要素如资金、劳动力、土地等所起的作用越来越大,其贡献率现在已大大超过 50%。此外,从劳动力的科学文化素质来看,事实表明,劳动力质量的高低在很大程度上受制于其所接受的科学技术教育水平和质量,所以劳动力这一生产要素实际上也是与科学技术紧密相关的。

综上所述,物理学研究过程中凝练出的科学方法,成为我们正确认识世界的强有力的武器;物理学的每一次进步,除了提高人类对自身生存环境规律性的认识,还通过技术的进步,不断改善人类的生活品质;科学家在研究中表现出的理性、求实务实的行为,同时又构成了人类精神世界一种重要的文化精神,是人们应具备的一种重要的科学文化素质。

第二节 物理课程学习的价值与核心素养

始于 21 世纪初的基础教育改革,形成了指导我国基础教育课程的纲领性文件——各学科课程标准。义务教育物理课程培养提出的总目标是:提高学生的科学素养。高中物理的课程培养目标是:进一步提高学生的科学素养,满足全体学生的终身发展要求。

近期所称的第八次教育改革,又提出了核心素养的概念。以下将讨论科学素养以及物理核心素养的实质与构成。由分析可知,从学习的结果来看,两者本质上是相同的。

一、物理课程学习的内容

在第一节中,我们阐述了作为探究的科学研究、作为知识系统的科学理论,概述了科学研究理论成果与技术的相互作用,以及科学家普遍表现出的人格特质——科学精神对人类精神文明的价值。从第一节中的讨论,我们不难得出物理课程学习对学习者所具有的价值。

(1)学习者学习物理就意味着习得物理知识,从而能够描述、解释甚至预言自然界中的物理现象。

科学知识的积累是物理观念得以形成的根基。物理观念主要包括物质观、运动观、相互作用观、能量观等。

【案例 1-1】物质观及其形成条件

1. 人类早期的物质观

从远古时代起,人们就开始寻找对自然界物质本源的认识。我国在殷周之际就有五行及八卦之说,五行说把水、火、木、金、土当作衍生万物的基本元素。古希腊时期,泰勒斯提出"万物始基是水"。德谟克里特最早提出物质世界是由原子和虚空构成的,如土原子和水原子构成土壤等。古人提出物质这个概念,是面对生活中看得见、摸得着,而且拿起来费劲的各种物体的。

2. 经典物理学中的物质观

道尔顿提出原子是化学上不可分割的最小微粒,拉瓦锡在化学实验中发现,虽然反应物和生成物不同,质量却没有发生变化。这个结果在无数化学实验中都可重复,就像积木的形状变化并不改变积木的总体数量,使质量守恒这个观点像钢印一样打到每个人的大脑里。物质的质量守恒成为经典力学中的运动"第零"定律,由于过于基本所以牛顿没有明确提出,而把它作为一个正确的假设代入到了相关结果中。

到了 19 世纪,物理学和化学已确立原子是构成物质的最小单元,是不可分割的物质的始源。

3. 近代物理学时期的物质观

（1）不连续的物质观

1897 年,J. J. 汤姆生在气体放电实验中发现了电子,打破了原子不可分割的观念;1911 年卢瑟福通过 α 粒子对金箔的散射实验提出原子结构的核式模型;1932 年查德威克发现了中子,证明用质子-中子模型作为核结构的模型优于质子-电子模型;1935 年,汤川秀树提出"介子论",假设质子和质子间、质子和中子间、中子和中子间都另有一种交互吸引的作用力,在近距离时远比电荷间的库仑作用力更强,但在稍大距离时即减弱为零,这种新作用被称为核子作用或强作用。它是由于交换一种称为"介子"的粒子而产生的交互作用。现在的研究认为,具有强相互作用的粒子,如核子、核子共振态、各种介质和超子都有结构,这些粒子由夸克以及在夸克间传递相互作用的胶子构成,被称为强子,而光子和轻子没有结构,它们本身就是最基本的结构单元。

由此形成从夸克、轻子→强子→原子核→原子→分子→各态物质的物质结构观,从而形成不连续的物质观。

（2）连续的物质观

爱因斯坦创立的狭义相对论完全去除了"以太"作为传递相互作用力的中间介质,确立了场是物质存在的另一种形态,现代物理实验完全证实了场具有物质性,只是由于它是一种连续形态,不容易被人们直接察觉而已。于是人们的物质观从不连续的观念走向连续的观念,这是人们在物质观认识上又一次新的革命。

4. 现代物理学的物质观

在量子力学中,粒子性以能量的单元形式出现,而波动性是由于粒子弥散形成的所谓几率波,后来人们在对电磁场的波粒二象性的认识中发现了另一幅物理图像:粒子实际上只不过是场体系能量的不连续性的表现,即物质的不连续性只是附加在连续介质上而出现的不连续性。

现代物理学告诉人们,物理学中的一切事物都可归结为量子化的场。按照这种认识,粒子已不是普通意义下的粒子,而是和一个具有无穷多自由度的场体系联系在一起的粒子,粒子可以产生或消灭,它们分别对应场体系的激发和跃迁。这促使人们对物质的认识从连续性走向连续性和不连续性在更高层次上的统一。

评析

个体物质观的形成,必然是在科学概念和原理习得的基础上,并伴随着科学知识的不断深入而演化的。要能够形成近代物理的物质观,需要学习者具备大学物理本科理论物理课程以上的学科知识。所以,在基础教育目标方面所提及的物质观,应该适当、适度。

（2）学习者学习物理就意味着学习者能够经历物理研究的一般过程,体验进而可能习得其中蕴含的处理物理问题的种种方法。

物理知识学习的经历为科学思维、科学探究的能力培养提供坚实的基础。

如本书第五章所述,物理概念和规律的学习有两种学习途径:实验归纳途径和理论分析途径。在实验归纳途径的学习过程中,学生需经历较为完整的实验研究方法,包含"提出问题、假设猜测、规划方案、设计实验、(执行实验)获得数据、(处理数据)获得结论、验证"等子环节,同时在各子环节中解决问题时,还可能运用归纳法、控制变量法、转换法、等效替代法、图像法等具体科学方法。

理论分析途径本质上是一种论证过程,需要经历"确定问题、分析问题、确定解决问题策略、确定解决问题技能、综合解决问题技能"等环节,在具体的论证过程中,还会涉及直接证明、间接证明,在间接证明中还会涉及反证法等具体论证方法。

科学思维、实验探究能力本质上是学习者解决问题的一般能力,该能力的背后是学习者习得的学科知识,以及相应的解决问题的各层次的科学方法。所以,物理课程确实为培养学生的实验探究能力、科学思维能力提供了可能性,是学生这方面能力提升的重要场合。

(3) 学习者学习物理就意味着学习者能够认识科学家在研究工作中的行为特征,进而以符合该行为特征的行为参与自己的工作,即习得"科学态度与责任"之科学态度。

【案例 1-2】

发现并提炼出镭元素以后,皮埃尔·居里不顾危险,用自己的手臂试验镭的作用。他的手臂上有了伤痕,他高兴极了!他写了一篇报告交给科学院,冷静地叙述他观察所得的症状:"有6公分见方的皮肤发红了,样子像烫伤,不过皮肤并无痛楚。即使觉得痛,也很轻。过些时候,红色并不扩大,只是颜色转深;20天后,结了痂,然后成了须用绷带包扎的伤口。到了第42天,伤口边上表皮开始重生,渐渐长到中间去,等到受射线作用后52天,疮痕只剩一平方公分,颜色发灰,这表明这里的腐肉比较深。"

我要附带说,居里夫人在移动一个封了口的小试管里的几厘克放射性很强的材料时,也受了同样的创伤,虽然那个小试管是存放在一个薄金属盒子里的。

除这些强烈的作用之外,我们在用放射性很强的产物做试验时,手上还受了各种不同的影响,通常的表现是脱皮。拿了装着放射性很强的产物、用胶囊封口的试管的指尖会变得僵硬,有时候还很痛。我们中有一个人的指尖发炎了,持续了15天,结果是脱皮,但是痛感过了两个月还没有完全消失。

评析

皮埃尔在对新元素的性质进行探究的行为和避免对自己身体造成伤害的行为之间,选择了探究的行为,这表明皮埃尔对未知世界具有强烈的探究愿望,体现了皮埃尔"具有为探求规律、追求真理而学习和生活、甚至具有为科学而献身的志向",即具有科学精神中的"求真精神"。学习者在知识学习的过程中,或多或少也会关注科学家研究活动本身的行为,由此也感受到进而模仿科学家身上体现科学精神的行为,从而使得养成科学态度成为可能。

（4）学习者学习物理就意味着学习者能够认识到物理理论对人类物质文明、精神文明的作用,体会其中的价值及可能存在的种种不利因素,特别是科学、技术与社会之间形成的紧密联系。通过物理课程的学习,学生能更好地认识科学与自己生存环境之间的紧密依存关系,因而奠定个体参与社会问题讨论的基石,即习得"科学态度与责任"之社会责任。

【案例 1 - 3】

"阿尔法狗"(AlphaGo)是一款围棋人工智能程序,由谷歌(Google)研究团队开发,其主要工作原理是"深度学习"。这个程序在 2016 年 3 月与围棋世界冠军、职业九段选手李世石进行人机大战,并以 4∶1 的总比分获胜。2016 年末到 2017 年初,一位注册为"大师"(Master)的神秘用户出现在网络围棋室,在 2016 年 12 月 29 日至 31 日的 3 天时间里,这位神秘高手连胜柯洁九段、陈耀烨九段、朴廷桓九段、芈昱廷九段、唐韦星九段等高手。随后,该神秘高手又击败包括聂卫平、柯洁、朴廷桓、井山裕太在内的数十位中、日、韩围棋高手,使他们在 30 秒一手的快棋对决中全部落败,最终神秘高手拿下了全胜的战绩。在众说纷纭中,谷歌于 2017 年 1 月 5 日承认,"大师"就是人工智能系统"阿尔法狗"升级版。

评析

自 2016 年"阿尔法狗"击败李世石,作为人类智力领域中最高水平之一的围棋已被人工智能突破。人类经过千百年进化而达到的智力水准变化又比较稳定,人工智能进一步发展,人与人工智能的关系应如何界定?

通过物理课程的学习,学习者可以认识科学与技术相互作用的种种事实,从而理性地建立起"技术双刃性"的观念。火焰既能帮我们取暖、煮饭,同样也能毁掉我们的房子。技术的突飞猛进不仅给人类生活带来了种种便利,还造成了一大堆需要解决的问题,如科技借人工智能实现指数级增长,会不会造成人类的大量失业,导致不平等加剧? 如果高科技被少数人垄断,"技术鸿沟"会不会更加难以跨越? 更进一步思考,如果无需劳作就可得到快乐,如果古典文学败给机器文学,如果深入思考的本领退化,人类存在的价值究竟是什么? 谁又是这个世界的真正主人?

人工智能作为技术,仍然承担着帮助人类突破局限、解放生产力的功能,人工智能终究是人类的创造,可以帮助人类重新认识自身的局限与长处,促使人类社会发展。但同时,使用工具的人,自身也会被工具所绑定。越接近人类命运的路口,越需要提紧技术背后的那根线。为获得改造世界的强大能力,该如何尽量避免付出更多代价,这是需要人类清醒认识的问题。

二、物理核心素养与科学素养简介

（一）科学素养的内涵

2000 年左右开始的新课程改革,其意在于反对过于注重知识传授,强调知识与技能、过程与方法、情感态度与价值观"三维"目标的达成;强调改变"繁、难、偏、旧"的教学内容,让学生更多地学习与生活、科技相联系的"活"的知识；强调变"要学生学"为"学生要学"，激发学生的兴趣，让学生主动参与、乐于探究、勤于动手、学会合作。据此提出物理课程的总目标为提高学习者的科学素养。

素养在《辞海》中的解释是"经常修习涵养。如艺术素养，文学素养等"。科学素养（Scientific Literacy）是由文化素养引申而来的，其思想早在20世纪初就已萌芽。20世纪50年代，由于苏联卫星的成功发射，诱发美国科学界对科学教育进行反思，进而提出"科学的进步很大程度上取决于公众对科学教育的研究、理解和支持"，从而将提高公众科学素养作为其战略举措。但是，如何评定公众是否具备科学素养和如何提高公众的科学素养，与如何给科学素养下定义、如何界定科学素养的内涵密切相关。

1966年，美国学者Pella等人从1946年到1966年间出版的100种报刊文章中提取了各种和科学素养有关的主题并计算了出现频率，他们分析认为，一个具有科学素养的人应了解以下六方面的内容[①]：概念性知识——构成科学的主要概念、概念体系或观念；科学的理智——科学研究的方法论；科学的伦理——科学所具有的价值标准，即科学研究中科学家的行为规范，又称为科学态度或科学精神；科学与技术——科学与技术之间的关系及差异；科学与人文——科学与哲学、文学、艺术、宗教等文化要素的关系；科学与社会——科学与政治、经济、产业等社会诸方面的关系。

美国科学教育改革纲领性文件《美国国家科学教育标准》对科学素养的概念及其内涵进行了描述性定义："科学素养是指了解和深谙进行个人决策、参与公民事务和文化事务、从事经济生产所需要的科学概念和科学过程。有科学素养还包括一些特定的能力。"[②]

（1）有科学素养就意味着一个人对日常所接触的各种事物能够提出、发现、回答因好奇心而引发的一些问题。（科学兴趣，探索科学的冲动）

（2）有科学素养就意味着一个人有能力描述、解释甚至预言一些自然现象。（对科学原理的理解和应用）

（3）有科学素养就意味着一个人能读懂通俗报刊刊载的科学文章，能参与就有关结论是否有充分根据的问题所做的社交谈话。（理解科学概念和原理）

（4）有科学素养就意味着一个人能识别国家和地方有关科学的决策，并且能提出有科学技术根据的见解。（以科学的态度来参与社会事务）

（5）有科学素养的公民应能根据信息来源和产生此信息所用的方法来评估科学信息的可靠程度。（科学价值判断）

（6）有科学素养还意味着有能力提出和评价有论据的论点，并且能恰如其分地运用由这些论点得出的结论。（科学思维习惯）

---

① Pella, M. O., O'Hearn, G. T., & Gale, C. W. Referents to scientific literacy [J]. Journal of Research in Science Teaching, 1966, 4: 199-208.

② 袁运开，蔡铁权. 科学课程与教学论[M]. 杭州：浙江教育出版社，2003: 73.

当前,美国国际科学素养促进中心主任米勒(J. Miller)教授提出的科学素养"三维模型"得到了广泛认同,并被运用到实际测量领域。他认为,科学素养不是一个静态的概念,而是与时俱进的、动态的概念,具有鲜明的时代特征。米勒所提出的三个维度包括:①对科学技术术语和概念(即科学知识)达到基本了解;②对科学的研究过程和方法(即科学本质)达到基本了解;③对科学的社会影响达到基本了解。

综上所述,科学素养包括科学知识与技能、科学过程与方法、科学的本质、科学的态度与价值观以及科学技术与社会等几个维度。科学教育应将这几个维度进行整合,构建提高学生科学素养的课程体系。

(二)物理核心素养简介

1. 核心素养缘起

1999 年,经济合作与发展组织(OECD)DeSeCo 项目组发布研究报告《核心素养促进成功的生活和健全的社会》。该报告提出,在经济、社会、技术、全球化进展等迅速变化的时代,仅关注知识与技能的教育是不够的,必须关注"核心素养"的培养问题,并构建了涉及"人与工具"、"人与自己"和"人与社会"等三个方面的核心素养框架:

(1)身体健康:儿童和青年能合适地运用身体,发展运动控制力,对于营养、运动、健身以及安全等方面具有一定的知识并能付诸行动。

(2)社会情绪:儿童和青年能发展和保持与成人及同伴的关系,懂得如何看待自己和他人。

(3)文化艺术:能创造性地表达,包括音乐、戏剧、舞蹈、文学艺术或其他创造性活动。同时,了解家庭、学校、社区及国家的文化经验。

(4)文字沟通:能在社会生活世界中运用第一语言进行交流,包括听说读写,并能听懂或读懂各种媒体的语言。

(5)学习方式与认知:学习者投入、参与学习的过程就是学习方式,认知则是指通过各种方式开展的心理过程。

(6)数字与数学:能广泛地应用数字与数量语言的科学来描述和表征在生活中观察到的现象。

(7)科学与技术:科学素养指掌握包括物理规律和一般真理在内的具体科学知识或知识体系。技术素养则是要求开发或运用技术来解决问题。

在我国,最早用"核心素养"来描述教育目标的政府文件是 2014 年 3 月 30 日发布的《教育部关于全面深化课程改革　落实立德树人根本任务的意见》。2016 年 9 月,教育部发布的《中国学生发展核心素养》总体框架报告中指出,学生发展核心素养指学生应具备的,能够适应终身发展和社会发展需要的必备品格与关键能力,是关于学生知识、技能、情感、态度、价值观等多方面要求的综合表现。报告提出的中国学生发展核心素养,综合表现为人文底蕴、科学精神、学会学习、健康生活、责任担当、实践创新等六大素养,具体细化为国家认同等十八个基本要点。

2. 物理课程之核心素养

学生发展核心素养落实于课程的前提是确立各学科的学科核心素养。学科核心素养是学生发展核心素养在学科中的具体化,是学科育人价值的集中体现,是学生学习该门学科后的期望成就。

物理核心素养是学生在接受物理教育过程中逐步形成的适应个人终身发展和社会发展需要的必备品格和关键能力,是学生通过物理学习内化的带有物理学科特性的品质,是学生物理核心素养的关键成分,主要由"物理观念"、"科学思维"、"科学探究"、"科学态度与责任"等四个方面的要素构成。

(1) 物理观念。"物理观念"是从物理学的视角形成的关于物质、运动与相互作用、能量等的基本认识;是物理概念和规律等在头脑中的提炼与升华;是从物理学的视角解释自然现象和解决实际问题的基础。

"物理观念"主要包括物质观念、运动与相互作用观念、能量观念等要素。

(2) 科学思维。"科学思维"是从物理学的视角认识客观事物的本质属性、内在规律及相互关系的方式;是基于经验事实建构物理模型的抽象概括过程;是分析综合、推理论证等方法在科学领域的具体运用;是基于事实证据和科学推理对不同观点和结论提出质疑和批判,进行检验和修正,进而提出创造性见解的能力与品格。

"科学思维"主要包括模型建构、科学推理、科学论证、质疑创新等要素。

(3) 科学探究。"科学探究"是指基于观察和实验提出物理问题、形成猜想和假设、设计实验与制订方案、获取和处理信息、基于证据得出结论并作出解释,以及对科学探究过程和结果进行交流、评估、反思的能力。

"科学探究"主要包括问题、证据、解释、交流等要素。

(4) 科学态度与责任。"科学态度与责任"是指在认识科学本质,认识科学·技术·社会·环境关系的基础上,逐渐形成的探索自然的内在运动时严谨认真、实事求是和持之以恒的科学态度,以及遵守道德规范,保护环境并推动可持续发展的责任感。

"科学态度与责任"主要包括科学本质、科学态度、社会责任等要素。

三、核心素养与科学素养的关系

心理学家罗伯特·加涅(R. M. Gagné)将人类后天习得的结果称为性能,并将其分为五类学习结果,分别是言语信息、智慧技能、认知策略(以上属于认知领域)、动作技能、态度等五类(详见第二章第一节所述)。无论是核心素养抑或是科学素养,本质上都是个体学习后的学习结果。从学习结果的角度,都分为认知领域的学习(含知识的学习、方法性知识的学习)、态度的学习等。如科学素养中所提到的"对科学知识的基本理解",需要学习者能够正确陈述所学物理概念和规律的内涵,能举出符合概念和规律特征的实例;而核心素养中所提到的"学习者应形成'物理观念'",物理观念是比物理概念和规律更上位的概念,其形成的基础必定是对每一个基本物理概念和规律的理解。

如果用完整的语言描述,学生具有科学思维素养是指学习者"具有运用科学思维方法解决物理问题的意识和能力";具有科学探究素养是指学习者"具有运用科学探究的方法研究物理问题的意识和能力"。当个体在生活或学习过程中感受到物理学科问题的存在,面临"去解决"还是"不去解决"的冲突时,个体内部存在影响其作出行为选择的某种倾向性,这一内在的倾向性就是个体对解决科学问题具有的态度。如果个体面临上述行为冲突时,有比较大的概率选择尝试"去解决"的行为,我们可称此个体具有一定的解决物理问题的意识,故愿做事的"意识",本质上反映的就是个体对人、对事所具有的态度。显然,只有解决科学问题的意识,科学问题当然不会迎刃而解,还需要个体具有解决科学问题的能力。解决科学问题的过程实质上就是个体在相应科学方法的引导下,从自己的认知结构中选择适当的科学知识和技能、做先后排列并加以执行的过程,所以,讨论所谓的能力,应该阐明与此能力相对应的方法以及所需的必要知识与技能。如本书第五章所述,科学研究有实验归纳、理论分析两种基本途径,科学探究素养主要是在实验归纳研究的途径中体现出来,科学思维素养主要在理论分析研究的途径中表现出来。科学研究途径会涉及不同的子环节,需要解决相应的子问题,就会存在不同的解决问题的方法。科学研究不同途径中相关的科学方法,参见本书第五章图5-11所示。

由以上分析可知,物理观念对应的学习结果主要是智慧技能和言语信息,特别是基于意义的组织化的知识;科学思维素养主要对应的是科学论证的方法(即认知策略)以及物理概念和规律知识(即智慧技能)的综合运用;科学探究素养主要对应的是科学探究的方法以及物理概念和规律的知识综合运用;科学态度和责任对应的学习结果就是态度。

物理学的发展提供给我们的可学习内容是一致的,三维目标是从一次学习后学习者可能习得的学习结果类型的角度对学习进行描述;而核心素养是从学习者在学习中综合所学知识和方法解决问题过程的角度对学习提出的要求,它们之间并不存在本质性的差异,只是视角不同而已,三维目标、核心素养与学习结果类型间的关系如表1-1所示。

表1-1 核心素养、科学素养与学习结果的关系

学习内容		学习结果(加涅)	核心素养	科学素养
物理概念和规律		言语信息 智慧技能	物理观念(建立在概念和规律理解基础上的物理观念)	对科学知识的基本理解 "知识与技能"目标
物理学研究方法	实验归纳途径(含相应子环节解决问题的方法)	认知策略	科学探究	对科学方法的基本理解 "过程与方法"目标
	理论分析途径(含各种论证的方法)		科学思维	

学习内容		学习结果（加涅）	核心素养	科学素养
科学态度	科学家在研究中表现出的理性、求实务实等态度（科学精神）	态度	科学态度	对科学、社会、技术之间关系的理解"情感态度与价值观"目标
	对科学与社会、技术间关系的态度（科学责任）		科学责任	

　　无论核心素养还是科学素养，其最终实现都落实于每一次具体的物理概念和规律的学习，每一次物理问题解决方法的学习，每一次科学精神的培养之中。所以，揭示不同类型学习结果学习的机制，探讨个体习得不同学习结果需要的条件以及可习得的层次，并根据不同学习结果学习需要的内部条件规划教学活动，根据不同学习结果对应的学习后外显行为制定测试项目，是实现物理课程教学的理性、有效的必由之路。本书尝试遵循这一思路，分类阐述各类学习结果的学习机制以及相应的教学问题，为物理核心素养的培养提供有效的方案。

思考与练习

（1）物理课程内容的变化与科学技术的发展关系是什么？请举例说明。

（2）试举例说明物理研究中的科学方法、科学精神。

（3）关于科学与技术、科学与社会的关系，试举例进行解释。

（4）关于物理课程中科学素养、核心素养的基本内涵，试阐述你的见解。

（5）请举例说明科学素养、核心素养目标的一致性。

第二章　学习心理学理论

学习心理学是研究人类学习机制、内部条件、学习类型的学科。不同的学习心理学理论从各自的视角，或侧重于研究学习的内部加工机制，或侧重于学习的表征方式，或侧重于学习后的外显行为，各研究成果有助于提高人类对学习机制的整体认识。符合学习者学习内部机制的教学就是有效的教学，因而教师有必要学习和掌握相关的学习心理学理论。本章将介绍有一定影响力的学习心理学理论，梳理其基本观点及其对物理教学的启示。

第一节　加涅的学习条件理论

加涅是一位美国教育心理学家。他吸收了信息加工心理学和建构主义认知学习心理学的思想，形成了既有理论支持也有技术操作支持的教育理论。这一理论可以解释大部分的课堂学习，并提出了切实可行的教学操作步骤。1974 年加涅获桑代克教育心理学奖，1982年又获美国心理学会颁发的"应用心理学奖"。他的代表作有《学习的条件和教学论》、《教学设计原理》等。

一、加涅的学习观

（一）加涅提出的素质结构观

加涅对学生素质的分析，强调学生作为学习者，他们身上形成的素质应有利于继续学习和未来的发展。从这样的角度考虑，加涅把学生的素质分为三类：先天的、习得的和发展中形成的，如图 2-1 所示[①]。

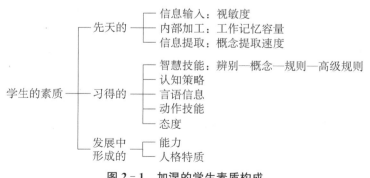

图 2-1　加涅的学生素质构成

---

① 皮连生.学与教的心理学[M].上海：华东师范大学出版社，2003：34.

学生先天的素质依赖人的先天遗传基础,主要指神经解剖学的基础。例如人的视敏度、人的工作记忆容量、婴儿早期的深度知觉、音乐节奏感等都被认为有先天决定的成分。对于这些和其他由遗传决定的学生的品质,教学的目的不是通过学习去改变它们,反而应"避免超越人类的潜能"。所以在物理概念、定理的教学中,应避免在短时间内提供超出学生加工能力的信息,若学生没有办法对信息进行有效的处理,也就只能对定理和概念的结论进行机械记忆了。

加涅认为,学生在发展中会形成两种素质:能力和人格特质。学生的行为除了受特殊学习情境和经验的影响外,还受更具一般意义的"能力"的影响。心理学家经过研究,从一般能力中分化出了一些与怎样出色解决新问题有关的因素,并将之命名为"差别能力",如言语流利、数字推理、视觉形象的记忆、空间定位等。上述能力是在个体发展的过程中,由先天和后天因素相互作用而形成的长期稳定、不易改变的特征,通常运用心理测量获得的 IQ,实际测量出的就是一般能力。

人格特质像能力一样,也是被心理测验揭示出的个体的一般倾向,也同样是长期稳定的。特质包括焦虑、成就动机、性格内向、谨慎、冲动、自我满足等。对学习影响较大的是学习动机与焦虑。作为人类的品质,能力和特质具有长期稳定的特征,不易被旨在改变它们的教学所影响。

大量研究证明,当个人所处的环境已经是在正常条件之下时,特殊的教育难以改变个人的 IQ 分数。在知识背景、解决问题动机等因素近似的条件下,高 IQ 的人解决新问题的效率一般来说高于低 IQ 的人。因此在教学实际中,应避免对学生提出超越其能力的要求。比如全国层面的学科竞赛,其问题解决一般都有相当强的新颖性,高等级奖项获得者一般都是 IQ 高的学生。有许多学生学习努力,成绩优异,但是 IQ 中等,表明在解决新颖问题时他们的成绩并不会十分出众,对这部分学生,尽管他们的学习成绩较好,但一般也不应对其在竞赛上提出过高的要求。

学生后天习得的素质在加涅的笔下原文是"qualities that are learned",加涅研究提出支配人类行为表现的五种学习结果,也称为五种习得的性能(learned capabilities),这五种学习结果是:智慧技能、认知策略、言语信息、态度和动作技能,它们是学校教学的目标。加涅提出的这一学习结果分类是国际公认的分类框架,从科学心理学的观点看,教学目标是预期的学生的学习结果,加涅的学习结果及其分类观是教学设计者设置教学目标的重要科学依据之一。

学生素质的不同方面对学习活动有不同的作用。学生习得的素质是直接参与到新的学习中去的,是新的学习的必要组成成分;学生在发展中形成的能力(IQ)与人格特质这两种素质不直接参与新的学习,但可以加快或减慢学生的学习速度,对学习起支持性作用。我们可以将习得的素质比作计算机软件,将发展中形成的能力(IQ)与人格特质比作计算机硬件。"软件"因不同的需要而异,其作用随着具体情境而变化;"硬件"则相对固定,并在整个过程中始终起着支持性的作用。

（二）学习结果分类

1. 学习结果

加涅认为，学习的后果是导致人的能力和倾向发生变化，这些性能必须作为人类的行为表现被观察到，加涅称习得的性能为学习结果。加涅依据学习者学习后行为的变化，将学习结果分为以下几类：

（1）智慧技能：个体运用符号对外办事的能力；

（2）言语信息：个体表现为能够陈述观念的能力（含名称或符号、单一命题或事实、在意义上已组织的大量命题、图式）；

（3）认知策略：控制学习者自身内部过程的技能；

（4）态度：影响个人对人、对事、对物选择的倾向；

（5）动作技能：平衡而流畅、精确而适时的操作能力。

不同的学习结果对应不同的学习类型，由此来区分不同的学习类型。

2. 智慧技能的层级理论

对于智慧技能，加涅认为其是有一定层级次序的，智慧技能由低级到高级依次是：辨别、概念、规则、高级规则。高层级技能的获得以低一级技能的获得为基础。

（1）辨别：区分事物差异的能力；

（2）概念：学习和运用概念的能力，概念分为低级的具体概念和高级的定义性概念；

（3）规则：学习和运用规则办事的能力，规则包括原理、定理、定律等；

（4）高级规则："高级规则产生于学习者在问题解决情境中的思维，在试图解决一个具体的问题时，学习者可能会为了得到一个可解决该问题的高级规则而将不同内容领域的两个或两个以上的规则予以组合"，"通过学习可以将规则结合成更复杂的规则，可以把它们叫作高级规则"[①]。

关于高级规则，加涅更关注的不是由简单规则联结而成的高级规则本身，而是考察高级规则形成的心理机制——问题解决，在加涅的代表作《学习的条件和教学论》一书中，关于高级规则的习得归在问题解决一章中论述，其他几类学习结果，都有与名称对应的章节进行阐述。

【案例 2 - 1】

在学习牛顿第二定律后，学生能陈述"一个物体、受到外力为 F、（由此）物体具有加速度；物体质量一定的条件下，物体加速度与所受外力有关、两者成正比；……"这表明学生习得了言语信息类学习结果。

学生能解决如下习题：

例：水平面上的物体，质量为 3 kg，受水平向右的力为 10 N，水平向左的力为 4 N，则物

---

① 加涅，等.学习的条件和教学论[M].皮连生，等，译.上海：华东师范大学出版社，1999：62.

体的加速度为多大?

此时,个体表现出的行为是执行 $F = ma$ 规则,解出加速度,也就是个体出现"规则支配性行为",表明学生习得的学习结果为规则。

在第四章表 4-1 新手解决问题时,将以前未曾连在一起应用的"牛顿第二定律、运动学位移速度与加速度的关系等"联系在一起,用于解决问题,此时学习者就习得了高级规则这一类学习结果。高级规则强调的是通过问题解决过程,第一次完成的多个规则联合运用这一学习结果。当习得后的多个规则联合运用于同类问题情境时,此种条件只是规则的练习而已。也就是说,能称为习得高级规则,一定是通过个体真正的问题解决后形成的。

(三)学习的条件

学习是通过个体与外界的相互作用得以实现的,学习得以发生需要相应的条件。不同的学习类型,其学习的条件是不尽相同的。加涅区分了学习的必要条件和支持性条件。例如学生学习欧姆定律,其必要条件是:预先习得电流、电压和电阻三个概念;其支持性条件是:控制变量的推理策略。必要条件是指缺少了它(或它们)学习就不可能发生的条件,如电流、电压和电阻这三个概念是学习欧姆定律的必要条件,学生缺少其中的任何一个,欧姆定律都无法习得;在此例中控制变量的推理策略(一种认知策略)有助于欧姆定律的习得,所以被称为支持性条件。此外,学生的注意、学习动机等也是支持性条件。

加涅分析了不同学习结果习得时需要的必要条件和支持性条件,如表 2-1 所示。

表 2-1 不同学习结果习得的必要条件和支持性条件

学习结果分类	必 要 条 件	支 持 性 条 件
智慧技能	较简单的智慧技能的构成成分 (规则、概念、辨别)	态度、认知策略、言语信息
言语信息	有意义组织的信息	言语技能、态度、认知策略
认知策略	某些基本心理能力和认知发展水平	智慧技能、态度、言语信息
态度	某些智慧技能和言语信息	其他态度、言语信息
动作技能	部分动作技能、某些操作规则	态度

对特定学习类型所需的必要条件和支持性条件的分析,在一定程度上能帮助教师避免仅凭感觉和经验进行教学的设计,将教学行为建立在比较可靠的学习机制的基础之上。

二、加涅的教学观

(一)提出学习的信息加工模型

加涅在吸取科学心理学研究成果的基础上,提出了一次学习活动所包含的过程模型,如图 2-2 所示。

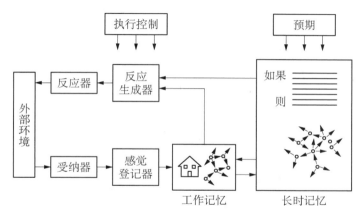

图 2 - 2　加涅提出的学习与记忆的信息加工模型

这一模型包括：操作或加工、执行控制、预期等三个系统。操作系统中的信息加工流程如下：

（1）作用于学生的受纳器的刺激引起各种神经活动，这些神经活动被感觉登记器短暂"登记"（约几百分之一秒）；

（2）该信息经过形式转换，贮存在短时记忆中，短时记忆贮存原始刺激的各种突出特征，这一过程叫选择性知觉；

（3）被转换的信息紧接着进入短时记忆（信息在这里停留约 20 秒），从能够记住的项目数量看，短时记忆容量有限，一般为 7±2 个信息单元。但在短时记忆中贮存的项目可以通过内部复述进而得到保持，有助于信息编码进入下一个结构即长时记忆。短时记忆又称为工作记忆，在短时记忆中的信息经过加工后形成新的联系，可转入长时记忆；

（4）当信息准备贮存在长时记忆中时，发生了一种称作语义编码的重要转换。在这种转换中，信息根据其意义进行贮存。也就是说，在短时记忆中以知觉方式存在的信息这时转换成了概念形式或有意义的形式，被贮存的信息以多种方式加以组织而非简单地被搜集起来；

（5）当需要学生进行作业时，贮存的信息或技能就必须经过检索并被提取出来。一般认为，提取过程需要某些线索，这些线索可以通过外部情境或学习者（从其他记忆源）提供；

（6）提取的信息首先回到工作记忆（又称短时记忆），然后在工作记忆中与其他输入信息整合在一起，形成新的习得的性能；

（7）来自工作记忆或直接来自长时记忆的信息激活反应器，从而生成一种合适的反应组织；

（8）来自该机构的信息流激活表现人的行为的反应组织，保证有组织的外显行为的发生。

在加涅的学习模型中，除了上述操作系统外，还有两个重要系统：执行控制和预期。执行控制过程选择并启动与学习和记忆有关的认知策略，调控着学习的其他信息流程（像注意、输入信息的编码以及贮存信息的提取），如某个控制过程可能会选择一个对短时记忆中的内容进行持续复述的策略，或者对所学句子作表象的认知策略。预期指人的信息加工活动是受目的指引的。认知目的能指引认知加工方式的选择，认知加工活动的实现和预期目标的达到会带来情感上的满足,由此进一步激励新的认知行为,所以预期是与信息加工活动的动力有关的系统。

(二)依据学习过程建立教学基本模型

加涅依据其提出的一次学习活动的信息加工模型,总结提出学习活动中发生的单一信息加工类型,归纳如下:

(1)注意:决定对输入刺激的接受范围和性质;

(2)选择性知觉(有时称模式识别):把输入的刺激转换成客体特征的形式,以便贮存在短时记忆中;

(3)复述:保持和重复贮存在短时记忆中的项目;

(4)语义编码:为长时记忆准备信息;

(5)提取,包括检索:把贮存的信息返回工作记忆或反应生成器;

(6)反应组织:选择和组织行为;

(7)反馈:提供给学生关于作业的信息,并启动强化过程;

(8)执行控制过程:选择并激活认知策略,调控前面所提到的任一或所有内部过程。

当教学支持内部的信息加工事件时,就会促进学习。因此可以依据内部的信息加工阶段,规划用来支持各信息加工阶段的外部教学事件。加涅根据上述学习的信息加工模型,推论出教学事件以及与学习过程的关系,如表2-2所示。

表2-2 教学事件与学习过程的关系

教学事件	与学习过程的关系
1. 引起注意	接受各种神经冲动
2. 告知学生目标	激活执行控制过程
3. 刺激回忆前提性的学习	把先前的学习提取到工作记忆中
4. 呈现刺激材料	突出有助于选择性知觉的特征
5. 提供学习指导	语义编码,提取线索
6. 引出作业	激活反应组织
7. 提供作业正确性的反馈	建立强化
8. 评价作业	激活提取,使强化成为可能
9. 促进保持和迁移	为提取提供线索和策略

此外,加涅还提出了教学设计的基本思路——教学任务分析,可参见第三章第二节相关内容。

三、加涅学习理论的特点

1. 坚持分类的思想

加涅提出个体素质观,将个体所表现出的素质分为先天的、发展中形成的(以上两种素质主要受遗传影响,不受或基本不受教育的根本影响)和可习得的三类,对可习得的学习结果(此为学校教育目标)继续分解为五种:智慧技能、言语信息、认知策略、态度、动作技能,然后对智慧技能由低到高地再进一步分解为辨别、概念、规则、高级规则。这种分类的思想是科学取向的体现,所有的科学都是分类,再揭示各类别中存在的规律。分类的思想是科学取向教学论研究者必须坚持的,它也是方法论。

在对学习结果分类的基础上,加涅从各类学习结果习得的内部条件,分析其习得机制,提出各类学习结果习得所需要的必要性条件和支持性条件。

加涅根据信息加工心理学的研究,提出了个体内部信息加工模型。

2. 坚持以学习的机制阐述教学规律

加涅提出的教学过程(教学事件的序列)是以其总结出的个体信息加工模型为基础的,该模型又是依据心理学对人类学习的实验研究成果提出的,因此如此设计出的教学活动与信息加工的阶段相对应,促使教学理论建立在科学心理学的研究成果之上。

第二节　布卢姆教育目标分类理论

一、布卢姆教育目标分类(1956 年版)

(一) 布卢姆教育目标分类简介

布卢姆将教育目标分为认知、动作和情感三个领域。

中学课堂教学首先要解决的是认知领域的学习,布卢姆将认知领域的教育目标分为知识、领会、运用、分析、综合和评价。

1. 知识

"知识"是认知领域中最低水平的教育目标,主要是对已学过的知识的回忆,包括具体事实、方法、过程、理论以及类型、结构和背景等的回忆。知识是这个领域中最低水平的认知学习结果,它所要求的心理过程主要是记忆。知识层次学习结果的表现是学习者记住了以前学过的材料。

知识又分为三个亚类:具体的知识(细分为术语的知识与具体事实的知识)、处理具体事物的方式方法的知识(细分为惯例的知识、趋势和顺序的知识、分类和类别的知识、准则的知识与方法论的知识)和学科领域中的普遍原理与抽象概念的知识(细分为原理和概括的知识与理论和结构的知识)。

2. 领会

"领会"是最简单的理解,是指把握知识意义的能力。可借助解释、转换、推断三种方式来表明对知识的理解。

(1)解释。所谓解释实际是指学生能够用自己的语言来陈述概念、定理的意义,而不拘泥于原文的呈现方式。

（2）转换。将材料从一种形式变成另一种等价的表达方式，包括将文字转化为图表、图表转化为文字、变化文字表述方式等。

（3）推断。根据交流中描述的条件，在超出既定资料之外的情况下延伸各种趋向或趋势。

对同一知识点"领会"层次的考查，题目的形式可以不同，如案例 2-2。

【案例 2-2】

（1）请陈述光的反射定律，并举出满足光反射定律的实例。（简答题，解释行为）

（2）张晓同学说：如果入射光线绕法线逆时针转动，则反射光线绕法线顺时针转动。他的说法正确吗？请陈述理由。（辨析题，解释行为）

（3）请用作图的方式演示光的反射定律。（简答题，转换行为）

（4）一束光照射到物体上，当光束靠近入射面，则反射光线将_____（填"靠近"或"远离"）入射面。（填空题，推断行为）

以上案例 2-2 中的测试题均指向定律本身，涉及对定律的适用条件、内涵的考查，测试题与原文呈现的方式不同，属于"领会"这一层次。

在我国的教学论体系中，一般将该层次称为"理解"，由于两者反映的是同质问题，所以在此处不做区分，但教师应明了该类学习后的外显行为是什么以及如何对其进行有针对性的测量。

3. 运用

"运用"是指把所学知识运用于新情境的能力，它包括对概念、原理、规律、方法、理论的运用。它与"领会"的区别在于是否涉及这一项知识以外的事物。"领会"仅限于对本身条件、结论的理解。"运用"则需有背景材料，构成问题情境，而且是在没有说明问题解决模式的情况下，正确地运算、操作、使用等。

当然，通过一道测试项目可以考查多个物理概念和规律的"运用"，如案例 2-3。

【案例 2-3】

"让我们荡起双桨，小船儿推开波浪，海面倒映着美丽的白塔，四周环绕着绿树红墙，小船轻轻飘荡在水中，迎面吹来了凉爽的风……"大多数同学是唱着这支优美的歌曲长大的，歌曲中含有许多物理知识，例如：①风使同学们感到凉爽，主要原因是流动的空气加快了人身上汗液的_____。②倒映的白塔是光_____射而形成的_____像。③小船静止在水面上时，它受到重力和浮力的作用，这两个力是一对_____力。④船浆向后划水，船向_____运动，说明物体间力的作用是_____的。

案例 2-3 中的问题情境的呈现比较新颖，但就学生完成这一试题的能力层次来说，本质上是对多个概念和规律的"运用"。回答问题①是"影响蒸发快慢的因素"的运用；回答问题②是"平面镜成像规律"的运用；回答问题③是"二力平衡概念"的运用；回答问题④是"牛顿第三定律"的运用。

4. 分析

"分析"是指把复杂的知识整体材料分解成部分,并理解各部分之间联系的能力。如"举例说明一个实验中哪些部分为事实,哪些部分属于假说"等。分析技能是任何学科领域的一个目标,如自然学科、社会学科、哲学和人文学科等。

分析可以分成三种类型或三级水平:要素分析(要求学生把材料分解成各个组成部分,鉴别交流内容的各个要素,或对它们进行分类)、关系分析(要求学生弄清各要素之间的相互关系,确定它们的相互连接和相互作用)和组织原理分析(要求学生识别把交流内容组合成一个整体的那些组织原理、排列和结构)。

5. 综合

"综合"与"分析"相反,是指将所学知识的各部分重新组合,形成一个知识整体的能力。"综合"强调创造能力和形成新的知识结构的能力。它包括能突破常规思维模式,提出一种新的想法或解决问题的方法;能按自己的想法整理学过的知识等。

综合分为三个相对独立的亚类:进行独特的交流(提供一种交流条件,把观念、感情和经验传递给别人)、制订计划或操作步骤(制订一项工作计划或提出一项操作计划)和推导出一套抽象关系(确定一套抽象关系,用以对特定的资料或现象进行分类或解释;或者从一套基本命题或符号表达式中演绎出各种命题和关系)。

【案例 2 - 4】

质量为 M 的小船停在静止的湖面上,船身长为 l。当一质量为 m 的人从船头走到船尾时,小船相对于湖岸移动的距离为多少?假设水对船的阻力不计。

解题者首先需要阅读,并根据已有知识形成对该习题已知与待求等的理解,也就是通常所说的"审题"、"分析题"。通过阅读题意,学生获得如下信息:

已知:有两个对象,即船、船上的人;船的质量为 M,人的质量为 m;船的长度为 l;小船最初静止;水对船没有阻力。

待求:人在船上从一头走到另一头,小船相对地面运动的距离为多少?

从对象看:涉及两个对象——船与船上的人。

从状态看:初状态——人和船相对湖岸(地面)静止。

从过程看:人在船上从一头走向另一头。

过程中的特征:因为不考虑湖水的阻力,整个过程中满足动量守恒。人与船之间摩擦力恒定,则人与船均做匀变速直线运动,方向相反。

理解题意后,如何选择出解决该习题所需的必要技能呢? 如果是第一次面对该习题,其思考过程可能如下所示:

待求的是小船相对地面运动的距离,需要知道什么?

需要知道物体运动的形式。

由题意分析可知小船是匀变速直线运动,可用什么公式?

可用匀变速直线运动位移公式：$s = \dfrac{1}{2}at^2$。根据题目的条件，加速度似乎不能求。

还可用哪种规律求解匀变速直线运动的位移？

用 $s_船 = \bar{v}_船 \cdot t$

能不能找到运动过程中的平均速度？

已知运动过程中动量在每一时刻均守恒，$Mv_船 - mv_人 = 0 \Rightarrow M\bar{v}_船 - m\bar{v}_人 = 0$

两个物体质量已知，而 $s_船 = \bar{v}_船 \cdot t$，$s_人 = \bar{v}_人 \cdot t$

那么 $s_船$ 和 $s_人$ 有关系吗？

（画出运动过程草图）

图 2-3 草图一

这个过程中两者的位移有什么关系呢？

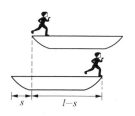

图 2-4 草图二

由此，解题者从自己的认知结构中挑选出求解该习题所需的物理规律，并就先用哪个物理规律，后用哪个物理规律作出有序排列。这种引导解题者的思考方向，选择解决当前问题所需的技能，就是加涅学习分类中的认知策略，也就是通常所称的方法。

在以上解题过程中，学习者将以前未曾联系在一起运用的物理规律结合起来解决了问题，也就是达到了布卢姆教育目标分类中的"综合"。

从结果上看，形成了不同规律的新连结，即达到了加涅学习结果分类中的"高级规则"。

6. 评价

"评价"是指用来达到特定目标，对学习内容、材料和方法给予价值判断的能力。

（二）布卢姆教育目标分类的特点

第一，用学生的外显行为来陈述目标，"我们设计的这种分类是一种对学生行为的分类"。[1]布卢姆认为，制定目标是为了便于客观评价，而不是表述理想的愿望。事实上，只有具体的、外

[1] B. S. Bloom，等. 教育目标分类学·认知领域[M]. 罗黎辉，等，译. 上海：华东师范大学出版社，1986：14.

显的行为目标才是可测的。布卢姆不仅陈述各层次的目标,同时给出了各层次的行为样本。

第二,目标是有层次结构的,"我们设想将教育行为按简单到复杂这样一个次序排列,其依据的观点是:某种简单的行为可以与其他同等简单的行为组合起来,从而形成一种比较复杂的行为"。[①] 由此可见,布卢姆的"分类学"是将学生的行为由简单到复杂按次序排列的,因而教育目标具有连续性、积累性。从中,我们可以看出布卢姆的另一个基本观点:复杂行为是由简单行为组合而成的。

第三,布卢姆将行为上依原先的呈现方式"回忆出"和"将学习内容依据自己的语言陈述"做了区分,认为前者属于"知识"层次,后者属于"领会"层次。

第四,布卢姆将"领会原理意义"和"原理的运用"划分为两种不同的层次。"理解"行为是有意义学习后的结果,这些行为都是指向概念或规律本身的,是对其适用条件、对象的特征、应用领域的解释,或依据其做的最基本的推断。

二、布卢姆教育目标分类学(修订版)

布卢姆教育目标分类学提出 45 年后,以 L. W. 安德森为首的八人小组将 1956 年版布卢姆认知领域的教育目标分类学修订出版,即《学习、教学与评估的分类学》(2001 年)。[②] 修订版按知识和认知过程两个维度对教育目标进行界定。知识维度被划分为四类知识:事实性知识、概念性知识、程序性知识、反省认知知识;每类知识学习在认知过程维度上被划分为六级水平:记忆、理解、运用、分析、评价、创造(见表 2-3)。

表 2-3 修订后的布卢姆认知目标分类

知 识 维 度	认知过程维度					
	1. 记忆	2. 理解	3. 运用	4. 分析	5. 评价	6. 创造
A. 事实性知识						
B. 概念性知识						
C. 程序性知识						
D. 反省认知知识						

(一)知识类型

1. 事实性知识

学生通晓一门学科或解决其中的问题所必须知道的基本要素,含术语的知识、具体细节和要素的知识。

2. 概念性知识

能使各成分共同作用的较大结构中的基本成分之间的关系,含分类或类目的知识、原理和概念的知识、理论与模型和结构的知识。

---

① B. S. Bloom,等. 教育目标分类学·认知领域[M]. 罗黎辉,等,译. 上海:华东师范大学出版社,1986:19.

② L. W. 安德森,等. 学习、教学与评估的分类学[M]. 皮连生,等,译. 上海:华东师范大学出版社,2007.

3. 程序性知识

如何做什么，研究方法和运用技能、算符、技术和方法的标准，含具体学科的技能和算法的知识、具体学科的技术和方法的知识、决定何时运用适当程序的标准的知识。

4. 反省认知知识

一般认知知识和有关自己认知的意识和知识，含策略性知识、关于认知任务的知识、自我的知识。

例如，物理概念和规律应该属于概念性知识；物理概念和规律的应用、仪器操作知识的运用、解决物理习题的各种方法属于程序性知识；而解决问题最一般的方法，如各种科学方法、解决问题的逆推法、向前推理法等属于反省认知中的策略性知识。

（二）认知过程维度

1. 记忆

从长时记忆系统中提取有关信息，其外显表现有再认、回忆。

2. 理解

从口头、书面和图画传播的教学信息中构建意义，外显表现为解释、举例、分类、概要、推论、比较和说明。

3. 运用

在给定的情境中执行或适用某程序，其外显表现为执行、实施。

4. 分析

把材料分解为它的组成部分并确定各部分之间如何相互联系以形成总体结构或达到目的，外显表现为区分、组织、归属。

5. 评价

依据标准或规格作出判断，外显表现为核查、评判。

6. 创造

将要素加以组合以形成一致的或功能性的整体；将要素重新组织成为新的模式或结构，外显表现为创新、计划、建构。

关于认知过程维度的讨论详见本书第十三章第一节。

【案例 2-5】布卢姆教育目标分类（修订版）视角下牛顿第二定律教学目标类型

● 牛顿第二定律学习中的知识类型

在牛顿第二定律的学习中，有事实性知识（如牛顿是在 1687 年出版的《自然哲学的数学原理》一书中系统提出宏观低速客体所遵循的三大力学定律的）。

牛顿第二定律本身是概念性知识。

在牛顿第二定律的学习过程中，除了对牛顿第二定律本身的学习，依照教材中的安排，在"规划研究方案"环节要运用控制变量法；在"设计实验"环节间接测量加速度时，需要运用转换法；在"处理数据"环节要运用图像法。

图像法用于具体学科问题解决,属于程序性知识。

转换法、控制变量法的适用范围不仅限于物理学科,也不仅限于科学课程,如转换法是与数学中的转化思想一脉相承的,它们在解决问题中的思维方式是一样的,属于反省认知知识。

在学习牛顿第二定律后,要在新情境下加以运用,结合建立坐标系、受力分析等其他知识综合地解决问题。存在解决与牛顿第二定律有关习题的方法,该方法也是具体学科的算法的知识,属于程序性知识。

解决牛顿第二定律一类习题的方法:

(1)对研究物体进行受力分析;

(2)建立坐标系,确定正方向;

(3)正确地进行受力分解;

(4)沿坐标轴列出牛顿第二定律的方程;

(5)求解方程。

● 综上可制定教学目标如下:

目标1:理解牛顿定律发表的相关事实;能说明牛顿定律是由《自然哲学的数学原理》一书系统地提出的等相关事实。

目标2:理解牛顿第二定律的性质;能举例解释质点加速度与其质量以及所受外力间的关系,能解释上述关系成立的依据。

目标3:运用牛顿第二定律的数学表达式;能执行该数学表达式蕴含的规则,求解质点受力、加速度、质量等物理量。

(如果在教学中有图像法的教学,且达到应用层次;而转换法和控制变量法只是经历体验。)

目标4:运用图像法;能运用图像法处理两个物理量的关系。

目标5:了解转换法、控制变量法;体验牛顿第二定律学习过程中转换法、控制变量法的运用。

(如果在教学中有解决牛顿第二定律一类习题的方法教学,且达到应用层次)

目标6:运用解决牛顿第二定律类习题的方法;能遵循该方法的引导,执行相应规则,解决牛顿第二定律一类习题。

表 2 - 4　牛顿第二定律教学目标(布卢姆修订版视角)

知识维度	认知过程维度					
	记忆	理解	运用	分析	评价	创造
事实性知识		目标1				
概念性知识		目标2	目标3			
程序性知识			目标4、目标6			
反省认知知识	目标5					

第三节　奥苏贝尔有意义学习理论

戴维·奥苏贝尔(David P. Ausubel)是一位美国认知心理学家。奥苏贝尔提出有意义学习理论,以认知心理学的观点系统地阐述了有意义学习的实质、条件、意义获得和保持的过程,这一理论着眼于寻求有意义的课堂学习规律,因而受到教育心理学家的重视。奥苏贝尔关于有意义学习心理机制的分析、有意义学习和机械学习的划分,以及学习动机的解释对教师的教学有着实际的指导意义。1976 年奥苏贝尔获美国心理学会颁发的桑代克教育心理学奖,他的代表著作有《教育心理学——一种认知的观点》等。

一、奥苏贝尔学习分类简介

奥苏贝尔提出有意义学习理论,首先区分了学习材料的逻辑意义、潜在意义和学习者个体的心理意义。所谓有逻辑意义的材料是指对人类来说有意义的材料,这种对人类的意义就是存储于学生头脑之外的"历史上人类共享的知识";潜在意义是指在个体具有适当原有知识的条件下能被个体同化的人类知识;心理意义是指个体习得的知识。

奥苏贝尔理论的基本观点如下:

(1) 依据习得意义与否将学习分为有意义学习和机械学习两类。

"不管某个命题本来具有多少潜在意义,如果学习者要任意地和逐字逐句地记忆它(如一系列任意相联系的词)的话,那么学习过程和学习结果必是机械的或无意义的。"[1]

也就是说,学习者如果表现出逐字逐句地陈述所学内容的行为,其学习就是机械的。

进行有意义学习后,学习者能"用形式不同的等值语言表达,则引起的心理内容的实质不变",即学习者能用自己的语言正确地陈述所学内容。

(2) 奥苏贝尔将学习分为符号学习、概念学习、命题学习、知识的运用、问题解决及创造。

表征学习(符号学习)是指学习单个符号或一组符号的意义,也就是说学习符号代表什么;概念学习是指建立一类对象和其本质属性之间的联系,此处主要指日常概念;命题学习是指建立若干概念之间的关系,包括概念、规律、原理、模型、方法等的学习。

(3) 有意义学习的实质,就是通过自己的努力,将以语言、文字为载体所承载的人类意义转化为自己心理意义的过程。

(4) 有意义学习后的内部变化,就是符号代表的新知识与学习者认知结构中已有的适当观念建立非人为的和实质性的联系。

"一旦新的命题与学习者认知结构中原有的有关观念建立了这样的实质性联系,用形式不同的等值语言表达,则引起的心理内容的实质不变。如将'等边三角形是有三条等边的三

---

[1] Ausubel, D. P. , Novak, J. D. & Hanesian, H. Educational Psychology: A Cognitive View (2nd ed). New York: Holt, Rinehart & Winston, 1978: 40.

角形'改为'任何三角形,只要它们的三条边相等,则它们就是等边三角形',文字表达的形式发生了变化,但引起的心理内容都是等边三角形的概念或表象。所以,新旧知识的实质性联系,也可以说是非字面的联系。"

"新旧知识之间非人为的联系,指新知识与认知结构中有关观念在某种合理的或逻辑基础上的联系。"

也就是能用自己的语言解释学习的内容,即知其然,也能有逻辑地陈述观念形成联系的理由,即知其所以然。

【案例 2-6】

学习超重概念后,学生能够一字不差地背出课本上的定义——"超重是物体对支持物的压力(或对悬绳的拉力)大于物体所受重力的现象",表明学生的学习是机械的。

如果学生能作如下陈述:一个相对地面(地球)有向上加速度的参照系;其中有一个静止(相对动参照系)的物体;动参照系的支持面对该物体的支持力;(此)支持力大于物体在地面上的重力;这个现象称为超重。

也就是学生能用自己的语言,正确地陈述所学概念中的内涵(也就是谁与谁有关、有何关系等),表明学生进行的学习是有意义学习。其内部形成了各相关概念间的实质性联系。如果学习者能表现出运用牛顿第二定律等知识合理有逻辑地解释超、失重影响因素形成联系的依据,表明个体内部形成的联系就是"非人为"的。

(5)有意义学习的内部过程即同化,包含上位同化、下位同化、并列组合三种形式。三种同化过程如表 2-5 所示。[①]

表 2-5 有意义学习与同化过程

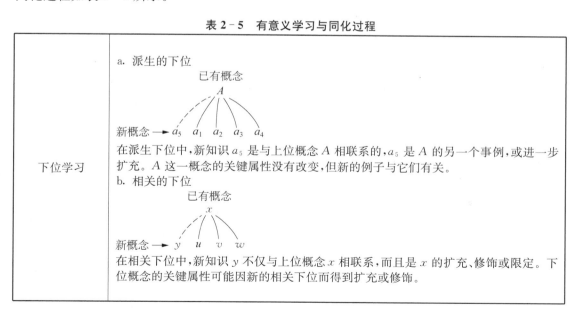

下位学习	a. 派生的下位 已有概念 *A* 新概念 → *a₅* *a₁* *a₂* *a₃* *a₄* 在派生下位中,新知识 a_5 是与上位概念 A 相联系的,a_5 是 A 的另一个事例,或进一步扩充。A 这一概念的关键属性没有改变,但新的例子与它们有关。 b. 相关的下位 已有概念 *x* 新概念 → *y* *u* *v* *w* 在相关下位中,新知识 y 不仅与上位概念 x 相联系,而且是 x 的扩充、修饰或限定。下位概念的关键属性可能因新的相关下位而得到扩充或修饰。

---

① 施良方.学习论[M].北京:人民教育出版社,1994:242.

上位学习	新概念　$A \longrightarrow A$ 已有概念　a_1　a_2　a_3 在上位学习中,已有概念 a_1, a_2, a_3 被认为是新概念 A 的具体事例,因此也是与 A 相联系的。上位概念 A 是根据一组新的、能包摄这些下位概念的关键属性来下定义的。
组合学习	在组合学习中,新概念 A 是与已有概念 B, C, D 相联系的,但 A 并不比 B, C, D 包摄性更广,或更具体。在这种情况下,新概念 A 具备某些与这些已有概念共同的关键属性。

资料来源：Ausubel，et al.，1978.

学习总有特定的内容,课本上的概念、原理在未被个体习得前是"人类的知识",经过学习者内部的"同化"过程,在新知识和认知结构中的原有知识间形成了"非人为和实质性"的联系,个体形成"心理意义",外在的人类知识转化为个体的知识。如果学习的人类知识内容表现为符号,就是符号学习;如果学习的内容是概念,就是概念学习;如果学习的内容是解决问题,就是解决问题学习。

二、奥苏贝尔学习分类的一些特点

奥苏贝尔指出有意义学习和机械学习之后学习者行为上的不同："在有意义学习的过程中,学生必须将组成部分同他的认知结构相联系。结果在学习者如何内化信息和教师如何理解信息之间几乎总是有某些小差异。因此在后来回忆或表述命题时,学生的回答可能就与教师期望的有所不同,尽管学生的回答在实质上是正确的。不幸的是,这样的回答常被当作是错误的而予以记分,所以学生便学会用机械的(逐字逐句的)学习方法而不是有意义的学习方法。"[1]

也就是说,经过机械学习,学习者可以逐字逐句地陈述学习内容,而经过有意义学习,学习者可以依据自己的理解正确地用自己的语言陈述学习内容。

布卢姆的"知识"层次,行为上要求学习者能够依照学习内容原先的呈现方式进行陈述,所以经过机械学习,学习者达到的是布卢姆分类中的"知识"层次。

经过有意义学习,学习者能够不完全依据学习内容原先的呈现方式陈述,而依据自己的方式陈述学习内容,所以经过有意义学习,学习者能达到布卢姆分类中的"领会"层次。

换句话说,布卢姆仅说明学习者学习后行为上存在层次上的差异,并给出各层次的行为样本,但没有说明各层次形成的心理本质上的原因,同时也没有给出各层次形成的过程。而

---

[1] Ausubel，D. P.，Novak，J. D.　&　Hanesian，H. Educational Psychology：A Cognitive View (2nd ed). New York：Holt，Rinehart & Winston，1978：52.

奥苏贝尔对这两个层次心理上的变化给出了解释。

无论是奥苏贝尔还是布卢姆,均将"运用知识"和"领会知识的意义"视作两种不同的学习或者学习层次而加以区分。

奥苏贝尔的有意义学习分类,实际也可以从中预见学习后学习者外显行为上的变化。

奥苏贝尔不仅阐明了有意义学习后学习者心理上的变化——形成实质性、非人为的联系,同时较为详细地阐述了各种有意义学习的心理过程,并阐述了命题学习的同化形式——上位同化、下位同化和并列组合同化。

因此,奥苏贝尔的学习分类以及对学习者心理变化、意义习得的心理过程的阐明,使得教师不仅可以理解有意义学习后学习者的行为,更为重要的是还可以促使教师把握意义习得相应的过程和所需要的条件,这样就可以帮助教师依据有意义学习的心理过程来合理地安排教学活动,以此可以减少教师教学的盲目性。因此,奥苏贝尔的学习分类对教师的教学有着积极的指导作用。

第四节　信息加工心理学理论

纽厄尔(A. Newell)和西蒙(H. A. Simon)认为:包括人和计算机在内,信息加工系统由感受器、效应器、记忆和加工器组成,信息加工系统的运作流程可以概括为输入、输出、贮存、复制、建立符号结构和条件性迁移。

信息加工心理学将个体视为一个信息加工系统,学习是信息加工过程,学习者从学习环境中感知、识别信息,在工作记忆中将其加工成对个体而言的新信息,并以一定的方式存储在长时记忆中,在一定条件下可以被提取,并表现出特定的外显行为。从这一角度看,教学可以被界定为"通过信息传播促进学生达到预期的特定学习目标的活动",由此教学中师生传递、操作的对象就具体了,即信息。

一、信息

信息是事物现象及其属性标识的集合。一个信息单位就是对个体而言的一个意义单元,认知心理学用命题来表示。命题这一术语来自逻辑学,指表达判断的语言形式,心理学借用这一术语作为心理表征的一种形式,主要强调如下研究事实:人一般记住的是句子表达的意义,而不是具体的词句。命题表征的一个例子如

图 2 - 5　命题样例

图 2 - 5,命题一般由论题和关系项组成,如例中"小明"和"书"是论题,"买"是关系项。

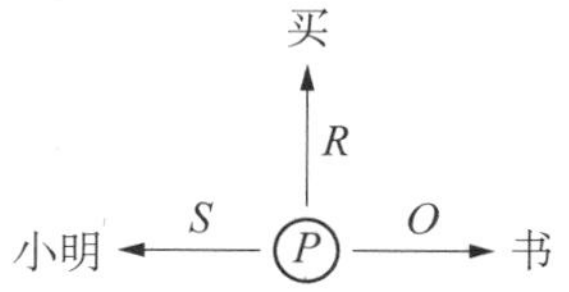

通常一句话中往往包含多个信息单元,如"一个苹果放在托盘中",对成人来说,它实质包含两个信息单元,即从数量关系上"苹果是一个"、从空间位置关系上"苹果在托盘中",每一个如此的论断,都包含两个论题及其间关系,个体可以在头脑中形成两个对象间的关系的表象。如果需要,也可在行为上正确地呈现对象及其间的关系。而一个咿呀学语的婴儿,尚

不能区分苹果、梨等水果,不能区分数量,也不能区分托盘、碟子等概念意义,那么"一个苹果放在托盘中"对他而言就是 9 个音节,也就是 9 个信息单元。

【案例 2 - 7】 在"电阻影响因素"教学中安排实验如图 2 - 6 所示。

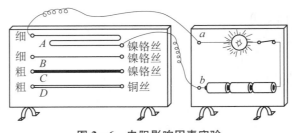

图 2 - 6　电阻影响因素实验

从上述实验中可以识别出与此教学结论相关的信息有:"A、B、C 是镍铬丝"、"A 比 B 长"、"A 和 B 一样粗"、当"A 和 B 分别接入时,(接入 A)灯泡比(接入 B)灯泡暗"等。

当然还可以识别出与此教学结论无关的信息,如"电池有三节"、"电池被固定在木板上"、"灯泡发出黄光"等。

二、信息加工机制

进入个体信息加工系统(参见图 2 - 2)的信息,被存储在短时记忆(也称为工作记忆)中,短时记忆对于信息的存储、加工方式等存在如下特点:

(一) 信息加工容量限制

个体在某一时刻能意识到的东西存储在短时记忆中,与意识大致对应。短时记忆也称为工作记忆,就是进行信息加工的部分。研究表明,短时记忆中的容量是有限制的,一般为 7±2 个信息单元,也就是说 7±2 个对个体有意义的单元。

比如,如下数字"1、4、9、2、1、7、7、6、7、4、1、9、4、1、1、2",如果只读一遍,那么能够依正确次序提取出的数字数量约为 7±2 个。但对美国人来说,上述这组数字对应 3 个历史时期,前四个数字对应哥伦布首行美洲的时间,中间六个数字对应独立宣言发表的年月,后六个数字对应日本偷袭珍珠港的时间。那么对美国人来说,上述 16 个数字就构成三个信息单元。如果同样用这组材料进行测试,美国人可能就可以提取出较多的数字,但这并非代表美国人的短时记忆就比我们广,这是因为他在短时间记忆中只需记忆三个信息单元,假如再增加同类的测试项目,如"美国最高峰的高度"、"最深的深度"、"高速公路的里程"等十余个单位,让美国人只读一遍,他们能提取出的项目也只有 7±2 个。

为了解释这一现象,米勒提出了"组块"(chunk)的概念,认为组块是对个体有意义的信息单元,一个组块就是一个对个体有意义的项目,而不管这个单元的物理单位是什么。心理学家西蒙的研究表明:被试能够正确再现的单或双音节词都是 7 个,三音节词是 6 个,但对于由两个词组成的短语(如 milk way、differential calculus、criminal lawyer 等),则只能记住

4 个,而更长一些的短语(如 fourscore and seven years ago),则只能记住 3 个。

(二) 信息加工的方式

个体识别出的信息存储于短时记忆中,通过运用一定的加工机制形成新的联系,也就是习得新的知识。形成新联系的机制主要是逻辑的。19 世纪英国逻辑学家穆勒提出探求因果联系时使用的五种推理方法,在逻辑学中被称为"穆勒五法",包括求同法、差异法、共变法、求同求异法和剩余法。著名认知心理学家斯腾伯格(R. J. Sternberg)通过实验证实,个体确实可以根据可能原因和可能结果同时出现(求同)、可能原因与结果同时消失(差异或共变)的现象来确认某一事件是原因事件。[①]

1. 求同法及其结构

求同法是通过考察被破究现象出现的若干场合,确定在各个场合先行情况中是否只有另外一个情况是共同的,如果是,那么这个共同情况与被研究的现象之间有因果联系。

其结构如表 2-6 所示。

表 2-6　求同法的结构

场合	先行情况	被研究现象
1	A、B、C	a
2	A、D、E	a
3	A、F、G	a
所以,A 与 a 有关		

【案例 2-8】在"液体内部压强"一节的学习中,[②]教材提供如下实验。

(a) 向上　　　　(b) 向侧面　　　　(c) 向下

图 2-7　实验中探头开口方向发生变化

分析:

第一,获得的结论:液体内部压强等深处,压强相等。

第二,教材获得该结论的推理方法——求同法,结构如表 2-7 所示。

---

① R. J. Sternberg. 认知心理学[M]. 杨炳钧,等,译. 北京:中国轻工业出版社,2006:349.
② 人民教育出版社,等. 义务教育教科书·物理·八年级下册[M]. 北京:人民教育出版社,2013:34.

表 2 - 7　求同法获得结论

场合	结　　果	不　变　条　件	变化条件
1	U 形管两端液面差为 H	探头在液面下,深为 h	探头开口方向变化,分别向上、向侧面、向下
2	U 形管两端液面差为 H（与实验(a)中压强相等）	探头在液面下,深为 h	
3	U 形管两端液面差为 H（与实验(a)、(b)中压强相等）	探头在液面下,深为 h	
…	……	……	
所以,压强相等与深度相同有关(液体内部同深度处,压强相等)			

物理教材中多数定义性概念以及一些规律可以运用求同法获得,比如教材中"力"、"液化"、"机械运动"等概念一般就可以通过求同法获得。

2. 共变法及其结构

共变法是通过考察被研究现象发生变化的若干场合中,确定是否只有一个情况发生相应变化,如果是,那么这个发生了相应变化的情况与被研究现象之间存在联系。

其结构如表 2 - 8 所示。

表 2 - 8　共变法的结构

场合	先行情况	被研究现象
1	A_1、B、C	a_1
2	A_2、B、C	a_2
3	A_3、B、C	a_3
所以,A 与 a 有关		

【案例 2 - 9】

在案例 2 - 7 的学习中需要得出如下三个结论:

(1) 电阻大小与导线长度有关;

(2) 电阻大小与导线横截面积有关;

(3) 电阻大小与导线材料有关。

分析可知,这三个结论的获得均是运用归纳法中的共变法实现的,表 2 - 9 表示了"导线电阻大小与导线长度有关"结论获得的逻辑过程。

表 2 - 9　共变法获得结论

场合	结　　果	变化条件	不变条件
1	小灯泡较暗（说明电阻较大）	导线 A 接入,导线较长	导体材料、横截面积、电源、电路连接等
2	小灯泡较亮（说明电阻较小）	导线 B 接入,导线较短	
所以,导线电阻大小跟导线长度有关			

3. 差异法及其结构

差异法是通过考察被研究现象出现和不出现的两个场合,确定在这两个场合中是否只有另外一个情况不同,如果是,那么这个不同情况与被研究现象之间有因果联系。

其结构如表2-10所示。

表2-10 差异法的结构

场合	先行情况	被研究现象
1	A、B、C、D	a
2	B、C、D	
所以,A 与 a 有关			

【案例2-10】 在"光的反射"一节教学中,①教材提供如下实验方案。

在平面镜 M 上方竖直放置一块附有量角器的白色光屏,它是由可以绕 ON 折转的 E、F 两块板组成的。

让入射光线 AO 沿光屏左侧射到镜面的 O 点,折转 F 板,直到在 F 板上看到反射光线 OB。仔细观察,看反射光线、入射光线和法线是否在同一平面内。再观察反射光线和入射光线是否分别位于法线的两侧。

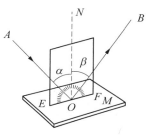

图2-8 "光的反射"实验

教材中通过实验获得结论"光的反射时,反射光线、入射光线和法线在同一平面内",所运用的逻辑过程即差异法,逻辑结构如表2-11所示。

表2-11 差异法获得结论

场合	结　果	变　化　条　件	不　变　条　件
1	F 光屏上有反射光线(有反射现象)	E、F 板夹角为零,形成平面	入射光线在 E 板、入射点位置、入射角度等
2	F 光屏上无反射光线(无反射现象)	E、F 板夹角不为零,不构成平面	
所以,"反射现象存在"与"E、F 板夹角为零"可能有因果联系; 即光的反射中,反射光线与入射光线、法线在同一平面内			

4. 演绎推理

演绎推理策略是由反映一般性知识的前提得出有关特殊性知识的结论的一种推理,其最基本的形式是三段论,三段论也是我们日常生活中及教学中最常运用的。三段论由三个命题构成,这三个命题分别称为大前提、小前提、结论。如下为充分条件假言推理肯定前件式推理:

---

① 华东地区初中物理教材编写组. 义务教育教科书·物理·八年级上册[M].上海:上海科学技术出版社;广州:广东教育出版社,2012:52.

$$P \rightarrow q（大前提）$$
$$\underline{\quad P（小前提）\quad}$$
$$则\ q（结论）$$

实例如：

$$如果物体静止，则物体受力平衡$$
$$\underline{\quad 某物体静止 \quad}$$
$$则该物体受力平衡$$

（三）信息加工的特征

许多认知加工的区别在于它们是否需要意识控制，受到意识控制的加工称为控制加工，反之则称为自动加工。对于控制加工，需要意志努力、消耗许多注意资源，更重要的是其中的加工是按序列加工的，即每次加工一步，花费时间较长。学生在学习新知识的过程中，显然是需要控制加工，满足序列加工的。

在案例 2－7 实验后，教师作如下陈述：

师：在刚才的实验中，我们发现(1)"A、B、C 是镍铬丝"，(2)"A 比 B 长"，(3)"A 和 B 一样粗"，(4)"B 和 C 长度一样"，(5)"B 比 C 横截面积大"，(6)"D 是铜丝"，(7)"D 和 B 长度一样"，(8)"D 和 B 横截面积一样"，(9)当"A 和 B 分别接入时，(接入 A)灯泡比(接入 B)灯泡暗"，(10)"C 和 B 分别接入时，(接入 C)灯泡比(接入 B)灯泡亮"，(11)"D 和 B 分别接入时，(接入 D)灯泡比(接入 B)灯泡亮"。从上述实验中，你可以获得什么结论？

从教师的陈述中，学习者将 11 个信息依次识别存储在短时记忆中，但学生不可能由这 11 个信息同时加工得出案例 2－9 中三个结论。

只有学习者在头脑中对这些信息梳理排列，如将信息(1)、(2)、(3)、(9)视为一组，启动共变法机制，才能加工得出"导体电阻与导体长度有关"。也就是说，新结论一定是一个一个依次加工形成的。

三、内部表征方式

信息经过短时记忆加工后，形成的联系被存储在长时记忆中，在长时记忆中的存储方式，也就是习得知识的表征方式。信息加工心理学依据学习后外显行为上的差异，推论出存在两类不同的知识。

陈述性知识是指个人具有有意识提取线索，因而能直接陈述的知识。也就是说，学习者具备陈述性知识的外显表现是学习者能"陈述什么"。程序性知识是个人无有意识的提取线索，因而其存在只能借助某种作业形式间接推测的知识。学习者具备程序性知识的外显表现是学习者能"做什么"。认知策略是指学习者用于支配自己的心智加工过程的内部组织起来的技能，也属于程序性知识。

（一）陈述性知识的表征方式

信息加工心理学提出陈述性知识的表征方式包括命题与命题网络、表象、图式等。

命题网络：命题一般由论题和关系项组成，关系项表明这两个论题之间的联系。如果两个或两个以上的命题有共同成分或关系项，这些命题就可通过这些共同成分联系起来形成网状结构，即命题网络。如物理学科中的动量定理——

"动量定理：物体在一段时间内的动量变化，等于物体受到的冲量"。

上述定理可以分解为三个子命题：①物体受到冲量；②冲量等于动量的变化；③动量的变化是在一段时间内的。

其构成的命题网络可表示为图2－9。

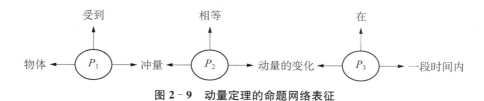

图2－9　动量定理的命题网络表征

因此，当学习者内部出现命题网络表征，其外显行为就可表现为：能够以相互联系的方式逐一陈述各个意义单元，即能用"与原文呈现不同"的方式陈述定理中所涉及的各概念以及概念间存在的关系，而不是逐字逐句地背诵定理。

图式：就像是围绕某个主题组织起来的认知框架，它是一些观念及其关系的集合[①]，是对一范畴中对象具有共同属性构成结构的整体编码表征方式。有学者将图式视为陈述性知识的综合表征形式[②]，强调围绕某一主题的各种表征形式的综合。

在物理课程的学习中，同样存在一些图式，如物理概念图式、物理规律图式。

1. 物理概念图式

物理概念是客观事物的物理共同属性和本质特征在人们头脑中的反映，物理概念有特征属性不具有定量性质的物理概念，如机械运动、直线运动、匀变速直线运动、自由落体运动、平抛运动等，力、弹力、摩擦力等；

还有许多物理概念有反映客观事物的本质属性具有定量性质，也称为物理量；

（1）特征属性类物理概念图式。

对于特征属性类物理概念，学习时可以从物理意义（概念引入的必要性）、物理性质（对象与特征属性的关系）、符号或模型、典型实例、与其他物理概念和规律关系等方面加以认识。

[①] 皮连生. 学与教的心理学［M］. 上海：华东师范大学出版社，2003：137.

[②] 吴庆麟. 认知教学心理学［M］. 上海：上海科学技术出版社，2000：67.

表 2–12　杠杆原理的图式

物理意义	简单机械的一种（帮助人完成肢体难以完成的工作）
物理性质（本质特征）	一根棒、不形变、可受力而转动、转动绕固定点实现、存在阻碍转动的阻力等
内容（或定义）	一根硬棒，在力的作用下绕固定点转动，这根硬棒称为杠杆
符号或模型	
典型实例	起子开启瓶盖、镊子夹起物体、剪刀剪东西

（2）物理量类物理概念图式。

对于物理量，学习时可以从物理意义（概念引入的必要性）、物理性质（物理概念间定性或定量关系）、符号、表达式、单位、与其他物理概念间的关系、在物理理论体系中的价值等方面加以认识。

表 2–13　热容量概念的图式

物理意义		表征不同物质吸收或放出热量能力的大小
物理性质	定性	1. 热容量是物质的基本属性之一； 对象：物质（单质如铜、铁等，化合物如水、酒精等），也就是纯净物，对象的性质：吸收或放出热量的能力； 对象性质具有的特点：同种物质，其吸收热量的能力是一定的；不同物质，其吸收热量的能力一般不同（可以此区分不同物质，是基本属性） 2. 同种物质，在质量一定时，吸收的热量与升高温度有关； 在升高温度相同时，吸收热量与质量有关；
	定量	同种物质，在质量一定时，吸收的热量与升高温度成正比； 在升高温度相同时，吸收热量与质量成正比；
定义		单位质量的某种物质，温度升高 1 摄氏度时吸收的热量称为热容量
数学表达式		$c = \dfrac{Q}{m \Delta t}$
核心概念		同种物质、吸收热量、单位质量、温度升高 1 摄氏度
物理量性质		标量；
符号		c；
单位		焦耳/（千克·℃）；
与其他物理量的关系		$Q = cm\Delta t$
典型实例		典型实例：热容量大的物质，在质量相同、吸收热量相同的条件下，温度的变化较小，即不剧烈，所以在海边比陆地相同的情况下，水的热容量大，温度变化相对不剧烈等。

2. 物理规律图式

认识一种物理规律,可以从以下几个方面进行,物理意义(物理规律引入的目的)、物理性质(物理概念间定性或定量的关系)、定义、数学表达式、与其他物理概念间的关系、在物理理论体系中的价值等。

表 2-14　牛顿第三定律的图式(物理规律图式)

物理意义		指出了物体间一对作用力与反作用力的大小定量关系和方向关系
内容		两个物体间的作用力与反作用力总是大小相等、方向相反、作用在同一条直线上
物理性质	物理对象及过程	空间中的两个物体;两个物体间存在相互作用
	存在规律	两个物体间作用力与反作用力满足大小相等、方向相反、作用在同一条直线上
	特征	相互性、同时性、同一性、异体性
数学表达式		$F = -F'$
定律适用条件		适用于惯性系中实物物体之间的相互作用
典型实例		向后划船船往前走、向后蹬地往前跑、火箭发射等
与其他物理概念间的关系		1. 牛顿第三定律是用力的语言表达的动量守恒定律。 2. 牛顿第一定律引入力的概念和阐明惯性属性,定性揭示力和运动的关系,为第二定律作了铺垫。第三定律进一步给出作用力的性质,揭示物体运动的相互制约机制。 3. 相互作用力与平衡力之间的共同之处:等大、反向、共线;不同之处:前者作用对象为两个物体,后者是同一物体。
物理体系中的价值		牛顿第三定律研究的是物体之间相互作用制约联系的机制,研究的对象是两个物体。多于两个以上的物体之间的相互作用,总可以区分成若干个两两相互作用的物体对,于是由仅关注单一物体(只研究一个物体)的牛顿第一定律和第二定律出发,第三定律扩展了研究对象,是解决复杂系统的动力学问题的基础。

(二) 程序性知识的表征方式

现代认知心理学提出,表征程序性知识最小的单位是产生式。[1] 产生式这个术语来自计算机科学,计算机之所以能完成各种运算和解决问题,是因为它存储了一系列以"如果/则"形式编码的规则的缘故。认知心理学家认为,人经过学习同样可以在头脑中存储一系列"如果/则"形式的规则,这种规则是一个由条件和动作组成的指令(C-A 规则),其中的 C 不是外部刺激,而是处于短时记忆中的信息,A 也不仅是外显的反应,还包括内在的心理活动。例如,如果一个气体系统体积不变(条件),则判定该气体的压强与温度成正比(行动);又如,如果一个物体受两个力且物体静止(条件),则判定该物体所受的两个力是一对平衡力(行动)。

信息加工心理学研究将人类内部的加工过程和机制、加工后内部的变化(内部表征)及

---

[1] 皮连生. 教学设计·心理学的理论与技术[M].北京:高等教育出版社,2000:36.

外显行为的变化联系起来,并将它们划分为不同的知识类型。

有效的教学必然是符合学生的学习规律的。学习心理学是依据学习规律解释有效教学实施的根本前提,所以教师理应增加些这方面的知识。以上介绍了一些主要的学习心理学理论,分析可知,各分类理论讨论的对象基本是相同的,都涉及概念和规律的学习、问题解决的学习等,只是每一种理论的目的不同,如布卢姆主要是为了解决教育测量中的知识和能力问题;加涅是为了解决如何教授知识和技能的问题;信息加工心理学侧重解决信息加工的机制和内部表征方式等,因此,观察学习的视角存在不同,但实质上各分类相互间是存在联系的,如,在奥苏贝尔的"问题解决和创造"学习过程中,需要学习者运用已有的知识背景分解问题中的各相关要素(布卢姆教育目标中的"分析"),在一定的方法(认知心理学或加涅分类中的"认知策略")引导下挑选必要学科知识和规律并有序排列(布卢姆中的"综合"或"创新")解决问题,从结果上称习得加涅学习分类中的智慧技能中的"高级规则"、或习得以产生式系统存储的程序性知识。既然各学习分类之间是相通的,也就启示研究者可以整合学习内容、内部表征以及外显行为等要素,全面地认识学习现象。对各学习心理学理论间的联系的具体分析可参见本书第十一章第一节的讨论。

思考与练习

(1) 关于先天的、发展中形成的以及后天习得的等三类个体素养的划分,试阐述你的见解。

(2) 试举例解释加涅可习得素养——学习结果分类的基本类别。

(3) 试结合实例对奥苏贝尔的学习分类特点作出解释。

(4) 试结合具体问题的解决过程,解释布卢姆教育目标分类学中"分析"、"综合"层次行为间的联系。

(5) 试结合具体的物理概念或规律,解释其内部表征方式,即命题表征与图式表征。

第三章　学习心理学取向的教学设计理论

　　教学设计作为一门教学技术,诞生于 20 世纪六七十年代的美国。在 20 世纪八九十年代,这一学科得到迅速发展,形成了许多教学设计的理论和模型。从研究的立论基础来看,教学理论存在两种不同的取向:我们把主要依据哲学思辨和经验总结而形成的教学论称为哲学与经验取向的教学理论;把依据学习心理学并通过实证研究建立起来的教学论称为学习心理学与实证研究取向的教学理论。本章概述这两种取向教学理论的价值及其不足,重点阐述学习心理学取向教学设计理论的基本模式。

第一节　教学设计理论概述

一、两种取向的教学理论

(一)哲学与经验取向的教学论的价值与不足

　　教育涉及有目的和有计划地改变人性。而人性改变的问题是教育的主题,也是哲学家讨论的主题,所以历史上的教育家往往也是哲学家或思想家,他们用自己的哲学思想总结教育经验,提出种种教育主张。自古至今,指导教学实践的理论基本上都是哲学与经验取向的。我国从孔夫子到陶行知的教学论和从苏联引进的凯洛夫教学论都是哲学与经验取向的教学论。西方苏格拉底、夸美纽斯、赫尔巴特、杜威以及人本主义心理学家罗杰斯等人的教学论也都是哲学与经验取向的。

　　随着近代资本主义的发展,班级授课制出现。此时的教学不是一个教师面对一个学生,而是一个教师面对由许多相同年龄儿童组成的教学班。夸美纽斯根据时代发展的需要,提出了系统的教学论主张,其中包括一系列教学原则,如直观性原则、循序渐进原则、量力性原则、自觉性原则。而最重要的是"教育适应自然秩序原则"。他的《大教学论》一书的出版,标志着作为一门哲学与经验取向的教学论学科正式诞生。

1. 哲学取向的教学论的应用价值

　　第一,能对教学实践提供一般指导。教学是人类的重要实践之一。人类的许多实践往往走在理论的前面。在科学发展之前,人们总是依据哲学来指导实践,医生治病就是一个典型的例子。人们凭经验治病在先,对病理的科学研究在后。所以在医学科学产生之前,许多民族的药学都是哲学与经验取向的。在药学科学诞生之后,遇到许多疑难杂症时,科学暂时无能为力,仍然需要依赖哲学和经验。教学与医生治病相似,其科学规律一直未得到很好的揭示,而教学实践不能停步,故依赖哲学与经验是必然的。

第二,许多哲学和经验取向的教学论观点反映了教学规律。许多哲学家和教育家能高瞻远瞩,提出符合学习和教学规律的观点。例如,在20世纪初,桑代克通过观察猫打开迷笼的行为,认为人和动物解决问题的过程是尝试错误和最后获得成功的过程。格式塔心理学家反对尝试错误说,通过观察黑猩猩将两根棒子接起来够着远处食物的行为,认为解决问题的过程是顿悟的过程。与此同时,杜威通过经验总结和思辨,提出人类解决问题经过暗示、理智化、假设、推理和用行动检验假设五个阶段。就指导教学实践而言,杜威对问题解决过程的描述远比当时格式塔心理学家和行为主义心理学家以动物为被试得出的研究结论更有用。

2. 哲学取向的教学论的局限性

哲学与经验取向的教学论有其应用价值,而且在很长的时期内仍将处于优势地位。但是我们也应清楚地认识到,哲学与经验取向的教学论存在明显的局限性。

第一,许多概念未经严格定义,由这些概念构成的原理含糊不清。例如,哲学与经验取向的教学论中有一条著名的教学原则是"传授知识与发展能力相统一的原则"。根据这一原则,教学中要传授知识,更重要的是发展能力。但对于"什么是知识","什么是可以教会的能力","什么是不能教会的或很难教会的能力"等问题,哲学取向的教学论无法作进一步具体的回答。教学实际工作者自然很难在教学中切实解决知识与能力辩证统一的问题。类似的例子不胜枚举。

第二,缺乏可操作性,难以指导教学实践。由于哲学与经验取向的教学论所论述的教学目标、过程、原则和方法等高度概括,而且许多概念未经严格定义,含糊不清,很难转化为具体操作的规则。在这种教学论的指导下,教师的成长很慢。

(二)学习心理学取向的教学理论的价值与不足

持科学观的教育心理学家始终致力于创建以科学心理学,尤其是以学习科学为基础的教学论。行为主义心理学家率先在这方面开展了工作。20世纪50年代,著名行为主义心理学家斯金纳把学习原理应用于教学实践,创建了程序教学。程序教学是把教学建立在科学心理学基础上的一次系统尝试。程序教学强调知识技能学习的目标应具体和明确,教学内容被分成许多相互联系的小步子,并形成系列。学生必须在掌握先前的知识技能成分以后,才能学习新的知识技能成分。学生每前进一小步都能知道自己学习的结果,并能得到反馈和强化。根据学习理论编写的程序教材不仅可以由教师来教,也可以通过教学机器呈现,让学生自学。用机器呈现教材的教学被称为机器教学。

但是桑代克和斯金纳用科学的方法解决教学问题的努力并未获得成功。严格的实证研究表明,采用程序教学的实验班的教学效果并不比采用传统教学方法的对照班的教学效果好,所以程序教学虽然风行一时,但不久人们对它的热情便减退了。

桑代克和斯金纳坚持用科学和实证研究的方法解决教学问题,其方向是对的。他们的努力之所以未取得成功,是因为他们低估了人类学习的复杂性。他们主要研究动物和人的低级学习(如条件反应和通过强化改变幼儿的行为)。当遇到儿童和青少年的高级学习问题

（如阅读理解、解决复杂物理或几何问题）时，他们的理论便显得无能为力。教育实际工作者只得求助于哲学与经验取向的教学论。

但 20 世纪 60 年代后，学习和教学研究的情况发生了革命性的变化。心理学家提出了许多学习理论和相应的教学模式。如布鲁纳的认知-发展说和发现教学模式、奥苏贝尔的有意义言语学习论、维特罗克的生成学习理论与生成技术、班杜拉的社会认知论，尤其是加涅的学习条件理论和教学设计理论的提出与完善，标志着科学心理学与学校教育的结合进入了一个崭新的阶段。由于现代心理学能够适当地解释课堂内发生的大部分学习现象，包括学生学习的结果、学习的过程和有效学习的内外部条件，从此教学设计便开始扎根在现代科学心理学的土壤之中。

从第二章对加涅学习理论的介绍中不难看出，加涅的信息加工系统是根据信息加工心理学研究成果建立的，随后再依据学习加工系统提出一次信息加工的内部环节，接下来进一步提出匹配学习者内部学习各环节的外部教学事件及组织，于是，教学就完全建立在学生的学习机制基础之上了。

同哲学取向的教学论相比，科学取向的教学论有如下优点：第一，它的概念一般经过严格定义，由这些概念构成的原理的含义清晰；第二，正如布鲁纳所说，学习论是描述式的，教学论是处方式的，它明确告诉教师做什么，如何做，可操作性强；第三，用这样的理论培训教师，教师专业发展相对较快。

显然，学习心理学取向教学理论的成熟受学习心理学关于学习内部机制的研究状况制约。当前，个体学习的分类有哪些类型尚未有统一的认识，每一种类型学习的内部学习机制亦未完全揭示，这都成为制约学习心理学取向教学论有效运用的原因。正如美国著名教学设计专家沃尔特·迪克（W. Dick, 1991）指出的，当前的教学设计理论与实践存在局限性，主要表现是：它虽然善于将复杂能力进行分解并分别进行教学，但局部的能力如何形成综合能力，其心理过程怎么样？[①] 由于心理学对这些问题的研究尚无重大突破，教学设计在这些方面存在缺陷，这就为哲学取向的建构主义教学观留下了发挥作用的空间。相信随着学习机制研究的不断进步，学习心理学取向的教学理论也必将不断完善。

二、学习心理学取向的教学理论

（一）教育目标与教学目标

在西方教育心理学家和教学设计专家看来，教学论和教学设计都是要回答"去哪里"、"如何去"和"怎样知道已到达那里"这样三个教学的基本问题，即目标、过程和评价问题，所以，学习心理学取向的教学论和教学设计并没有严格的分野，以下所称教学设计亦指学习心理学取向的教学论。

---

① Dick. W. An instructional designer's view of constructivism [J]. Educational Technology, 1991,31(5)：41 - 44.

马杰(R. E. Mager)指出,教学设计最低限度需要回答如下三个问题:

(1) 我们将要去哪里?(确立目标)

(2) 我们怎样到那里去?(导向目标)

(3) 我们如何知道我们已经到了那里?(评估目标)

也就是说,在教学设计中要始终贯穿目标为本的思想。学校教育环境中涉及的教育目标是教育活动中所要达到的目的或成果,体现了一定的社会对教育质量的规格要求。根据教育活动责权的大小以及表达的抽象性水平的不同,一般分为"教育方针"、"教育目的"、"教育目标"、"课程目标"和"教学目标"等五个层次,其间关系如图3-1所示。

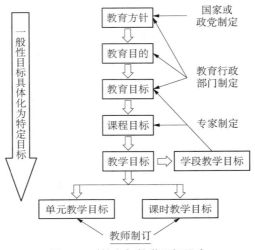

图 3-1　教育与教学目标层次

不难看出,教学目标以上的教育目标都是对学习者综合素质的描述,越向上综合越高。党的十九大提出的教育方针是:坚持教育为社会主义现代化建设服务,为人民服务,把立德树人作为教育的根本任务,全面实施素质教育,培养德、智、体、美全面发展的社会主义建设者和接班人,努力办好人民满意的教育。在新的基础教育课程改革纲要中,教育目标是:使学生"具有爱国主义、集体主义精神,热爱社会主义,继承和发扬中华民族的优秀传统和革命传统;具有社会主义民主法制意识,遵守国家法律和社会公德;逐步形成正确的世界观、人生观、价值观;具有社会责任感,努力为人民服务;具有初步的创新精神、实践能力、科学和人文素养以及环境意识;具有适应终身学习的基础知识、基本技能和方法;具有健壮的体魄和良好的心理素质,养成健康的审美情趣和生活方式,成为有理想、有道德、有文化、有纪律的一代新人"。而物理学科的课程目标是:"培养学生的科学素养",并从"知识与技能"、"过程与方法"、"情感态度与价值观"三个维度提出数十项子目标。

上述目标,对学习者来说是一个相对长期学习后的结果,是一种综合素质的体现。而与教师直接相关的目标称为教学目标,分为单元教学目标和课时教学目标。实际上,即使是单元教学目标,对学习者来说也是多个类型知识学习的综合结果,比如初中阶段关于机械运动部分的单元目标为:初步认识机械运动,了解机械运动在生活生产中的应用。

这一目标包含如下一些子目标：

（1）会使用适当的工具测量时间；会选用适当的工具测量长度，能通过日常经验或物品估测长度。能用速度描述物体的运动，能用速度公式进行简单计算。

（2）了解重力、弹力和摩擦力；认识力的作用效果；能用示意图描述力。知道二力平衡条件。

（3）了解物体运动状态改变的原因。

（4）理解物体的惯性，能表述牛顿第一定律。

（5）会使用简单机械改变力的大小和方向等。

（6）理解压强，能用压强公式进行简单计算。知道增大和减小压强的方法。了解测量大气压强的方法。

（7）认识浮力；知道物体浮沉的条件；知道阿基米德原理。

（8）了解流体的压强与流速的关系。

由教师直接完成的教学目标是课时教学目标。课时教学目标通常是在一节课时间教学后，预期的学生学习的结果，也就是说，应该通过教学后预期学生在知识、解决问题能力、态度和价值观等方面的发展变化来界定教学目标。

本书所称教学设计均指课时教学设计。

（二）教学设计的含义与特征

当代著名教学设计理论家西尔斯（B. B. Seels）在1998年出版的《教学设计决策》一书中这样认为：教学设计是通过系统化分析学习的各项条件来解决教学问题的过程。

在《教学设计原理》（2005年第五版）中，当代教学设计大师加涅将教学设计界定为"教学设计是一种有目的的活动，也就是说它是达到终点的一种方式，这些终点通常被描述为教学的目的或目标"。

当代著名教学设计理论家赖格卢特（Charles M. Reigeluth）指出：教学设计是一门涉及理解与改进教学过程的学科。任何设计活动的宗旨都是提出达到预期目的的最优途径，因此，教学设计主要是关于提出有关最优教学方法的处方的一门学科，这些最优的教学方法能使学生的知识和技能发生预期的变化。教学设计理论家史密斯和拉甘指出："教学设计"意味着系统地同时也深思熟虑地将学与教的原理转换成教学材料、教学活动、信息资源和教学评价的计划的过程。[1]

国内有学者认为："教学设计是以获得优化的教学效果为目的，以学习理论、教学理论和传播理论为理论基础，运用系统方法分析教学问题、确定教学目标、建立解决教学问题的策略方案、试行解决方案、评价试行结果和修改方案的过程。"[2]

对上述界定，我们加以简单概括。

---

[1] 皮连生. 教学设计[M]. 北京：高等教育出版社，2009：8.
[2] 孙可平. 现代教学设计纲要[M]. 西安：陕西人民教育出版社，1998：1.

1. **教学设计的理论基础：学习心理学、教学理论、系统论**

通常认为，教学设计的理论基础有学习心理学、教学理论和系统理论，其中最核心的理论基础应该是学习心理学。学习心理学是研究人和动物在后天经验或练习的影响下心理和行为变化的过程与条件的心理学分支学科，人经由学习所获得的适应性行为包括认知、态度和动作技能三个领域。现代学习理论认同学习具有不同的类型，不同类型的学习具有不同的内部过程、需要不同的内部条件、学习后内部的表征不同、外显行为也不同。学习的规律清楚了，与之对应的、有效的教学标准就明确了，凡是与特定类型学习相匹配的教学就是有效的、适合的，反之就是无效的，教学设计最根本的出发点是"以学习的规律制约教学的规律"，真正做到以学定教。

早期学习心理学家也一直努力将学习心理学的研究成果用于指导教学实践，如斯金纳的程序教学法，但由于对学习类型的研究不够充分，常常是用一种学习机制解释所有的学习问题，因而会导致无效。伴随着学习心理学研究成果的不断丰富，对学习类型的认知也逐渐完善，加涅的学习条件理论研究提出各类学习结果习得所需的内部条件；信息加工心理学阐述了陈述性知识和程序性知识的内部表征以及两类知识相互转化的条件；修订的布卢姆教育目标分类依据知识维度和认知过程维度对教育目标进行分类；布卢姆的情感领域教育目标提出以价值内化的程度来描述情感目标的水平，也就是说对情感领域的学习结果亦可按价值标准类型（相当于知识类型）、内化水平（相当于认知过程）两个维度进行研究。

现代学习心理学的研究成果为科学取向的教学论（或教学设计）的形成打下了坚实的基础。

2. **教学设计者的内部活动：解决问题**

教学设计的完成者是教师，在完成教学设计时，教师可能会面对如下一些子问题：

（1）如何确定学习者的已有基础？

（2）如何确定课时中的教学目标？课时中是单一知识技能目标，还是有解决问题方法学习的目标，抑或有态度培养的目标？

（3）如何从已有的教学素材中，选择适合当前学生的资源？

（4）如何分析出实现教学目标学生所需要的信息？

（5）如何安排信息的流程（教学方法），如何选择信息的有效呈现方式（教学媒体的选择）？

（6）如何清晰化学生达到上述教学目标所应表现出的行为，并设置适当检测的项目？

解决上述问题，教师可以凭借自己的经验完成。教学中教师所做的一切安排和调整，都包含潜在的意图，即认为这种安排和调整可以有助于学生的学习。尽管教师在教学中的调整，比如选择一种新的实验途径、选择一种新的处理数据的方法等，通常都能取得一定的教学实效，但如果教师不能陈述这种调整对应符合学生学习机制的理由，这种过程并不能算是完全意义上的教学设计。

【案例 3－1】

问题：普通高中课程标准实验教科书《物理 2》第七章"机械能守恒定律"中安排了一个

"探究功与速度变化的关系"的学生实验,教材中提供的实验方案如图3-2所示。[1] 使小车在橡皮筋的作用下沿木板滑行,通过打点计时器在纸带上记录下小车的速度变化情况。实验时,依次用1条、2条、3条……同样的橡皮筋将小车拉到同一位置后释放,那么,第2次、第3次……实验中橡皮筋对小车做的功就是第一次的2倍、3倍……

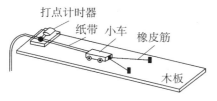

图3-2 功与速度变化的关系实验

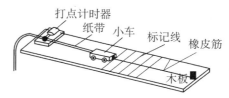

图3-3 改进后实验示意图

教材实验在实施中存在2个问题,一是不容易找到同样的橡皮筋(即橡皮筋的粗细、弹性系数均一致);二是橡皮筋以弹射的方式对小车做功,不易控制好小车的运动方向。

有教师作出改进:选用了截面为1 mm×1 mm的航模专用橡皮筋;改橡皮筋对小车的弹射为橡皮条对小车的牵引(图3-3)。那么,这位教师做的工作是教学设计吗?

评析

物理是实验学科,同一知识点(即需要学生习得的学习结果)往往会有多种实验方案可以选择,如果教师设计出新的实验方案,或者对已有实验进行改进,往往会对学生有效习得该学习结果有帮助,但设计新实验方案本身并不是"教学"设计。

教学设计是教师根据学习的原理,概括出学生在遵循该实验方案的学习过程中,学生必须识别的有效信息是什么、各有效信息应如何组合等,并据此选择适当的信息呈现方式(教学媒体的选择)、信息在师生间传递的方式(教学方法的选择),从而形成教学活动方案。执行教学活动方案,学生就能有效地习得相应的学习结果。

3. 教学设计的结果:形成教学活动的方案

(1) 方案的目标:帮助学生习得新的学习结果。从加涅的学习分类体系可知,虽然个体的学习千差万别,但学习者内部性能变化的类型只有五种,分别为智慧技能、言语信息、认知策略、动作技能、态度,称为学习结果。不同类型的学习结果,所需的内部条件和过程不同,习得机制不同。

本书第四章至第九章分别阐述不同类型学习的学习机制和相应的教学问题。

(2) 方案的特征:优化、处方式。教学设计的核心特征是为一类教学问题提供通用的解决方案。[2]

教学设计是提供最优教学方案的处方的学科,医学处方实质上就是一种解决方案,但只对特定疾病的治疗有效。面对各式各样病情的病人,医生之所以能够提供有效治疗的处方,主要是因为能够根据病情特征有效地进行病理的归类,而医学理论的发展确定了应对不同

① 人民教育出版社,等.普通高中课程标准实验教科书·物理·必修2[M].北京:人民教育出版社,2010:70.
② 陈刚,等.中学物理课程与教学[M].上海:华东师范大学出版社,2018:81.

疾病的有效治疗方案。要为教学提供处方式的解决方案,就必须将教师面临的教学问题进行合理的分类,并能够对不同类型的教学问题提出有效的解决方案。现代教学设计理论坚持对教学问题依据其对应的学习规律进行分类,然后依据不同类型学习所需的条件和过程规划相应的教学方案。

4. **教学设计的流程:确定目标、形成解决方案、实施方案、评价方案、修正方案等**

教学设计强调运用系统方法,系统由各相关要素构成,其间有反馈调整机制。

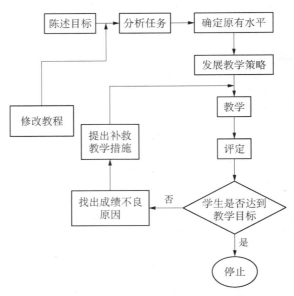

图 3-4　广义的教学过程模型

教学设计把教学过程视为一个由诸要素构成的系统,因此需要用系统思想和方法对参与教学过程的各个要素及其相互关系作出分析、判断和操作。这里的系统方法是指教学设计从"教什么"入手,对学习需要、学习内容、学习者进行分析;然后从"怎么教"入手,确定具体的教学目标,制定行之有效的教学策略,选用恰当经济实用的媒体,具体直观地表达教学过程各要素之间的关系,对教学绩效作出评价,根据反馈信息调控教学设计的各个环节,以确保教学和学习获得成功。

教学系统设计是以解决教学问题、优化学习为目的的特殊的设计活动,既具有设计学科的一般性质,又必须遵循教学的基本规律。教学设计是根据教学对象和教学目标,确定合适的教学起点与终点,将教学诸要素有序、优化地安排,形成教学方案的过程。它是一门运用系统方法科学解决教学问题的学问,它以教学效果最优化为目的,以解决教学问题为宗旨。

简言之,狭义的教学设计(此处指课时教学设计)是指教师运用学习心理学等理论,有依据地选择教学素材、素材呈现方式及学习结果评价方式,形成用于帮助学生有效地习得特定学习结果的方案的过程。

三、教学设计的主要工作

教学设计是教师进行的解决特定教学问题的认知活动，那么活动中需要完成的主要工作以及各项工作之间的关系是什么呢？系统教学设计理论对此做了比较清楚的回答。

（一）沃尔特·迪克等提出的教学设计步骤

系统设计论的主要代表人物是沃尔特·迪克，他与卢·凯里(Lou Carey)在1978年出版的《教学系统化设计》一书至今已三次修订再版，是教学设计界最受欢迎的教科书之一。

迪克与凯里认为，一个系统便是一组相互关联的部分，这些部分结合在一起导向某个确定的目标。系统的各个部分之间通过输入和输出相互联系在一起。整个系统通过反馈确定其预期目标是否达到。迪克和凯里的教学设计模型相对通俗、简明而又不失其基本规范，是最受教师欢迎的模型之一。该模型包括以下10个步骤：

第一，确定教学目标。就是要确定在教学完成时学生能做些什么。教学目标一般来自教学大纲或课程标准。

第二，进行教学分析。就是确定学生学习什么样的任务。通过查明学生必须学习的从属技能以及必须掌握的程序性步骤，从而对教学目标进行细致分析。分析过程的结果是用图式的方式，详细列出这些从属技能及其之间的联系。

第三，确定起点行为。除了查明包括在教学中的从属技能和程序性步骤之外，还必须确定学生在教学开始前应该掌握的特定技能。这不是指列出学生全部能够做的事情，而是确定在教学开始前学生必须具备的特定技能。

第四，编写教学具体目标。在教学分析和查明起点行为的基础上，具体说明当教学完成时学生将能做些什么。编写教学具体目标时应规定学生要学习的技能、技能操作的条件以及行为规范标准。

第五，设计标准参照试题。根据已经编写的具体教学目标，设计相应的试题，衡量学生达标的能力。重点应放在目标规定的行为类型与试题要求之间如何保持一致。

第六，开发教学策略。根据上面五个步骤，教师确定自己将在教学中运用的策略以及达到终点目标的媒体。教学策略包括教学准备活动、信息呈现、练习与反馈、测验及后续活动等部分。设计教学策略应考虑当前对学习进行研究的成果、对学习过程本质的认识、教材的内容以及学生的特点。

第七，开发与选择教学材料。根据教学策略开发教学材料，主要包括教学媒体、教学补充材料、测验试卷。

第八，设计与实施形成性评价。一次试教结束后，便要进行一系列评价和收集数据资料，从而确定如何作出改进。

第九，进行教学调整。通过对形成性评价的数据资料进行分析总结，找出学生在学习达标中存在的困难，以及这些困难同教学中现有的差距之间的关系，对教学进行调整和修正。

第十，设计与实施总结性评价。总结性评价是对教学的绝对价值和相对价值进行评价，通常在教学经历了形成性评价和作出教学调整之后才进行，是对教学效果的最终评价。由于总结性评价往往由独立的评价机构主持，故不包括在教学设计过程之中。

可以看出，这一模式是基于一般教学过程的教学设计，也是以学生学习为中心的设计过程。其特点在于：(1)强调学生学习任务的分析以及起点能力的确定；(2)教学设计是一个反复的过程，需要设计者不断地进行分析、评估和修正，以期完成教学任务，达到教学目标。

(二) 本书提出的教学设计基本步骤

如果将编写目标视为确定目标的结果，将确定起点行为视为教学任务分析的一个结果，且将教学调整和总结性评价视为其后的补充，不是课堂教学目标实现的主要环节，我们可以将教学设计活动的主要工作概括如下：

第一，陈述教学目标。确定学习内容对应的学习结果类型，要求用可观察、可测量的术语精确表达学习目标，这是教学设计的一项基本要求。

第二，教学任务分析。通过任务分析，揭示出习得该学习结果的内部过程及条件。

第三，规划教学活动。依据分析出的过程与条件，合理规划教学事件，选择教学媒体和方法。

第四，制定测评项目。依据学习结果类型及相应学习者的外显行为，制定测评项目。

教学设计者必须先了解特定学习类型的学习规律，一旦某一学习对应的学习类型被确定，教学设计者就可以根据该学习类型学习的内部过程和条件，合理规划教学的过程和活动，依据学习后学生表现的外显行为，对教学目标的达到与否进行检测，实现"学有定律，教有优法"。

第二节　教学任务分析

学习理论的研究成果并不会直接导致有效的教师教学行为，研究表明任务分析(task analysis)可以起到沟通学习理论与教师教学行为之间的桥梁作用，将教师的教学建立在科学心理学的研究基础之上。本节首先概述任务分析的起源与发展，然后讨论适合课堂教学的任务分析方法，最后结合教学实例介绍任务分析方法的运用。

一、任务分析的起源与发展

任务分析起源于第二次世界大战期间的军事和工业人员培训，后来扩展到工作训练，也就成为工作分析。心理学家米勒(R. B. Miller)最早提出了任务分析这个术语。

伴随工业革命发展起来的工作分析有着许多不同的分析方法，比如任务描述、工作任务分析等等。工程师将工作分解成最简单的活动，以使工人可以学习得更快并且更可靠地完成任务。此时的任务分析技术的目的是描述执行或完成任务所必须的基本行为。工作分析技术作为服务于技术培训的工具而发展起来。

1950 年到 1960 年间,主题分析作为教育行业中的课程计划工具而发展起来。布鲁纳和他的同事为了计划课程,重点考察学科所具有的结构。分析主题对于把握学科结构,更重要的是把握结构间的关联。由此主题结构就成为教学关注的焦点。主题分析方法保留了一种组织教学的通用方法。

产生于 20 世纪 60 年代的学习心理学革命,将设计者关注的焦点引向学习者完成任务时处理信息的方法,学习层级分析和信息加工分析作为这一运动的产物开始发展起来。随后,当学习心理学更多地采用认知心理学研究作为基础,分析认知任务的方法就出现了。认知任务分析方法又由于军队发展智力教学系统的努力而取得更大的进展。计算机领域中人-机交互作用的研究同样为认知任务分析方法的发展提供了帮助。

二、任务分析的定义

任务分析是教学设计的重要一环。从培训教师的教材中,我们可以找到有关任务分析的论述。从这些论述中,我们可以初步了解什么是任务分析。以下是国内外一些学者对任务分析所下的定义:

(1) 详细描述完成某一任务所需的行为技能的成分,这些成分之间的关系,每一个成分在整个任务中的功能。[①]

(2) 将教学目标分解成先行知识与技能层次的过程。进行任务分析时,通常首先描述为学生设定的教学目标,然后用逆推的方式将目标逐步分解,直到列出必需的先行条件。[②]

(3) 把任务层级分成基本技能和子技能的系统。[③]

(4) 将任务或目标分解成构成它们的简单子成分的过程。任务分析有三步:①确定先行技能,即学生在上课前已经知道什么;②确定子技能:在完成终点的目标前,学生应习得哪些子技能;③对子技能如何形成终点技能作出计划和安排。[④]

(5) 将教学目标分解成一系列子目标或步骤以指导学生达到终点目标的程序。进行任务分析时,教师应考虑下述问题:①需要什么样的先行知识和技能;②完成任务需要什么样的步骤;③完成步骤时应遵循什么样的顺序。[⑤]

《教学设计的任务分析法》一书的作者——美国的乔纳森(D. H. Jonassen)说:"任务分析有许多定义,这要看任务分析的目的,任务分析的情境以及由谁来进行分析。"他转引哈里斯(T. Halless, 1979)的话说,"从把作业由整体到细节分解为许多层次"一直到"前后分析、

① Anderson, R. C. , Must, G. W. Educational psychology: The science of instruction and learning. NewYork: Harper & Row. 1973: 57.

② Glover, J. A. , Bruning, R. H. Educational psychology: principles and application (2nd, ed). Boston: Little, Brown & Company. 1987: 462.

③ Anita E, Woolfolk. Educational psychology. Prentice-Hall, Inc. 1987: 390.

④ Slavin, R. E. Educational psychology: Theory into practice (3rd, ed). Prentice-Hall lnternational lnc. 1991: 211 - 223.

⑤ Winzer, M. , Grigg, N. Educational psycology: In the Ganadian classroom. Prentice-Hall Canadian, Inc. 1992: 515.

掌握作业和标准的描述,将工作任务分解为许多小步骤和考虑解决操作问题的潜在价值",都可以列入任务分析的定义之中。

任务分析作为一项工作,其目的是将一项复杂的任务分解成一系列子任务,并梳理完成各子任务所需要的前提技能,以及完成各子任务的序列。对复杂任务的解构,有助于人们认识任务完成所需的各种条件,从而为减少培训的盲目性、提高培训任务的效率提供有效支持。

三、任务分析方法

(一) 信息加工分析[①]

信息加工分析(Information Procession Analysis,IPA)方法主要用来分析本质上具有规则结构的复杂认知任务。

1. 基本假设

(1) IPA关注实际存在的人类行为,这种行为可以从当前关于人类信息加工的心理学理论中获得。在任一实例中,任务包含的规则系统是不能从被试的行为中直接获得的,教学设计人员通过观察有能力的任务执行者在问题解决中实际的思考过程来运用IPA。

(2) 人类的思维过程可以用信息加工过程来描述。人类的智力依次输入信息、加工信息、存储信息、输出行动和决策,该理论最重要的假设是IPA描述的操作和决策过程都有工作记忆参与,语义记忆存储信息以备将来运用。

(3) 对于相同的任务,可以获得不同的规则系统,这是由于不同任务完成者在任务完成的决策和操作上略有不同。

2. 分析重点

(1) IPA详细描述用于完成给定任务的心理步骤和操作的序列。所以,任务完成者在执行任务时的心理活动是IPA探究的重点。

(2) IPA将认知任务行为描述为操作和决策的序列,这些任务行为都有明确的起点和结束点。行为都是从问题、数据的输入开始,而以完成或放弃任务为终点。操作是执行者采取的任何行动,比如做一次加法、回忆已有知识等。决策是涉及执行者选择或判断的任何步骤,比如挑选、评价等。所有的决策依据作出的决定都将导致两种不同的操作序列。流程图中显示的不是操作就是决策,同时还能用分支展示出不同选择导致的不同行为结果。所以,IPA重点应揭示出任务执行过程中的决策点以及与决策相关的行为序列。

3. 分析的结果

形成一个任务操作的流程图,依据这些操作可以完成任务目标。

例如,"用不定代词造句"的信息加工分析如图3-5所示。[②]

---

① Jonassen, D. H. Tessmer, M. & Hannam, W. H. Task analysis methods for instructional design. Lawrence Erlbaum Associate. 1999:87.

② 皮连生. 学与教的心理学[M]. 上海:华东师范大学出版社,2003:267.

图 3 - 5　用不定代词做主语进行造句的步骤

4. 信息加工分析的实例

信息加工分析在选择与行动之间的区分意味着,结果分析图不只是需要鉴别出一系列步骤,还必须区分不同类的步骤,既包括可观察的步骤,也包括心理步骤;信息加工分析的最终结果是任务完成的流程图,在流程图中用菱形框表示选择决策点,用矩形框表示行动。

【案例 3 - 2】 在物理教学中,运用信息加工分析的方法分析物体长度测量任务,所得分析结果如图 3 - 6 所示。

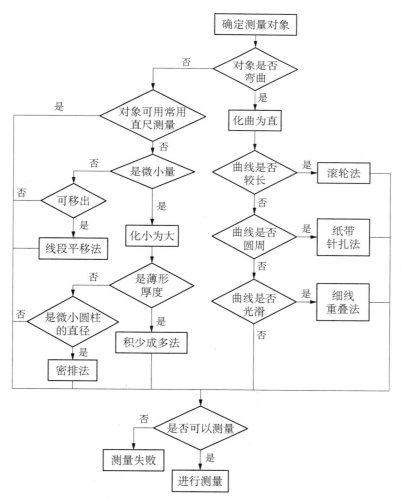

图 3 - 6　物体长度测量的信息加工分析

根据信息加工流程图可以看到,这种任务分析的方法,是从已知条件或起点能力出发开始分析,这样做往往能使教学设计者明确教学的"范围"和"序列",以及涉及的各个知识之间的关系。

(二) 任务描述

1. 简介

任务描述(Task Description)是以行为主义心理学为基础的。像早期多数任务分析一样,任务描述将重点放在可观察的行为上。任务描述详细说明任务执行者在完成任务时的行为,描述包括条件刺激和由此激发的反应。

2. 基本假设

(1) 工作可以被分解为较小的工作单元,这些较小的工作单元可以独立地加以完成。

(2) 尽管任务描述主要以人们熟悉的许多行为主义心理学的假设为基础,但也有一些假设并不完全依据行为主义,比如任务描述假设分析者可以鉴别出对行为有帮助但本身并不可见的成分。据此,任务描述还假设即使训练工人完成组成工作的每一种任务,但也不是所有工人都能很好地完成工作。

3. 分析重点

任务描述的主要工作如下:

(1) 鉴别出完成工作的主要任务。如米勒阐述航空飞行的主要任务是:确定目的地和航程、检查飞机、起飞、飞行、进入自动导航模式、降落、卸货、汇报。

(2) 一旦工作中的任务被完全鉴别出来,分析重点就转向对任务的完整描述。米勒认为完整描述应包含如下基本要素:激发行为的线索、需要反应的线索、需要控制和管理的目标、任务执行者具体的行动、恰当反应的反馈和指示。

4. 基本步骤

(1) 提取(鉴别、区分)所要分析的工作。

(2) 区分组(构)成工作的任务。一旦所要分析的工作确定,任务分析就可以开始对组成工作的任务进行一种自上而下的鉴别。在较高层次上,任务分析的目的是详细指明组成工作的主要任务,进一步的分析可以鉴别出所有的支持性任务。

(3) 形成任务说明(描述)。对于鉴别出的每一项任务,任务分析者都应对任务进行描述(说明),包括任务本身、影响任务的环境条件,以及任务执行过程中可能产生的偶然事件。

(4) 形成一个详细的任务描述。这一步是对基本任务描述的精细化。这些详细描述包括:激发行为(行动)的线索,需要反应的线索,需要控制和管理的目标,任务执行者具体的行动,恰当反应的反馈和指示。

(5) 分析每一项具体的任务以确定所需的必要条件。对通过任务说明方法鉴别出的每一项任务,还应该进行分析以确定构成成功行为所必需的能力。

(6) 确定行为的结构。在分析和说明了所有任务后,任务分析者就应该确定行为的全部结构或序列。

5. **主要应用**

该方法主要应用于仪器的设计和使用领域。由于这种方法主要关注系统中人的一些必要的行为,所以在培训仪器操作者的领域中尤为适用。该方法在工人运用工具和仪器设备生产诸如汽车或家具等工作领域,也有广泛运用。

6. **任务描述应用实例**

和早期多数任务分析一样,任务描述将重点放在可观察的行为上。对于需要完成的任务,其完成的行为之间有较分明的前后相依关系,此类任务就比较适合运用任务描述法来分析。在中学物理学科教学中,各种实验仪器的使用(如显微镜、天平等)、实验基本操作(如电路的组装等)等都属于此类任务,可以采用上述分析方法分析其基本步骤以及应注意的事项。

【案例3-3】托盘天平的调节

(1)平:把天平放在水平台面上;

(2)移:游码移到零刻度线;

(3)调:调节平衡螺母,当指针偏左时,平衡螺母向右调,反之向左调;

为方便记忆,可记为"放平移零调平衡"。

尽管任务描述多用于对外显行为类任务的分析,但对于心理活动有清晰阶段的任务同样适用,如案例3-4。

【案例3-4】物理教学中,对求解物理力学问题的任务进行分析,基本步骤描述如下:

(1)审清题意,弄清物理过程,画出示意图。

(2)明确研究对象,正确进行受力分析,画出受力图。

(3)选取坐标系,规定正方向。

(4)选准物理规律,列出方程。

(5)解出所求物理量的文字表达式,代入统一单位后的数据。

(6)计算结果,验算讨论。

对于教学任务,无论从任务内在结构、任务的执行序列还是任务的社会-历史方面来分析,也无论最终的结果是形成任务执行的序列、流程图(IPA)还是任务结构关系示意图(学习相依性分析),都可以使人们从不同侧面认识和理解任务(任务的成分、成分间的关系以及发展过程)。教学设计者如果能够清晰地把握任务的结构或者执行序列,那么就可以合理地安排教学任务的步骤和过程,从而有效地促进学习者完成学习任务。

四、课堂教学任务分析

课堂教学的主要任务是促使学习者习得新知识,而通常的任务分析因为没有揭示出任务的习得过程,因而并不能很好地指导课堂教学的任务分析工作。关心课堂教学活动的心理学工作者对此是较为清楚的。Resnick(1976)指出,"IPA可以详细指明任务是如何执行的,而不是任务是如何习得的",同时还指出"IPA所揭示的行为程序并不为教学或习得程序所必须。IPA 没有揭示出一位新手如何能够获得（习得）行为的序列"。

（一）学习层级分析方法

加涅认为，"对一个有用的活动所作的详尽的任务描述，并未将我们需要了解的、有关如何为学习安排最佳条件的全部知识告诉我们"，为了实现上述目标，"还需要两个附加的操作。首先，任务必须作为学习的结果而归于已描述过的五类学习结果中的一种……其次，必须对任务的每一个程序性成分进行进一步的分析，以便揭示其前提条件"。[①] 也就是说，加涅认为一般任务分析并不完全可用于教师教学中，适合的方法是在前面介绍的任务描述以及信息加工分析方法的运用基础上，再加上以上两个分析环节，由此构成加涅所称的"学习分析"。

1. 任务分析的目的

加涅认为任务分析的目的是"为设计有效教学所必须的学习条件提供依据"。[②]

2. 教学任务分析方法

对于课堂教学任务，加涅提供两种分析方法：一是信息加工分析法；二是学习层级分析法。"学习层级分析提供一种对课程或一节课进行有序指导的技术。"[③]

3. 任务分析的依据

学习任务分析的依据是学习结果分类理论。

加涅将人类习得的性能（学习结果）分为五类：智慧技能、言语信息、认知策略、态度、动作技能。对于智慧技能，加涅认为它是有一定层级次序的，智慧技能由低级到高级依次是辨别、概念、规则、高级规则。高层级技能的获得以低一级技能的获得为基础。不同的学习结果对应不同的学习类型，并由此来区分不同的学习类型。

4. 学习任务分析的基本步骤

（1）将学习结果归类。

（2）描述作为学习目标的任务。

（3）前提条件的分析。这一步骤为任务描述所表示的能力学习确定了前提条件。

（4）学习任务分析的目的是确定终点目标和使能目标的前提条件。前提可以被分为两类：必要性前提条件（它们是正在学的学习内容的组成部分）和支持性前提条件（可以使学习内容的学习更容易）。对必要性前提条件和支持性前提条件的分析参见第二章表 2-1 相关内容。

5. 学习层级分析法示例

加涅指出，对于任何一个给定的智慧技能，通过提出如下一个问题，我们可以获知其次

---

① 加涅，等.学习的条件和教学论[M].皮连生，等，译.上海：华东师范大学出版社，1999：304.

② 加涅，等.教学设计的原理[M].皮连生，等，译.上海：华东师范大学出版社，1999：308.

③ Jonassen, D. H. Tessmer, M. & Hannam, W. H. Task analysis methods for instructional design. Lawrence Erlbaum Associate. 1999：83.

级技能："为了学习这个技能,学生应具备哪个或哪些简单技能?"

运用这一思路,下面以物理学科中"力的图示"一节进行学习层级分析,分析结果如图3-7所示。

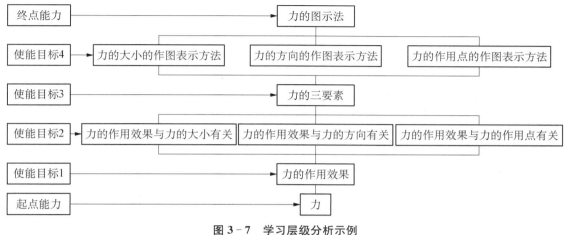

图3-7 学习层级分析示例

由此不难看出:①学习层级展现出从学习者的起点能力到终点能力所需的必要条件,学习层级分析有助于教师合理安排教学层次;②学习层级分析可以一路进行下去,对于特定的智慧技能的分析,其分析的终点是学生的起点能力。

（二）同化机制分析

课堂教学的任务分析关注的重点是特定类型学习的内部过程及学习条件,下面介绍依据奥苏贝尔学习理论进行的任务分析。

在第二章第三节中我们已经比较详细地介绍了奥苏贝尔的学习理论及思想,指出奥苏贝尔对学习过程的解释与现代认知心理学的研究基本相符,并且由于奥苏贝尔的学习理论将学习的内容、学习过程以及外显行为相结合,有利于教师根据学习的不同过程来安排合理的教学活动,因此奥苏贝尔的理论对中学教学有着良好的指导作用。接下来,我们以奥苏贝尔的同化理论为例来探讨任务分析在教学设计中的作用。

【案例3-5】

● 学习内容:初二物理"压力"的概念,压力是垂直作用在物体表面的力。

● 任务分析

（1）确定学习类型:该学习内容是用下定义的方法呈现的概念,依据奥苏贝尔的学习分类,属于命题学习。

（2）确定学习后学习者的心理变化:依据奥苏贝尔学习理论,经过有意义学习后,在学习者认知结构中形成新的、本质的联系,即代表一类对象的压力概念,与认知结构中已有意义的原有观念(垂直、作用、物体、表面、力)间形成本质联系。

（3）确定学习后学习者的外显行为变化:依据奥苏贝尔学习理论,经过有意义学习后,学习者可以用自己的语言陈述概念的内容,并举出符合概念本质属性的实例。

(4) 确定学习方法:依据奥苏贝尔的学习理论,该概念的学习可通过上位同化方式和下位同化方式进行。

(5) 选择教学过程:依据奥苏贝尔的学习理论,与上位同化方式学习对应的教学方法是概念形成。与下位同化学习对应的教学方法是概念同化。

● 教学活动安排

教学方式一:概念形成教学

由表 2-5 同化机制可推知,概念形成教学的基本过程为:教师呈现所要学习概念的正反例(正例包含概念本质属性,反例则相反),学习者面对实例,辨别分类属性,假设所要学习概念的本质属性,并在教师的反馈中检验假设,并最终把握本质属性。

概念形成教学的基本要求:需要足够量的正反例,并且所举正例中的无关属性应有变化。

在本例教学中,正例包含本质属性——与作用面垂直。学习者在生活中有许多存在压力的经验,但这种经验多数是物体对水平面的压力,比如放在桌上的物品(铅笔盒、书本、茶杯等)、停在地面上的汽车对地面的压力、人站在地上对地面有压力等。

如果呈现这些例子,学生可能会将非本质、无关的属性——与水平面垂直概括为压力的本质属性。因此教学中所选择的多个正例,这一非本质属性应有所变化。即教学所举的正例中,还应有一些压力,其方向垂直于非水平面,如斜面(放在倾斜传输带上的货物)、竖直面(往墙上按图钉)等。

教学方式二:概念同化教学

由表 2-5 同化机制可推知,概念同化教学的基本过程为:教师明确概念的本质属性,然后结合概念的正反例,由学习者依据概念的本质属性作推理判断,最终习得概念的本质属性。

概念同化教学的基本要求:用于同化新概念的、认知结构中的原有概念应清晰和有意义。因此采用概念同化教学,一般应首先复习与新概念建立联系的原有概念。

本例中若采用概念同化方法进行教学,其基本步骤可以安排如下:

(1) 教师引导学生复习各子概念——力、垂直等;

(2) 教师用明确的语言陈述"压力"概念的定义,要求学生从中指出"压力"概念的本质特征;

(3) 教师或者学生举出各种例子,教师帮助学生运用本质特征来判断各例子中是否存在压力;

(4) 教师帮助学生记忆概念的定义。

● 教学目标的测量:依据外显行为进行检查。要求学习者运用自己的语言陈述压力概念的内容,并举出新的与教学中所举实例不同的压力的例子。

本节介绍了课堂教学中适用的两种任务分析技术:学习层次分析、同化机制分析。由上述分析不难看出,运用学习层级分析法分析揭示达到终点目标的各级次级技能,有助于教师合理安排各教学知识点的顺序,解决"教什么"的问题;运用奥苏贝尔的同化理论分析命题习得的过程,有助于教师合理安排特定命题教学的教学过程,解决"命题知识如何教"的问题。但奥苏贝尔有意义学习理论只是说明同化有上位、下位、并列结合三种形式,并没有回答个体同化对应的内在机制究竟如何,比如当学生面对下位的材料,在其内部同化是怎样进行并形成上位的概念的?对于两个有关联的并列的概念命题,如冲量、动量变化等,学习者又是如何形成两者间的联系的?

由于现有的学习理论没有揭示出具体学科如物理学科学习的内部过程和机制,因此依据上述理论的教学任务分析亦无法从根本上解决物理学科中"分析什么"、"如何分析"的问题。我们有必要整合各家学习心理学理论,依据物理学科真实的学习过程,阐述物理学科学习有哪些不同类型,各类型的学习的内部机制是什么,学习后内部表征方式如何以及表现出的外显行为是什么等问题。显然,如果能够确定学科教学中不同的学习类型,就可以解决"分析什么"的问题,如果能够确定不同类型学习的机制,就可以解决"如何分析"的问题。本书的第二编将重点解决物理学科不同类型的学习机制以及相应的教学问题,在第十二章中提出适合物理概念和规律教学的任务分析模式。

思考与练习

(1)关于两种取向的教学论,试说明你的看法。

(2)试以物理概念和规律教学为例,解释迪克教学设计模型包括的基本环节。

(3)谈谈你对教学任务分析的理解。

(4)试运用层级分析法对具体的物理概念和规律课进行教学任务分析。

(5)试遵循奥苏贝尔的同化理论,对具体的物理概念和规律课完成教学任务分析。

第二编
物理学科学习与教学分论

第四章 物理课程认知策略的学习与教学

物理学不仅以其概念、原理和规律的科学知识揭示了自然界基本运动形式和物质结构的诸多真理，还以其建立这种知识体系过程中所凝练和升华的科学思维与科学方法推动了科学的进步。科学方法与解决物理习题的方法都是提高解决特定问题效率的技能，本质上属于学习心理学研究领域中的认知策略。本章重点阐述认知策略的实质，以及实现认知策略有效教学的方式。物理课程不同学习结果习得过程中涉及的具体方法将在第五章至第八章中分别讨论。

第一节 认知策略的实质

一、认知策略的界定

（一）认知策略的一般定义

方法的本质及其习得是认知心理学研究的一个重要课题，方法在心理学中被称为认知策略，由于认知策略和方法是同质的，因此在以下的论述中将不再作区分。认知策略这一术语最初由布鲁纳于 1956 年在研究人工概念中提出。直到 70 年代，加涅才在其学习结果分类中将认知策略作为一种可以习得的性能单独列出。对于认知策略，有如下一些界定：

代表策略正统观的 M. 普莱斯利等人对策略下的定义是："策略是由凌驾于作为执行一项任务的自然结果之上的认知活动构成的，这样的认知活动可以是单一的，也可以是一系列相互依赖的。策略达到认知目的（如理解、记忆）。而且是潜在可意识和可控制的活动。"[1]

这种定义揭示：认知策略服务于某种认知活动，其本身也是一种认知活动，可以显示为一种技能，是需要意识控制的。

奥苏贝尔将策略界定为"通常是指选择、组合、改变或者操作背景命题的一系列规则"，[2]该界定揭示了策略是隐藏在解决问题所需要的具体技能之后的，是对解决问题的技能选择和排列的一种技能。这是从认知策略的操作对象来说的。

加涅将应用符号或规则对外办事的技能和对内调控的技能作出区分，前者属于智慧技能，后者属于认知策略。加涅将认知策略界定为："认知策略是个人运用一套操作步骤对自

---

① 皮连生.智育心理学[M].北京：人民教育出版社,1996：171.
② 奥苏贝尔.教育心理学——认知的观点[M].余星南,等,译.北京：人民教育出版社,1994：698.

己的学习、记忆、注意以及高级的思维进行调节和控制的特殊认知技能。"[①]

加涅的界定突出了策略或者说方法"对内调控"的这一本质特征。

从这样的定义可以看出,认知策略既有反映新颖性的一面,也有反映自动化加工的一面,都是用来提高特定认知活动效率的。

(二)认知策略的相关研究

专家-新手研究是目前认知心理学研究主体解决问题能力获得的一种范型。专家是指在特定的领域中经历成千上万学习时数,并在解决该领域问题时表现出高效率专长的人,新手则是指刚刚进入该领域、没有多少领域问题学习的人。这类研究通过描述专门领域的专家和新手在解决同一问题上的差异来探究主体解决问题能力的构成以及形成的机制。

有研究者研究了一位初学高中物理力学内容的学生(此处称为新手),和一位有多年高中物理教学经验的教师在解决同一道习题时的表现。研究情况如下:

例 一木块沿倾角为 θ 的斜面由顶端静止下滑,斜面长度为 l,摩擦系数为 μ,求木块到达斜面底部时的速度。

表 4-1 新手解题的典型思路

为求预期的末速度 v,需找到一个含有速度的原理,如

$$v = v_0 + at$$

但这里的 a 和 t 均属未知,似乎不能用上,再试用

$$v^2 - v_0^2 = 2al$$

在这一方程中 $v_0 = 0$,l 亦已知,但仍须求出 a,因此再试用

$$F = ma$$

在这一方程中,m 为已知,仅 F 为未知,因此可用

$$F = \sum Fs$$

在现在的情况下意味着

$$F = F''_g - f$$

这里 F''_g 及 f 可根据下列方程算出

$$F''_g = mg\sin\theta$$
$$F = \mu N$$
$$N = mg\cos\theta$$

经代入上式,求速度的正确表达式为

$$v = \sqrt{2(g\sin\theta - \mu g\cos\theta)l}$$

---

① 皮连生. 智育心理学[M]. 北京:人民教育出版社,1996:98.

表 4 - 2　相对的专家的解题思路

木块的运动可用受到重力来说明

$$F''_g = mg\sin\theta$$

此力为沿木块向下的力,而摩擦力则为

$$f = \mu mg\cos\theta$$

此力为沿木块向上的力,因此木块的加速度与这些力的合力有关,即

$$F = ma \text{ 或 } mg\sin\theta - \mu mg\cos\theta = ma$$

知道了加速度 a 后,便可根据以下这些关系求出木块的末速度 v

$$l = \frac{1}{2}at^2 \text{ 及 } v = at$$

以上物理习题的求解,首先需要解题者具有基本的物理知识与技能:会运用牛顿第二定律;会运用匀变速直线运动位移、加速度和速度间的关系;会运用力的概念分析出物体受到的力;会依据力的合成与分解的知识分解物体受力情况等。

假设个体具备上述必要技能,当个体面对上述具体问题时,如何从自己的认知结构中挑选出上述必要技能呢?这就需要有"挑选、组织解决该问题必要技能"的技能,这种技能也就是解决此类问题的策略或方法。

不难看出,专家与新手在认知结构中选择出解决该习题所需要的物理知识与技能的方式不同。换句话说,就是专家与新手在解决同一习题时采用的方法或策略不同。

新手采用的是由待求的物理量 v 入手,先找到一个含有并可求 v 的公式,但使用该公式来求 v,必须先求加速度 a,于是再找到一个含有 a 的公式。这样新手在找到足以求出问题解的一系列公式前,须连续后退,这种搜寻解题所需技能的策略是逆推法,该方法在物理解题中也称为分析法。

而专家则由物体受力开始分析,思维由上而下,一路演绎得出所求速度 v,似乎专家采用的是向前推理的方式。为什么专家可以采用这一求解方法呢?

有经验的教师不难理解,这是一道典型的运动学与动力学结合求解的问题。

(1)该类问题有两种基本范式:其一是给出物体受力方面的条件,求解物体位移或速度等运动学量;其二是给出速度、位移等运动学条件,求解物体动力学量如受力情况。

(2)解决此类习题的方法:可以由已知条件出发,通过物理量加速度将运动学规律与动力学规律——牛顿定律等联系起来求解,如图 4 - 1 所示。

图 4 - 1　运动学与动力学结合一类习题的解决方法

有经验的教师或者经过一定的同类习题训练的学生，或多或少都能习得此方法，所以当有经验的教师发现由于该题最终求解的是运动量即速度，已知条件中告知的是力方面的条件（摩擦系数为 μ 等），就可以运用上述方法或思路来求解该习题了，从而显示出向前推理的特征。

本研究案例说明在解决问题时，个体总是采用一定的方法进行。面对自己不熟悉领域的问题，新手往往采用逆推法等方法求解。采用逆推法，总比盲目地套用公式的解题效率相对高一些，即新手采用逆推法在一定程度上提高了解决问题的效率。

专家在解决自己熟悉领域问题时采用的方法，较新手采用的方法效率更高，前者是专家在解决一定数量该领域问题的过程中形成的，是适用于解决本学科特定类型问题的方法。

（三）认知策略的界定

概言之，策略或者说方法是用于提高特定问题解决效率的技能，是引导问题解决的思考方向，以选择出并有序排列解决问题所需必要技能的技能。

二、方法的特征

（一）方法是服务于特定问题解决，用于提高问题解决效率的技能

方法是用于提高问题解决效率的技能，比如解决问题的原则、途径、策略、思路、窍门、方法等，虽然所用词语不同，但本质上都有助于特定问题的解决，所以都属于认知策略。方法是服务于问题解决的，故提及策略或者说方法，应指明其适用的条件，也就是应说明其涉及的解决问题的范围。

（二）方法的操作对象是对内的

方法是"挑选、组合、排列解决当前问题所需技能"的技能，即方法的操作对象是学习者已习得的，存储在认知结构中的知识。

故按加涅对认知策略的界定来说，方法"是对内操作的"技能。

方法是对解决问题所需技能的排列、组合，故方法一般都可以表现为一系列的步骤。

（三）对具体问题解决存在效率不同的方法

问题解决的策略一般有两种类型：算法和启发式。"算法：是一种能够保证问题得到解决的程序，其效率不一定很高，但通常总能起作用。算法总能对特定问题产生精确的解决，一般将它们称为强方法。"[1]当人们找不到适合的算法来解决问题时，人们会转而采用启发式。"启发式是由以往解决问题的经验形成的一些经验规则，与算法不同，启发式不能保证得到答案。纽厄尔和西蒙研究发现人们经常运用并不局限于特定问题的通用策略，如手段-目标分析、子目标分析、逆推法等。启发式的适用范围较广，但是并不能保证问题的解决，一般称之为弱方法。"[2]

---

① John B. Best. 认知心理学[M]. 黄希庭，主译. 北京：中国轻工业出版社，2000：386.
② 同①。

【案例 4－1】 试分析如下三个解决问题的策略,并指出哪个是强方法、哪个是弱方法。

- **策略一：求解物理习题的方法**

有研究者将物理习题的解决总结如下：

第一,审题。

（1）弄懂题意,判定是属于什么范围、什么性质的问题。

（2）找出已知量和待求量。有些已知量隐含在题目的文字叙述或物理现象、物理过程中,要注意挖掘。

（3）明确研究对象,确定是何种理想模型。

第二,分析题。

（1）为了便于分析,一般要画出草图。草图有示意图、矢量图、波形图、状态变化图、电路图、光路图等。草图有形象化的特点,有助于形成清晰的物理图像。

（2）借助草图分析研究对象所处的物理状态及其条件。

（3）借助草图分析研究对象所进行的物理过程。

（4）在此基础上确定解题的思路和方法。

第三,建立有关方程。

（1）根据研究对象和物理过程的特点与条件,考虑解答计算上的方便,选用它所遵循的规律和公式。

（2）列出方程。（有时需要建立坐标系、规定方向或画出有关图像。）

第四,求解。

（1）先进行必要的代数运算。

（2）统一单位后,代入数据进行计算,求得解答。

（3）必要时对结果进行验证。

- **策略二：求解静力学问题的方法**

（1）确定研究对象,并将"对象"隔离出来,必要时应转换研究对象。这种转换,一种情况是换为另一物体,一种情况是包括原"对象",只是扩大范围,将另一物体包括进来。

（2）分析"对象"受到的外力,而且分析"原始力",不要边分析,边处理力。以受力图表示。

（3）根据情况处理力,或用平行四边形法则,或用三角形法则,或用正交分解法则,提高力的合成、分解的目的性,减少盲目性。

（4）对于平衡问题,应用平衡条件 $\sum F = 0$,$\sum M = 0$,列方程求解,而后讨论。

（5）对于平衡态变化时各力的变化问题,可采用解析法或图解法进行研究。

- **策略三：三力平衡问题的矢量三角形解法**

如果物体受三力平衡,且受力为沿绳、沿圆周半径等方向,可运用力的矢量三角形方法求解。

基本步骤为:先分析出三力,并画出力的示意图;画出力的矢量三角形;运用三角形边角关系和已知条件求解,或寻找与力的矢量三角形相似的由绳、杆、球面等构成几何三角形,运用相似三角形求解。

分析: 从适用范围上看,策略一适用所有物理习题求解,策略二适用静力学习题的求解,策略三适用于三力静平衡且受力沿绳杆的一类习题,适用范围愈来愈小。对一道三力静平衡的物理习题,运用策略三解决效率相对较高。其原因在于强方法不仅给出解决特定问题的步骤,同时每一步都聚焦于解决问题的必要技能,学习者搜寻必要技能的范围就小。如果必要技能已能熟练运用,个体用强方法解决问题时就可以表现出自上而下的自动化的行为,因此,解决具体问题的效率就高。

而弱方法中的每一步对学生来说都是解决问题的过程,如策略一中"分析题"所要求的画出草图,如何画出一道具体习题的草图,画什么,对学生来说又是解决问题的过程,所以弱方法的运用是不可能自动化的。

专家在解决具体问题时,总是先尝试使用有效的强方法,若没有强方法,再退而求其次采用相对强的方法,实在没有强方法可用,就只能使用相对弱的方法。所以要成为一个领域的专家,必须积累大量解决本领域问题的强方法。

像解决问题的原则、途径、策略等词语,所表示的往往是适用解决问题的范围较为宽泛,所指一般为认知策略中的弱方法。而像解决问题的思路、窍门等用词,所对应的认知策略往往适用解决问题的范围比较窄,所指接近认知策略中的强方法。[①]

(四) 方法在使用时具有潜在性

【案例 4-2】

在教授"阿基米德原理"时,一位教师的教学过程为:

(1) 引导学生根据浮力等于物体上下表面所受压力差,计算出图 4-2 中正方形物块所受的浮力 $F_浮 = \rho_水 gV_物$。物体在水中所占有的体积,原先都是水占有的,物体有多少体积在水中,就有多少体积的水被排开。由此猜测物体所受浮力可能与物体所排开的液体重量有关。

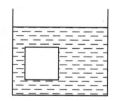
图 4-2 物体浸没在液体中所受浮力

(2) 实验证明,不规则铁块完全浸没在水中时,所受浮力等于所排开水的重量。规则石块完全浸没在酒精中时,所受浮力等于所排开酒精的重量。由实验研究的结果归纳得到阿基米德原理。

(3) 根据阿基米德原理,$F_浮 = G_{排液} = \rho_液 gV_{排液}$,可引导学生推知:

① 当物体完全浸没在液体中时,物体所受浮力不变。

新的事实:当一个悬挂在弹簧秤下端的重物完全浸没在水中时,弹簧秤的示数将保持不变。

---

① 方法、策略、认知策略本质上都是同一类的学习结果,以下讨论时各用语并行使用,不作区分。

② 同一物体完全浸没在不同的液体中,液体密度越大,则该物体所受的浮力也越大。

新的事实:当一个悬挂在弹簧秤下端的重物分别浸没在水和酒精中,在水中的弹簧秤示数较小。

引导学生通过实验进行验证。

以上教学过程,在教师的引导下,学生对由一个特殊情况下理论计算所得的结果作出猜测;再通过实验来研究,运用归纳推理得到定律;最后,根据定律演绎出合理的推论,并进行实验验证。即,在学习过程中,学生经历科学研究规范的方法,同时在"猜测浮力大小的相关因素"环节,运用了演绎推理方法;在"获得结论"环节,运用了归纳推理方法;在"验证"环节,运用了实验验证的方法。

经过以上教学活动,学生不会自发地概括出科学研究总的研究途径,也不可能自发概括出各子环节中的科学方法,如验证方法的适用条件和步骤。也就是说,在实际教学活动中,教师和学生可能更多地关注所学的物理概念和规律是否习得,而不太会注意获得这个定律的过程以及其中所运用的方法,即方法的运用往往具有潜在、无意识的特征。

再如,在解决专家-新手研究中的问题时,专家不会意识到自己运用了解决此类问题的强方法,新手也不会意识到自己运用了逆推法。

三、方法的分类

(一) 依据解决问题的效率进行划分

依据解决问题的效率,把方法分为强方法和弱方法。对解决问题来说,有些策略对某种类型的问题解决有直接有效的帮助,就是强方法,像在前面教学案例中专家采用的方法。有些策略(方法)对某种类型的问题解决有启发作用,且应用范围较广,称为弱方法,比如前面教学案例中新手采用的逆推法。

解决问题最一般的弱方法除了逆推法,主要有:

(1)手段-目标法:问题解决者分析问题的方法是观察终点——所追求的目标,然后试图缩小问题空间里的当前位置与最终目标之间的距离。

(2)假设检验:问题解决者简单地构造几条可选的行动路线,不必非常系统化,然后再依次分析每条路线是否可行。

(3)爬山法:也称顺向推理法。问题解决者从起点开始,并试图沿着从起点到终点的方向解决问题。

【案例 4-3】

问题:动滑轮机械效率的表示。

已知:动滑轮的实质;有用功、总功等概念;机械效率概念。

当学生第一次面对这一问题时,如何从认知结构中选择出解决该问题的必要技能呢?也就是运用何种方法的引导来解决问题呢?

分析可知,可运用解决问题的一般策略——逆推法来解决,过程分析如下。

<u>要求出动滑轮的机械效率,需要知道什么?</u>

需要找到机械效率的关系公式:$\eta = \dfrac{W_{有用}}{W_{总}}$。

<u>在使用动滑轮过程中,哪一部分是有用的?</u>

将重物从提升搬运到 h 高的平台需要的功。

<u>这部分功如何表示?</u>

可以表示为 mgh。

<u>那么在使用动滑轮时,做的总功呢?</u>

假设所用的力为 F,以及拉力移动的距离等于 $2h$,那么动滑轮的机械效率

可表示为:$\eta = \dfrac{W_{有用}}{W_{总}} = \dfrac{mgh}{F \times 2h} = \dfrac{mg}{2F}$。

图 4-3
动滑轮机
械效率实
验

物理学科解决问题的弱方法还有极端推理法、赋值法、排除法等方法,这些方法在解决一些物理习题时可用,在解决一些化学、生物的习题时也可用,但不能保证问题的解决。

(二)依据学习的信息加工模型进行划分

有研究者依据学习的信息加工模型将学习策略作如下划分:①

(1)促进选择性注意的策略,如自我提问、做读书笔记、记听课笔记等;

(2)促进短时记忆的策略,如复述、笔记、将输入的信息形成组块等;

(3)促进新信息内在联系的策略,如分析学习材料的内在逻辑结构和组织结构,多问几个为什么等;

(4)促进新旧知识联系的策略,如列表比较新旧知识的异同,把新知识应用于解释新例子等;

(5)促进新知识长期保存的策略,如记忆术、双重编码、提高加工水平等。

(三)从学习类型角度进行划分

(1)促进概念和原理意义习得的策略:归纳法中的求同、差异、共变、求同求异策略,演绎策略,类比策略等。

(2)促进知识结构化、系统化的策略:列表、画树形图和依据知识间逻辑关系形成联系。

(3)促进问题解决的策略:有解决问题的强方法和弱方法等。

目前,个体的反省认知(元认知)的构成和机制是心理学中的研究热点。由于反省认知被认为直接关系到学生个体内在潜能的充分发掘和主体精神的深入体现,因而在强调学生掌握学习方法、学会主动学习的现代教学中,也引起研究者的广泛关注,元认知学习逐渐成

---

① 皮连生.智育心理学[M].北京:人民教育出版社,1996:218.

物理学习与教学论

为面向 21 世纪教育的一个带有前瞻性的教学课题。有研究认为，教师的教学能力可以通过教师的反思而得到提升，反思即反省认知，有效提高此项活动也需要相应的方法，即反省认知的策略。

第二节　方法的教学

一、方法的习得层次

方法有适用的条件，也有基本的步骤。例如案例 4-1 中的策略三可表述为：如果物体受三力平衡，可考虑运用力的矢量三角形方法求解。基本步骤为：①先分析出三力，并画出力的示意图；②画出力的矢量三角形；③运用三角形边角关系和已知条件求解。

方法的学习与物理概念和规律的学习一样，有三个层次：

（1）学生能够按原来的呈现方式陈述内容，达到"方法"学习的"识记"层次；

（2）学生能够用自己的语言陈述内容，并举例说明，达到"方法"学习的"理解"层次；

（3）学生能够在有提示的场合，遵循方法的引导解决特定问题，达到方法学习的"运用"层次。

二、方法的教学方式

由于方法运用具有潜在性，因此，若以方法为直接教学目标，需要有一个将方法的适用条件、步骤等概括出来的"显性化的教学过程"。

教学实践表明，教授"方法"有两种基本的方式。

1. 传授式教学方式

（1）教师选择一个运用所要教授的认知策略解决的问题，实际引导学生解决该问题，然后教师剖析问题解决过程中运用的认知策略，将认知策略的条件和步骤呈现给学生；

（2）提供一些使用该认知策略解决的问题，让学生遵循认知策略的步骤解决问题，掌握认知策略。

2. 启发式教学方式

（1）选择数个问题解决的实例，这些问题解决中需要运用所要教授的认知策略，教师实际组织教学，完成问题的解决；

（2）教师引导学生反省问题解决的过程。目的在于从中发现所要教授的认知策略的形式及运用条件；

（3）让学生举出生活和学习中运用这种认知策略解决问题的实例，目的是让学生练习，进一步熟悉所教策略的使用场合以及条件。

三、方法教学的样例

【案例 4-4】"科学理论验证方法"的教学

● 教学内容："阿基米德原理"的教学

● 教学目标

目标1：理解阿基米德原理。能用自己的语言陈述定理的内容及学习过程。（该部分学习可以实现课程标准中的"知识与技能"的目标。）

目标2：理解进行科学理论验证的最基本方法。能用自己的语言陈述所学验证方法的运用条件以及基本结构；在提示可以运用的场合正确运用。（该部分学习可以实现课程标准中的"过程与方法"的目标。）

以下重点介绍方法的教学。

● 教学任务分析

验证是科学理论得以确立的重要环节。中学物理教学中，在物理规律建立后，也往往要对其正确性作出检验。验证环节也需要特定的验证方法，一般来说新理论的正确性可以通过解释旧理论所不能解释的现象来检验，也可以通过依据新理论推理获得一些预言，由实验进行验证的方式检验。本教学案例针对后一种验证方法，要概括出该验证方法实施的条件和基本步骤，如环节二。

方法总是相伴特定的问题解决，采用方法教学方式二，应有一个环节让学生运用该方法，以此提供学生运用该方法的经历，为方法教学做好准备，如环节一。

本教学案例采用方法教学方式二，各环节的作用如下：

环节一进行学科知识阿基米德原理的学习，学习过程中学生已经无意识地经历或运用了科学理论检验的一种方法；

环节二教师引导学生举出课堂教学中运用此种验证方式的其他案例，并引导学生反思问题解决过程，从中识别出该验证方式的适用条件和基本步骤，由教师总结、概括、清晰化；

环节三要求学生找寻运用此验证方法的实例，实质上是学生练习此方法的环节。

也可以采用方法教学方式一，即教师举出验证方式的实例，教师自己概括这种验证方法的适用场合和步骤，再要求学生寻找实例，同样可以实现方法的教学。

● 教学过程

环节一：阿基米德原理的学习

教学流程参见案例 4-2。

在此教学环节中，教师引导学生对获得的结论进行初步验证，学生无意识间运用了"验证方法"。

环节二：验证方法意义的学习

在学习"阿基米德原理"后，转入对"验证方法"学习的环节。

师：请同学们回忆学习阿基米德原理的过程，在通过实验获得物体受到的浮力等于其排开液体的重量后,我们接下去做了什么工作?

生:我们根据浮力等于排开液体的重量这一结论,推导出另外两个论断,并进行实验验证。

师:请同学们思考一下,我们在以前的学习中,有没有进行过类似的工作?

生:有的,比如在帕斯卡定律的学习后我们也做过验证。

师:请一位同学陈述一下,当时这个工作是如何进行的?

生:在学习帕斯卡定律后,根据密闭液体将等大地传递压强,而不是等大地传递压力这一前提,我们推导出密闭液体的容器,与液体接触面积不同,受到的压力大小则不同。

为此设计出一种实验装置如图4-4,这一装置由两个100 ml针筒、一个5 ml针筒、玻璃三通、三根胶管、两个200 g砝码和木架构成。保持连接时针筒、胶管、三通中的空气应尽量排尽,接头处不能漏气;实验时在针筒B、C的活塞上各压上一个200 g的砝码,用手慢慢将A针筒的活塞向下压。

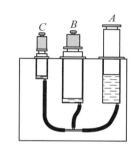

图4-4 验证帕斯卡定律实验

根据上面的推论可知,如果在A处对密闭液体施加压力,由于液体传递的是压强,B与液体的接触面大,根据$F = PS$,所以当在A处对密闭液体缓慢施加压力时,则B针筒活塞受到的液体的压力较大,所以B针筒的活塞将会先顶起砝码,而此时C针筒活塞没有动,两者不会同时被顶起,尽管B、C上是等重的砝码。

实验证实了这一论断。

(学生陈述时,教师应及时补充、梳理。)

师:同学们回答得很好。以上工作是科学研究中的一个重要环节,称为验证。请同学们思考,前面讨论的验证工作如何进行呢?

生甲:要进行实验验证。

生乙:要根据学习的规律提出一些事实论断。

生丙:这种事实论断应该是新的、以前没有见过的。

师:刚才同学们从不同的侧面对验证方法进行了分析。在新的物理规律建立时,其正确性也必须经过有效的检验。前面的学习中,我们在得到新的物理规律后,也进行了比较初步的检验,其基本思路是什么呢?

(学生回答,教师对学生的回答作出较为系统的总结。)

(1)根据新的物理规律,合理地推演出一些论断,这些论断预言未曾观察到的、可以用实验检验的现象。

(2)设计出能够显现上述现象的实验。

(3)进行实验,对现象是否真实出现作出检验。

环节三:验证方法的运用

师:以上是理论检验的一种方式,实际上在化学、生物等课程学习中,也会运用上述方法对建立的规律进行检验。希望同学们在课后收集一些反映这种验证思想的实例，可以是来自科学史料、来自其他学科，也可以是生活中的实例，我们下节课给大家一些时间交流。在呈现实例时，希望依据如下结构进行：

（1）新的规律是什么？

（2）由新的规律可以推演出什么论断？这些论断可以观察和测量的属性或特征是什么？

（3）能显现该特征的实验或生活情境是怎样的？

（4）待测属性是否真实出现？

师：新理论的正确性可以通过解释旧理论所不能解释的现象来检验，也可以通过依据新理论推理一些预言，由实验进行验证的方式加以检验。本节课主要采用后一种方式。

四、两种教学方式的比较分析

显然上述"验证法"的教学亦可采用传授式教学方式，即在"阿基米德原理"教学目标实现后，教师自己回顾在获得阿基米德原理后，运用验证方法的经历，并自己举出以前学习中同样运用验证法解决的问题，然后自己概括验证法运用的条件和步骤。

比较这两种策略（方法）的教学方式，考虑到：

（1）方法是对内调控的技能，它涉及的概念规则反映人类自身的认识活动规律，这些概念和规则可以通过反省认知的运用来把握。

相比方式一，方式二要求在教师的帮助下，学生自己形成对所要学习的认知策略的认识。教师引导学生反省认知活动来发现其中的认知策略，也就是说在方式二中，学生既学习认知策略，又增加反省认知的体验。

（2）各种策略在学生的学习活动以及生活中经常运用，即学生有运用策略的经历，从自己实际经历的认知活动中发现所使用的认知策略，一方面可以使学生更清晰地理解这种方法，同时也有利于增强学生主动使用该方法的意识。

（3）对于特殊领域的认知策略（强方法），其适用条件以及执行时的步骤往往较明确，因而对这样的策略，采用方式一或方式二来教学都是可以的。

对于一般领域的认知策略（弱方法），其适用条件比较模糊，或者行动步骤不明确，所以对于这些策略，不宜采用方式一教学。这些策略教学的目的是要让学生从众多的使用场合中，感悟到该策略可以使用的场合以及使用条件。

由以上分析可知，对于认知策略的教学，采用方式二较为合适。

方式二中，策略的教学分为两个阶段。阶段一，即教学中的第一步，在此阶段学生运用所要学习的特定策略，但学生处于无意识状态，所以这一阶段称为策略教学的隐性化阶段。阶段二，即教学中的第二、三步，在这一阶段引导学生发现该策略的形式及相应的运用条件，并结合自己的实际运用经历，增强对该策略的理解，所以这一阶段可以称为策略教学的显性化阶段。

本章介绍了认知策略的界定，并分析指出在实现特定认知目标的具体认知活动中都必然伴随着能够促进认知活动效率的策略（方法），能不能教授这些策略（方法）的制约条件之一是教师能不能分析出每一次认知活动中的策略（方法），制约条件之二是教师有没有采用正确的教学方法，最后结合教学实例讨论策略教学方法。

思考与练习

（1）试举例说明什么是认知策略。从学习结果类型看，日常交流中的原则、途径、思路、方法、策略等用词所指对象本质都属于认知策略，它们之间有何区别？

（2）试分析科学研究中一些具体的方法如转换法、等效替代法、理想实验等，属于强方法还是弱方法？

（3）请解释方法教学中需要将方法的条件和步骤显性化的原因。

（4）在"电动势"一节教学中，一位教师在分析电源中带电粒子的受力特点时，安排教学如下。

实例一	实例二
小球在一个高低差的闭合轨道中运动	正电荷在闭合电路中运动
小球在重力作用下，从高处到低处	正电荷在电场力作用下，从高电位到低电位
要将小球从低处移动到高处，需对其施加推力、拉力等	要将正电荷从低电位移动到高电位，需对它施加力的作用
该力与重力性质不同	推理：该力与电场力性质不同

在此教学环节中，得出"电源中带电粒子受力为非静电力"这一结论时，采用的方法是什么？请设计该方法的教学。

第五章 物理概念和规律意义的学习与教学

虽然各研究的角度不同,解释的用语不同,但对概念、规律等的学习还是有一个较为接近的认识:对于用命题形式清晰界定的概念和规律,其习得可以划分为两个阶段。其一,概念和规律意义的学习,这一阶段学生学习后的行为是学习者能够用自己的语言陈述命题内容,并举出符合概念或规律的例子;其二,概念和原理的运用,该学习阶段后的学习行为是能运用定理解决简单问题,即"出现规则支配的行为",也就是习得加涅学习结果分类中的规则。本章重点阐述物理概念和规律意义习得的机制与相应的教学。

第一节 物理概念和规律意义的习得

物理课程的目标是培养学生学科核心素养,其中物理观念目标的达成前提显然是学习者对每一具体物理概念和规律能清晰的理解以及有效的应用。物理概念和规律意义的学习主要有两种途径:实验归纳途径、理论分析途径。理论分析学习途径中需要学习者表现出运用逻辑思维、科学论证等方法解决问题的行为,从而在一定程度上体现出学习者的科学思维素养;而实验归纳学习途径中,学习者将运用控制变量等方法规划方案、运用设计实验通用方法以及转化法和等效替代法等设计实验、运用图像法整理数据,也就是需要学习者具备相应的科学探究素养。同时在物理概念和规律意义学习的过程中,学生还将遵循严谨理性、实事求是等科学态度的要求。所以,物理概念和规律意义学习是培养学习者物理学科核心素养最重要的场合。

一、物理概念和规律

(一)物理概念的分类与界定

物理概念是客观事物的物理共同属性和本质特征在人们头脑中的反映,是物理事物的抽象。

1. 分类

许多物理概念所反映的客观事物的本质属性具有明显定量的性质,也就是说概念可以用一个可测量的量来表示,如速度、加速度、电场强度、电阻等,这类概念称为物理量。

物理量按照它反映的客观属性,可分为状态量和过程量。

比如速度、加速度、气体体积和压强等,这些物理量是用来描写状态的物理量,当研究对象的状态一定,它就有确定的量值。比如功、热量、冲量等物理量,是描写过程的物理量,一般来说,不同的过程具有不同的量值。

物理量也可以划分为性质量和作用量,性质量是描写物质或物体的某种性质的量,如密度、比热容、电阻、电场强度等;作用量是描写物体间相互作用的量,如力、力矩、功等。

正是由于组成物理学基石的物理概念大多具有定量的性质,因而研究物理学,就必然离不开数学和实验测量。

2. 物理概念的界定

物理概念都是通过下定义的方式,通过与其他概念间的关系来界定的。

例如,在相等的时间内,速度变化量相等的直线运动叫作匀变速直线运动。可见,匀变速直线运动这一概念是通过直线运动、速度、时间、变化量等概念间的关系来界定的。

又如,力对物体所做的功,等于力的大小、位移大小、力和位移方向夹角的余弦三者的乘积。可见,功这一概念是通过力、位移(大小和方向)、夹角、乘积等概念间的关系来界定的。

(二)物理规律的界定与特征

物理规律是物理现象、过程在一定条件下发生、发展和变化的必然趋势及其本质联系的反映。[①] 物理规律通常分为物理定律、物理定理、物理原理等。

物理现象和过程存在各种联系,在这些联系中,有的是本质的、必然的联系;有些是非本质的、偶然的联系。

例如,一个物体只要受到一个不为零的合外力的作用,它就具有加速度,这就是物体有无加速度和合外力间存在的本质联系。但是从现象来看,一个物体是否具有不为零的加速度(指有无而不讨论大小),却又与这个物体的大小、轻重、质料、形状、所在地点及环境、单个外力的大小等都有联系,实际上这些因素对一个物体是否具有不为零的加速度来说,只是分别起着片面的、不稳定的或者偶然的作用,因此它们统统是非本质的联系。

(三)物理概念与规律的联系

物理规律反映有关物理概念之间的必然联系,例如牛顿第二定律就是由质点、力、质量、加速度等概念组成的。它表明研究对象(质点)的加速度与研究对象的质量和所受的合外力之间的定量的因果联系。动能定理将功(过程量)与动能(状态量)联系起来;动量定理将冲量(过程量)与动量(状态量)联系起来;热力学第一定律把热量(过程量)、功(过程量)与内能(状态量)联系起来。

二、物理概念和规律意义的习得机制

物理规律反映有关物理概念之间的必然联系,物理概念绝大多数是通过下定义的方式清晰界定的,实际上也是通过与其他物理概念间的关系来界定的,主要关系有定性关系、定量关系,在学习过程中,往往还需要排除两个对象间不存在因果联系。个体形成相关概念间联系或排除因果联系的方式是逻辑的。

---

① 许国梁.中学物理教学法[M].北京:高等教育出版社,1981:52.

因此,学生习得物理概念和规律的意义,就是通过学生自己的思维活动形成这些概念间的本质、因果联系。

(一) 定性关系建立的逻辑方法

建立概念间定性关系的方法主要有探究因果联系的归纳法(含求同法、差异法、共变法、求同求异法等)、类比法以及演绎法等。

1. 求同法

求同法是通过考察被研究现象出现的若干场合,确定在各个场合先行情况中是否只有另外一个情况是共同的,如果是,那么这个共同情况与被研究的现象之间有因果联系。

其结构如表 5-1 所示。

表 5-1　求同法的结构

场合	先行情况	被研究现象
1	A、B、C	a
2	A、D、E	a
3	A、F、G	a
所以,A 与 a 有关		

【案例 5-1】

(1) 材料。

牛顿第三定律的学习中,通过如下三个实验,形成结论"力的作用是相互的",所运用的逻辑方法为求同法,分析如下。

演示实验 1:A 弹簧秤拉 B 弹簧秤。实验现象:两个弹簧都伸长。

演示实验 2:启动停在木板车上的遥控车。实验现象:小车运动,木板车向相反方向运动。

演示实验 3:A 小磁针靠近 B 小磁针。实验现象:两个小磁针均偏转。

(2) 案例分析。

由以上实验及现象,获得结论需要经过的逻辑过程如表 5-2 所示。

表 5-2　结论"力的作用是相互的"获得的逻辑结构

场合	共 同 条 件	共 同 结 果
1	A 拉 B,存在作用力	B 弹簧伸长,受到测力计 A 施加的力;同时,A 弹簧也伸长,受到测力计 B 施加的力。力的作用是相互的
2	遥控车从静止到运动,存在作用力	遥控车由静止到运动,受到木板车对其的摩擦力;同时,木板车由静止到运动,受到遥控车对其的摩擦力。力的作用是相互的
3	小磁针偏转,存在作用力	小磁针 B 转动,受到小磁针 A 的作用力;同时,小磁针 A 转动,受到小磁针 B 的作用力。力的作用是相互的
所以,"有力"与"力的作用是相互的"有关		

2. 差异法

差异法是通过考察被研究现象出现和不出现的两个场合,确定在这两个场合中是否只有另外一个情况不同,如果是,那么这个不同情况与被研究现象之间有因果联系。

其结构如表5-3所示。

表5-3 差异法的结构

场合	先行情况	被研究现象
1	A、B、C、D	a
2	B、C、D	
所以,A 与 a 有关		

【案例5-2】

(1) 材料:如下是"静摩擦力"一节教材内容。[1]

图5-1 静摩擦力与物体间相对运动趋势有关

(2) 案例分析

通过上述两个实验获得结论"静摩擦力与物体间相对运动趋势有关",所运用的逻辑过程即为差异法,逻辑结构如表5-4所示。

表5-4 结论"静摩擦力与物体间相对运动趋势有关"获得的逻辑结构

场合	变化条件	结果
1	手接触箱体未用力。箱体在水平方向静止,不受摩擦力	两者间不存在相对运动趋势
2	手用力推箱体。箱体在水平方向静止,箱体受推力,还受地面给它的作用力即静摩擦力	箱体"想动"但未动,存在相对运动趋势
静摩擦力与两个接触物之间存在相对运动趋势有关		

3. 共变法

共变法是通过考察被研究现象发生变化的若干场合中,确定是否只有一个情况发生相应变化,如果是,那么这个发生了相应变化的情况与被研究现象之间存在联系。

---

[1] 人民教育出版社,等. 普通高中课程标准实验教科书·物理·必修1[M]. 北京:人民教育出版社,2010:57.

其结构如表5-5所示。

表5-5　共变法的结构

场合	先行情况	被研究现象
1	A_1、B、C	a_1
2	A_2、B、C	a_2
3	A_3、B、C	a_3
所以，A 与 a 有关		

【案例5-3】

（1）材料：如下是研究"声音的特征"一节教材内容。①

如图5-2所示，将一把钢尺紧按在桌面上，一端伸出桌边。拨动钢尺，听它振动发出的声音，同时注意钢尺振动的快慢。改变钢尺伸出桌边的长度，再次拨动钢尺。

比较两种情况下钢尺振动的快慢和发声的音调。

图5-2　探究音调和频率的关系

（2）案例分析。

教材中通过实验——"将一把钢尺紧按在桌面上，一端伸出桌边。拨动钢尺，听它振动发出的声音，同时注意钢尺振动的快慢"，获得结论"声音的音调高低和物体振动的快慢有关"，所运用的逻辑方法即共变法，如表5-6所示。

表5-6　结论"声音的音调高低和物体振动的快慢有关"获得的逻辑结构

场合	先 行 条 件	结 果
1	同一把钢尺，伸出桌面距离较长，用相同的力拨动钢尺，钢尺振动较慢	钢尺振动产生声音的音调较低
2	同一把钢尺，伸出桌面距离减小，用相同的力拨动钢尺，钢尺振动快了一点	钢尺振动产生声音的音调变高
3	同一把钢尺，伸出桌面距离缩短为最短，用相同的力拨动钢尺，钢尺振动最快	钢尺振动产生声音的音调最高
声音的音调高低和物体振动的快慢有关。		

4. 求同求异法

求同求异法考察两组事例，一组是由被研究现象出现的若干场合组成的，称为正事例组；一组是由被研究现象不出现的若干场合组成的，称为负事例组。如果在正事例组的各场

① 人民教育出版社，等. 义务教育教科书·物理·八年级上册[M]. 北京：人民教育出版社，2013：32.

合中只有一个共同的情况,并且它在负事例组的各场合中又都不存在,那么这个情况就是被研究现象的原因。其结构如表 5-7 所示。

表 5-7　求同求异法的结构

场合	先行情况	被研究现象
1(正事例)	A、B、C、D	a
2(正事例)	A、E、F、G	a
3(负事例)	B、C、D	-a
4(负事例)	E、F、G	-a
所以,A 与 a 有关		

【案例 5-4】

(1) 材料:在"曲线运动条件"的教学中,教师安排如下实验(在光滑桌面上完成):

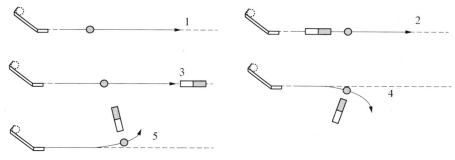

图 5-3　曲线运动条件实验

(2) 案例分析。由实验获得数据如表 5-8 所示,其中,1—3 组组成负事例组,4—5 组组成正事例组。建立结论的逻辑过程即为求同求异法。

表 5-8　结论"物体做曲线运动与所受合力与运动方向不共线"获得的逻辑结构

场合	是否放置磁铁及磁铁位置	小球运动轨迹	受 力 情 况
1(负事例)	没有放磁铁	直线	合力为 0
2(负事例)	放在小球正后方	直线	合力与运动速度方向相反
3(负事例)	放在小球正前方	直线	合力与运动速度方向相同
4(正事例)	放在小球右侧	曲线	合力与运动速度不在一条直线上
5(正事例)	放在小球左侧	曲线	合力与运动速度不在一条直线上
故,"曲线运动"与"合力与运动速度不共线"可能存在因果联系。 即,曲线运动的条件是合力与运动速度不在一条直线上			

5. 类比法

类比推理是根据两个或两类对象有部分属性相同,从而推导出它们的其他属性也相同的推理,简称类推、类比。

其结构如表5-9所示。

表5-9 类比法的结构

A 对象	B 对象
a'	a'
b'	b'
c'	c'
d'	推测:B 可能也有 d' 的属性

【案例 5-5】

在"光的折射"一节的学习中,获得结论"光的折射中,光路是可逆的",其逻辑过程为类比法,如表5-10所示。

表5-10 类比法获得结论

	光 的 反 射	光 的 折 射
性质 1	入射光线、法线、反射光线在同一平面内	入射光线、法线、折射光线在同一平面内
性质 2	入射光线与反射光线分别居于法线两侧	入射光线与折射光线分别居于法线两侧
性质 3	反射角等于入射角 (反射角与入射角之间存在某种关系)	光从空气斜射入玻璃中时,折射角小于入射角;…… (折射角与入射角之间存在某种关系)
类比性质 4	光的反射中,光路是可逆的	推测也具有性质4:光的折射中,光路是可逆的

6. 演绎推理

演绎推理是由反映一般性知识的前提得出有关特殊性知识的结论的一种推理,其最基本的形式是三段论,由三个命题构成,这三个命题分别称为大前提、小前提、结论。由于自然学科教学中所涉及概念、定律(理)、规则均可用假言命题给出,因而在自然学科教学中所遇到的演绎推理大多数为假言推理。根据假言推理大前提中前件和后件的关系,假言推理又可分为充分条件假言推理、必要条件假言推理和充要条件假言推理。

对于大前提是一个充分条件的假言命题,正确运用充分条件的假言推理,其形式一般有肯定前件式、否定后件式(参见本书第41页)。

【案例 5 - 6】

在"单摆"一节学习中,已经分析获得"单摆振动回复力 $F = -(mg/l)x$",由这一结论得出结论"单摆的振动是简谐振动",推理过程为演绎推理,如下所示:

$$如果振子受到的回复力满足 F = -kx,则振子做简谐振动$$
$$\underline{单摆振动回复力 F = -(mg/l)x,对特定单摆,(mg/l)可用常数 k 表示}$$
$$所以,单摆的振动(小角度)是简谐振动$$

在案例 5-1 中,实验 2、实验 3 需要根据物体运动状态改变来判断物体受到了力,同样需要运用演绎推理,如下所示:

$$如果物体发生形变或运动状态发生变化,则物体受到力的作用(大前提)$$
$$\underline{实验 2 中遥控车、木板车都由静止到运动;实验 3 中两个小磁针都发生转动(小前提)}$$
$$所以,两者都受到力的作用$$

(二) 定量关系建立的逻辑方法

建立物理量之间定量关系的逻辑方法是以数学函数关系为大前提的演绎推理。

【案例 5 - 7】

在牛顿第二定律的学习中,通过列表记录实验中加速度和受力大小的值,然后描点作图,连接后发现为一条过原点的直线,由此得出结论"加速度 a 与物体受力 F 成正比"。其逻辑过程如下,为演绎推理。

$$如果图像为过原点的一条直线,则是正比例函数$$
$$\underline{加速度 a 与物体受力 F 的图像为一条过原点的直线}$$
$$所以,加速度 a 与物体受力 F 成正比$$

(三) 排除物理量间因果关系的逻辑方法

自然规律反映了事物之间的因果关系。所谓因果关系,就是在一定条件下会出现一定的现象。要构成一个稳定的因果关系,最重要的是有两点:其一,可重复性;其二,可预见性。

以上两条性质要求"相同的原因必定产生相同的结果",但宏观世界的事物没有绝对相同的,如果把条件放宽一些,用"等价"一词代替"相同",则可把因果关系归结为:等价的原因→等价的结果。

由此,可以获得两种前提:

前提一:如果本质原因存在,则结果也应存在。

前提二:如果本质原因改变,则结果也应变化。

以此为前提,可有两种排除物理量因果联系的演绎推理方式。

推理形式一:

$$如果 A 与 B 有因果联系,则 A 变化,B 亦变化$$
$$\underline{A'变化,而 B'未变}$$
$$A'与 B'无必然关系$$

【案例 5 - 8】

在"浮力"一节中,① 为了研究浮力大小与物体在液体中深度是否有关,教材提供方案如下:

1. 浮力的大小是否与深度有关

如图所示,把弹簧测力计下悬挂的物体浸没在同一液体中,并停在液体内不同深度,观察弹簧测力计的示数是否不同,由此确定浮力的大小是否跟浸没的深度有关。

通过实验发现:物体浸没液体中不同深度(其他条件未变),弹簧测力计示数未发生改变。由此建立结论:物体所受浮力与浸没液体中的深度无关。所用推理如下:

$$如果 A 与 B 有因果联系,则 A 变化,B 亦变化$$
$$\underline{物体浸没液体中的深度变化,而弹簧测力计示数未变(浮力大小相等)}$$
$$物体所受浮力大小与其浸没在液体中的深度无关$$

推理形式二:

$$如果 A 与 B 有关,则 A 不变化,B 亦不变化$$
$$\underline{A'不变化,而 B'变化}$$
$$A'与 B'无必然关系$$

【案例 5 - 9】 在"超重、失重"一节的学习中,通过分析获得信息如表 5 - 11 所示。

表 5 - 11　电梯运动情况分析

		速度方向	加速度方向	秤的示数变化
电梯上升	加速上升	向上 ↑	向上	示数变大(超重)
	匀速	向上 ↑	无	示数不变
	减速上升	向上 ↑	向下	示数变小(失重)
电梯下降	加速下降	向下 ↓	向下	示数变小(失重)
	匀速	向下 ↓	无	示数不变
	减速下降	向下 ↓	向上	示数变大(超重)

由上述信息,获得结论"超(失)重与物体运动速度方向无关"。所用推理如下:

$$如果 A 与 B 有关,则 A 不变化,B 亦不变化$$
$$\underline{速度方向均向上(实验 1、2、3),而有时超重有时失重}$$
$$超(失)重与速度方向无关$$

---

① 人民教育出版社,等. 义务教育教科书·物理·八年级下册[M]. 北京:人民教育出版社,2013:51.

备注：

著名认知心理学家斯腾伯格通过实验证实个体确实可以根据可能原因和可能结果同时出现（求同）、可能原因与结果同时消失（差异或共变）现象来确认某一事件是原因事件。[①]

研究表明，人们可以根据可能的原因事件和结果同时出现、可能的原因事件与结果同时消失来确认某一事件是原因事件；人们还可以根据可能的原因出现了但结果没有出现、可能的原因没出现但结果出现了来推翻某一事件是原因事件。

表 5-12　推论的基础及其解释

因果推论	推论的基础	解　　释
肯定	可能的原因事件和结果事件同时出现	如果一个事件和一个结果经常一同出现，人们可能会认为这个事件导致了这个结果
肯定	可能的原因事件和结果事件都没有出现	如果在可能的原因事件没发生时某一结果也没有出现，那么人们很可能认为是这一事件导致该结果
否定	可能的原因出现，但是结果没有出现	如果在可能的原因事件发生时某一结果却没有出现，那么这一事件不会（不太可能）导致该结果
否定	可能的原因没出现，但是结果却出现了	如果可能的原因事件没有发生，但结果却出现了，那么这一事件不会（或不太可能）导致该结果

第二节　物理概念和规律意义学习的途径

如第一章第一节所述，建立科学理论有两种基本程序：其一，通过归纳-猜测认识程序提出新的科学理论；其二，通过假设-演绎认识程序提出科学理论。

学生学习物理概念和规律实际上也是遵循上述两种途径实现的。不同的学习途径中，学习者经历的子环节不同，解决子问题所用的方法不同。本节重点阐述两种学习途径中解决问题的方法或者说策略。

一、理论分析途径

在物理学习中，通过理论分析途径形成新的结论，本质上就是证明的过程。与数学证明的不同在于，其推出的论断必须得到实践检验，而非仅靠逻辑性检验。物理学研究中，始终坚持实践是检验真理的唯一标准，也就是说，检验一个物理性质真实性的关键是与生活实际或实验事实相符。

（一）证明

在一门科学理论中，根据某个或某些判断的真实性来断定另一判断的真实性的思维过

---

① R. J. Sternberg. 认知心理学[M]. 杨炳钧，等，译. 北京：中国轻工业出版社，2006：349.

程,叫作逻辑证明,简称证明。

从证明命题本身或证明命题的等价命题看,证明可分为直接证明和间接证明,间接证明包含反证法。

1. 直接证明

从命题的条件出发,根据已知条件以及已知的公理、概念和规律,直接推断结论真实性的方法。

2. 间接证明

有些命题直接证明比较困难,可以通过证明原命题的等价命题的真伪来间接证明原命题。反证法是间接证明的一种形式。

比如证明命题"若 p 则 q"可用反证法,其一般步骤如下:

(1) 反设。将结论的反面做出假设,即做出与结论 q 相矛盾的假设;

(2) 归谬。将"反设"和"原设"作为条件,应用正确的推理方法,推出矛盾的结果;

(3) 结论。说明反设不成立,从而肯定原结论是正确的。

第二步中所说的矛盾结果,一般指的是推出的结果与已知条件或与已知的概念、规律相矛盾以及自相矛盾等各种情况。

根据反设的情况不同,反证法又可分为"归谬法"和"穷举法"。反设只有一种情况的反证法叫归谬法。反设有多种情况的反证法叫"穷举法"。

【案例 5－10】 直接证明

学习内容:液体中的长方体所受浮力大小等于物体上下表面受到的压力差。

求解(证明):

(1) 分析左右两个面所受压力等于零(依据受力平衡,压力合力等于零);

(2) 分析前后两个面所受压力等于零(依据受力平衡,压力合力等于零);

(3) 分析上下两个面的压力不等于零。

① 写出上、下表面处于液体中的深度 $h_{上}$、$h_{下}$

② 写出物体上、下表面所受液体压强:$P_{下表面}＝\rho_{液}gh_{下表面}$,$P_{上表面}＝\rho_{液}gh_{上表面}$

③ 写出物体上、下表面所受液体压力:$F_{下表面}＝P_{下表面}\cdot S_{下表面}$,$F_{上表面}＝P_{上表面}\cdot S_{上表面}$

④ 比较上、下表面所受液体压强大小:因为 $h_{上表面}＜h_{下表面}$,所以 $P_{上表面}＜P_{下表面}$

⑤ 比较上、下表面所受压力大小:因为 $S_{上表面}＝S_{下表面}$,$P_{上表面}＜P_{下表面}$,所以 $F_{上表面}＜F_{下表面}$

⑥ 物体在液体中所受浮力:$F_{浮}＝F_{下表面}－F_{上表面}$

分析可知,对该结论的论证采用了直接证明。

【案例 5－11】 间接证明一

在闭合电路欧姆定律的学习中,通过演示实验,学生猜测"内电压和外电压的和可能为定值",接下来的问题是:如何研究该猜测是否真实呢?(即规划方案环节)

一种解决的方案是:

假设"内电压和外电压的和为定值"成立。即 $U_内 + U_外 = E$　　　　　　　　　　　　　(1)

由于 $U_外 = IR$，$U_内 = Ir$　　　　　　　　　　　　　　　　　　　　　(2)

所以，有 $Ir + U_外 = E$，推出 $U_外 = E - Ir$　　　　　　　　　　　　　(3)

(3)是由(1)以及其他已知定律推出的，如果(3)成立，即可推知原假设成立。

上述方法通过证实闭合电路中 $U_外$ 和 I 满足"$U_外 = E - Ir$"即线性规律，从而作出"闭合电路中内电压和外电压的和为定值"正确的论断，就是间接证明方法。

【案例 5-12】 间接证明二——反证法

论题：如果导体静电平衡，则导体表面是等势面。

论证：假设导体表面不是等势面；(反设)

　　　　如导体表面 P、Q 两点间存在电势差，$U_P > U_Q$；

　　　　根据静电场电势与电场的关系，应存在由 Q 指向 P 的电场；

　　　　那么，处于该电场中导体表面的电子就应该移动；

　　　　该状态为不平衡状态；(演绎推理归谬)

　　　　与题设导体已处于静电平衡状态矛盾；(结论与题设矛盾)

　　　　故"导体表面不是等势面"不正确，即导体表面是等势面。(原结论正确)

(二) 理论分析途径的学习机制

通过理论分析途径习得物理概念和规律意义，其学习过程相当于结构良好的物理习题的解决。

数学证明从思维方向上分为向前推理和向后推理，向前推理指论证思考顺序是从题设到题断的证明方式，又称为综合法。向后推理是指论证思考顺序从题断出发，寻求它的论据，直至归结到题设的证明方式，又称为分析法。

对于所要学习的内容，学生都是第一次遇到，因此只能用弱方法解决，主要是向前推理、向后推理、手段-目标法等。

【案例 5-13】 理论分析学习途径——采用逆推法、手段-目标法

如前案例 5-10 所示，在学习"浮力大小等于液体对物体上下表面压力差"时，采用直接证明，作为教师，需要了解当学生面临此问题时，可以遵循什么方法来选择出解决问题的必要技能。分析可知，主要用逆推、手段-目标等弱方法来完成。简单描述如下：

问题：浸没在液体内的物体，其所受浮力与液体对其压力大小的关系。

可能经历的解决过程：

1. 确定研究对象

要研究浮力与液体对其压力之间的关系，需要怎样做？

需要选择研究对象。

原则上任意放在液体中的物体都可以作为研究对象，可行吗？

不可以，由于个体所掌握知识所限，应选择能研究的物体为对象。

<u>哪些对象适宜于学生研究？</u>

规则对象，像圆柱体、正方体、长方体。

<u>可以选择……？</u>

浸没在液体中的规则固体（如圆柱体、正方体、长方体）为研究对象。

形成待解决的问题：浸没在液体内的物体（规则固体，如正方体），其所受浮力与液体对其压力大小的关系。

2. 确定问题解决的策略（主要是手段-目标法、逆推法）

<u>待求是：物体所受浮力与液体对其压力的关系。</u>

首先需要求液体对长方体物体的压力。

<u>如何求液体对长方体的压力？</u>

利用现有知识无法直接求出液体对长方体的整体压力。

<u>如何解决？</u>

可分别研究液体对长方体左右、前后、上下表面的压力，即

子问题一：液体对长方体左右方向的压力的关系是什么？

子问题二：液体对长方体前后方向的压力的关系是什么？

子问题三：液体对长方体上下方向压力的关系是什么？

（此处运用研究问题的一般方法即手段-目标法。在手段-目标分析中，问题解决者试图减少当前所处状态与想要达到目标状态间的差异，这种启发式与向前推理［也称为爬山法］的不同在于，问题解决者把一个问题分解为若干个子问题。）

子问题一的解决：根据平衡状态的条件，运用演绎推理作出推断。

如果物体受两个力，保持静止或匀速直线运动，则二力平衡

长方体无论以何种方式放入水中，不会左右运动，即在左右方向上保持静止

则，在此方向上受力平衡（液体对其产生的压力）

子问题二的解决同子问题一的解决。

对于子问题三的解决，待求上、下方向的压力。（可用策略：逆推法）

<u>待求是：上、下方向的压力。</u>

需要找到与压力有关的公式：$F=PS$。

<u>要求压力。</u>

需要找到P，即液体压强。

<u>要求液体压强。</u>

需要液体压强公式：$P=\rho gh$。

<u>要求液体压强。</u>

需要确定物体上下表面距液面的深度。

小结：当个体面对问题"物体所受浮力与液体对其压力之间的关系是什么？"时，学习者

可以采用逆推法选择出适合研究的对象;可以运用手段-目标法、逆推法选择出解决问题所需的必要技能。

【案例 5 - 14】理论分析学习途径——向前推理法

学习内容:处于静电场中导体的电荷分布不随时间变化的状态叫静电平衡。

已知:导体处于静电场中,金属中有相对固定的晶格结构,有可以自由运动的电子。

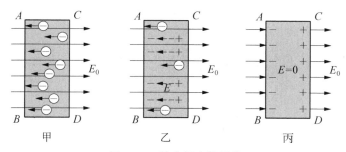

图 5 - 4　静电场中的导体

待求:(静电场作用下)电荷在导体中的分布。

当学习者面对这一问题时,如何选择解决问题所需的必要技能呢? 一种可行的方法是采用向前推理法,即根据已知,逐步接近待求。

求解:

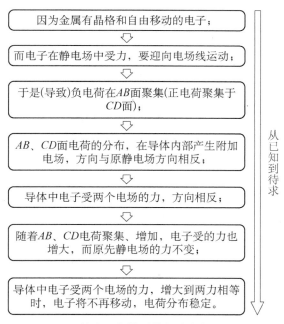

图 5 - 5　静电平衡性质获得的内部过程分析

二、实验归纳途径

科学课程标准指出,科学探究非常重要,它既是学习过程,也应该是学习的结果。科学课程标准还提出了科学探究的要素：提出科学问题；进行猜想和假设；制订计划，设计实验；观察与实验，获取事实与证据；检验与评价；表达与交流。

就一个具体的研究课题来说，由于学生缺乏直接的解决问题经验，所以在每一个要素的实现时，都可能会遭遇障碍，即需要经历解决问题。比如：如何从原始问题情境中抽象并用科学术语界定被研究的现象？如何确定被研究现象出现的场合，并遵循一定方法分析影响被研究现象的可能因素？在已知被研究现象及可能的相关因素条件下，遵循什么方法规划研究方案？在提供或没有提供实验仪器的场合，遵循什么方法来有依据地选择仪器并加以组合，用以研究因素间是否存在关系？在已有实验数据的条件下，遵循什么方法对数据进行合理的处理，并获得结论？遵循什么方法验证所获得结论的可靠性？等。

(一) 提出问题环节

本环节的目的是帮助学生明确要研究的问题。

通常可通过包含研究问题的物理情境，运用模型法（忽略次要、突出主要），抽象出要研究的问题。（模型法在教学中的应用参见第十一章案例 11-2）

中学物理课程学习的每一节内容都已是清楚具体的，只看节标题就基本知道本节要学习（或研究）的问题，所以中学物理教学中对这一环节的处理，通常的做法是呈现可以抽象出问题的情境（如果学生有经验，引导学生回忆呈现；如果学生没有经验，则教师举例呈现），然后引导学生概括待研究的物理对象及属性。

(二) 假设与猜测环节

本环节的目的是帮助学生猜测出研究对象的影响因素。猜测不是瞎猜，通常学习者需要基于生活经验、实验经验或理论分析形成对研究对象相关影响因素的猜测。

个体通常可以通过如下方法形成假设：(1)运用归纳法形成假设，主要有生活经验归纳、演示实验归纳两种形式；(2)运用演绎法（或理论分析途径）形成假设；(3)运用类比法形成假设。

【案例 5-15】 生活经验归纳、演绎法作出猜测

猜测"影响浮力大小的相关因素"时：

(1) 根据人在泳池里的经验，越向泳池深处走，感受到的浮力越大，学生比较容易猜测出：物体所受浮力的大小与物体在液体中的深度有关。（生活经验归纳——共变法）

(2) 根据浮力产生的原因 $F_{浮}=F_{向上}-F_{向下}$，而液体对物体的压力与液体密度有关，猜测物体所受浮力可能与液体密度有关。（演绎法）

(3) 猜测可能与不同物质的密度有关：木头漂浮在水面，铁块沉入水底。（类似共变法）

【案例 5-16】 演示实验归纳作出猜测

猜测"动能大小的影响因素"时，在未学习概念之前，学生并不能懂得什么样的情境是动能大或动能小，也就难以对情境中的有关因素进行识别。因此本环节教学中，可由教师提供

一些实验情境,由学生从实验事实中识别出必要信息,引导学生通过形成因果联系的归纳法如共变法等形成联系。

在获得"动能与速度有关"这一结论时,完成演示实验:将钢球分别从如图5-6斜面的中间某位置、顶端滑下,推动底端水平面上的纸盒,分别记下纸盒被推动的距离。

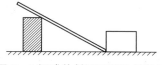

图5-6 钢球从斜面不同位置滑下

学习者从以上实验中获得结论"动能大小与物体速度有关",运用的就是共变法,如表5-13所示。

表5-13 结论"动能大小与物体速度有关"获得的逻辑结构

场合	不 变 条 件	变 化 条 件	结 果
1	斜面、斜面倾角、纸盒、水平面等	钢球从斜面中部滚下,到达底部的速度较小	到达底部的钢球推动纸盒到位置一,较近,做功较少
2		钢球从斜面顶端滚下,到达底部的速度较大	到达底部的钢球推动纸盒到位置二,较远,做功较多
故,物体动能大小(用对外做功的能力来体现)与速度有关			

【案例5-17】通过理论分析作出猜测

本例中,学生虽然具有浮力有大有小的经验,但不能将浮力大小与排开液体的重量联系起来,因此,呈现两者相关的情境,引导学生猜测出"浮力大小与排开液体的重量有关"是不可行的。

在前一节的学习中,学生已知道浮力产生的原因是液体对物体上下表面的压力差。故本例可通过理论分析途径作出猜测:"物体所受浮力大小与物体排开液体的重量有关。"简述如下:

问题目标:计算出如图5-7中长方体所受浮力大小。

已知:$F_{浮} = F_{下表面} - F_{上表面}$,长方体上下底面积为$S$,棱长为$l$,液体密度为$\rho_{液}$。

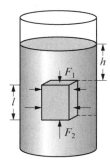

图5-7 水对长方体上、下表面的压力不同

求解思路:根据$F_{浮} = F_{下表面} - F_{上表面}$计算

$F_{下表面} = \rho_{液} g(l+h) \cdot S$,方向向上

$F_{上表面} = \rho_{液} gh \cdot S$,方向向下

$F_{浮} = F_{下表面} - F_{上表面} = \rho_{液} gl \cdot S$,方向向上

$l \cdot S$是在液体中物体的体积,这部分体积原先是液体占有的,后来被物体排开了

$F_{浮} = \rho_{液} gl \cdot S = \rho_{液} gV_{排液}$,$\rho_{液} gV_{排液}$是所排开液体的重量。

作出猜测：物体所受浮力与排开液体的重量有关。

(三) 规划方案环节

经过假设和猜测环节,学习者已确定了可研究问题以及可能的影响因素,接下来的任务是规划研究方案。

规划方案的方法主要有控制变量法、归纳法(求同、差异等)、演绎法(或理论分析)。

1. 控制变量法规划方案

研究物理问题时,当猜测出被研究现象存在多个可能的影响因素时,为了研究被研究现象与可能影响因素间是否存在关系,可如下规划研究方案:依次改变每一个可能因素,而保持除改变因素外的其他因素不变,分别研究被研究现象与各改变因素间是否有关。

【案例 5 - 18】

在探究影响滑动摩擦力大小的因素的学习中,经过"猜测"环节,滑动摩擦力的大小可能与正压力大小、接触面粗糙程度、接触面大小有关。

接下来面临的问题是,如何安排方案来研究这几个量是否与滑动摩擦力大小有关?(规划方案环节)

解决方案如下:

表 5 - 14　滑动摩擦力影响因素实验方案

(1) 研究滑动摩擦力大小与正压力大小是否有关	此组实验中,保证其他条件不变,只改变正压力大小,测量滑动摩擦力大小是否改变
(2) 研究滑动摩擦力大小与接触面粗糙程度是否有关	此组实验中,保证其他条件不变,只改变接触面粗糙程度,测量滑动摩擦力大小是否改变
(3) 研究滑动摩擦力大小与接触面大小是否有关	此组实验中,保证其他条件不变,只改变接触面大小,测量滑动摩擦力大小是否改变

2. 归纳法(求同、差异)等规划方案

如果定性关系是通过归纳法建立的,那么在规划方案环节,就可以遵循相应的逻辑方法规划方案。

【案例 5 - 19】

经过猜测环节,猜测"物体做曲线运动,与其受力的特征有关"。如何规划研究方案呢?

问题:如何研究曲线运动条件呢?

解决:应设置情境,有一次物体做曲线运动,还要有一次不做曲线运动,也就是做直线运动。分析两种情况下,物体受力的不同特点。

显然如上安排研究的方向,遵循了差异法的结构。

【案例 5 - 20】

合力与分力关系的研究,猜测可知"合力与分力的大小有关、与分力的方向有关",但每

一分力大小的改变会影响被研究现象合力的大小和方向,每一分力方向的改变也会影响合力的大小和方向,所以不能用控制变量法来分别研究合力与分力大小的关系、与分力方向的关系。

解决:可多做几组"合力与分力"关系的实验,从多次实验中尝试找寻合力与分力可能存在的关系。

显然,如上安排研究的方向,是遵循求同法的结构的。

如果被研究现象的影响因素只有一个,通常可用差异法或求同法获得,因此可按此归纳法规划方案。如果被研究现象的影响因素是多种,且每一种影响因素对被研究现象是独立的,可分别研究被研究现象与因素间的关系,此种情况下,可运用控制变量法来规划相应的研究方案(如滑动摩擦力影响因素的研究、向心力影响因素的研究、安培力影响因素的研究)。

如果被研究现象的影响因素是多种,但相互之间并不独立,不存在一一对应关系,就不能分别研究被研究现象与它们之间的关系,也就不能用控制变量法来规划研究方案了。通常可采用求同法规划研究方案。

3. 演绎法(或理论分析途径)规划方案

【案例 5－21】 研究自由落体运动规律的方案规划

经过猜测环节,学生根据自由落体运动物体速度越来越快的事实,猜测物体"可能做匀加速直线运动"。

问题:如何规划研究方案?

解决:以匀加速直线运动的性质为依据,进行如下演绎推理:

若物体做初速为零的匀加速直线运动,则有规律……

(如连续相等的时间间隔的相邻位移差恒定)

若自由落体满足上述规律……

(如满足连续相等的时间间隔的相邻位移差为恒定)

则,自由落体运动是初速为零的匀加速直线运动

规划方案:研究自由落体运动物体的运动学特征是否符合匀变速直线运动的规律。

如【案例 5－11】所示,在猜测"闭合回路内电压和外电压之和为定值"后,如何进行研究,就是运用间接证明方式规划研究方案:研究 $U_外$ 与电路中电流 I 是否满足"$U_外＝定值－Ir$"这一线性关系。

(四) 设计实验环节

目标:设计出可用于研究特定物理量关系的实验装置。

已知条件:学习者应具备测量各量的原理、测量各量的仪器、各仪器使用技能等(物理概念和规律课的教学,一般都会提供基本的实验仪器)。

解决中运用的策略:在此环节中,可遵循设计实验通用策略,同时在其中一些子环节的问题解决中还会应用到等效替代法、转换法等策略。

设计实验通用策略：在设计物理实验时，可遵循如下步骤：(1)确定实验目的；(2)确定实验中的研究对象；(3)确定实验中研究对象的状态及过程；(4)确定需要测量的物理量以及各物理量测量的原理；(5)选择测量各物理量的实验仪器；(6)确定每次实验中物理量的变化方式；(7)确定实验仪器连接方式。

在步骤(3)"确定实验中研究对象的状态及过程"时，就具体研究课题来说也可能对学习者构成障碍。当有些需要研究的状态或过程难以实现时，可能需要运用"等效替代法"来加以解决。如【案例5-22】。

在步骤(4)"确定需要测量的物理量以及各物理量测量的原理"时，就具体研究课题来说也可能对学习者构成障碍。在解决此类问题时，特别是物理量难以测量或无法直接测量时，需要间接测量，这时所用的方法主要是转换法。如【案例5-23】。

【案例5-22】 等效替代法运用的案例

在"平面镜成像"一节教学中，

提出问题：物体经平面镜所成像与物体的关系。

假设猜测：根据经验，学生不难运用共变法作出猜测：物体经平面镜所成的像和物体本身大小的关系，像到镜面的距离与物到镜面的距离的关系。

规划方案：控制变量法。第一组：研究像与物大小的关系；第二组：研究像与物到镜面距离的关系。

设计实验：设计实验通用策略。

表5-15　平面镜成像实验设计

(1) 确定实验目的	研究平面镜成像时，物、像距离间的关系	
(2) 确定实验中的研究对象	发光LED灯或蜡烛等发光体 以及物体经平面镜所成像	
(3) 确定实验中研究对象的状态及过程	发光体放置在平面镜前，可观察到其所成的像(位置适中，并能确定像的位置)； 若使用普通平面镜，无法确定并控制像的位置，由此构成一个子问题	用"等效替代法"
(4) 确定需要测量的物理量以及各物理量测量的原理	测量物体到平面镜的距离及像到平面镜的距离； 基本物理量长度的直接测量； 物到平面镜的距离可测量	
(5) 选择测量各物理量的实验仪器	测量位移——刻度尺	
(6) 确定每次实验中的条件(如物理量的变化方式)	可移动发光体，依次到近、较近、较远等位置	
(7) 确定实验仪器连接方式	略	

在步骤(3)中,研究中需要"能够测量像到镜面的距离"的状态,而普通平面镜无法实现,这就构成一个子问题。而解决这个子问题,运用的就是等效替代法。

子问题:如何显示(可测)像的位置。

障碍:普通平面镜无法确定位置。

解决:用透明玻璃代替平面镜

解决思路:用透明玻璃代替平面镜,其成像效果相同但透明,可确定所成像的位置。

即在成像效果相同的条件下,将原先无法显示的属性呈现出来。该解决思路运用的就是"等效替代法"。

【案例5-23】 转换法运用的案例

在研究动能与相关因素的关系一节中,提供如下方案:

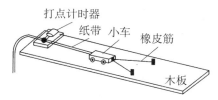

图5-8　动能影响因素的实验图

本例中需要解决的问题:测量物体特定运动状态的动能,或两种状态下动能的比值。

存在的障碍:没有测量动能大小的仪器。

解决思路:通过做功大小与物体能量变化的关系,将特定状态下动能或动能之比的测量转换为外力做功或做功之比的测量(如橡皮筋做功)。

转换法:如果要求的物理量无法直接测量或测量较复杂,可通过适当的物理规律,将待求量的测量转化为易测物理量的测量来解决。

所以,转换法通常用在"设计实验"环节中的"确定物理量测量的原理"子环节;而等效替代法通常用在"设计实验"环节中的"确定实验中研究对象的状态及过程"子环节。

(五)执行实验,获得数据环节

执行实验首先要确定实验步骤,可根据实验研究的目的、实验装置合理地确定实验步骤。

(六)处理数据,获得结论环节

整理数据的方法(根据数据的性质选择)包括列表、直方图(饼图)、图像法。

这里对图像法作简单介绍。

适用条件:研究满足特定数学关系的物理量间的关系。

基本步骤:

(1) 在方格纸上(如条件允许)画出一条水平线(x轴)和一条垂直线(y轴);

(2) 给 x 轴标上自变量名称,给 y 轴标上因变量名称,并标明单位;

（3）在两条坐标轴上分别标上刻度，注意单位数值的间距要相同，数值范围要能包含所有实验数据；

（4）在图中标出每一个数据对应的点；

（5）用实线连接各个数据点。在某些情况下，可能需要画一条能反映数据总趋势的直线，这条线应处于所有点的中间，使线上下的点大致相同；

（6）如果是曲线，那么可以设法对其中一个物理量做变换（如取倒数），然后将变换后的物理量与另一个待研究的物理量，通过作图是否成直线来确定两个物理量间的关系。

① 如果曲线近似双曲线，那选择一个量的变化方式为取倒数，若图像是直线，说明是与这个量的倒数成正比；

② 如果曲线近似抛物线，那选择一个量的变化方式为取平方、开方、立方等，若图像是直线，则与这个量的平方、开方或立方成正比。

有关获得结论的方法，如第一节所述，个体可以运用逻辑方法形成对象间的定性、定量关系，以及排除对象间的因果联系。

（七）验证环节

对物理规律正确性的验证本质上属于间接证明。在物理学研究中，始终坚持实践是检验真理的唯一标准，也就是说，检验一个物理性质真实性的关键在于它与生活实际或实验事实相符。

因此在物理研究中，验证可按如下步骤进行：

（1）假设待研究物理性质为真；

（2）运用已有原理、经验事实，通过逻辑推理，合理演绎出可以被经验或实验事实证实的、新的物理事实和性质；（即间接证明）

（3）通过经验或实验证实上述推出的事实或性质是否真实存在。

【案例 5-24】

在采取理论分析获得 $F_浮 = F_{向上} - F_{向下}$ 后，可遵循验证的方法对该结论的正确性进行验证。

（1）根据已有 $F_浮 = F_{向上} - F_{向下}$ 推出：如果物体浸没在液体中，没有受到液体向上的压力，也就没有对物体向上的浮力。

（2）如图 5-9 实验中，在一端开口的瓶中放置一个乒乓球，堵住瓶口，将水倒入瓶中。

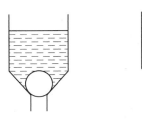

图 5-9 验证浮力产生的原因

假设 $F_{浮} = F_{向上} - F_{向下}$ 正确

则，由于乒乓球下面没有液体，所以此种情况下，乒乓球不受浮力

故，即使是乒乓球完全浸没在水中，它也不会浮起。

（3）完成实验，观察到乒乓球确实没有浮起，证实浮力产生原因：$F_{浮} = F_{向上} - F_{向下}$。

也可以继续设问："如果在此实验中，通过某种方式，将乒乓球的下表面也处于液体中，那么会出现什么现象呢？"

生：这种情况下有浮力，乒乓球会浮起。

教师将瓶盖盖上，乒乓球的下表面处于液体中，乒乓球浮起。（如图 5-9）

以上过程即为验证：通过待验证的规律，合理地推出一些论断，论断显示可检验的属性或现象；做实验；实验是否显示可检验的现象或属性。

三、拓展讨论

（一）归纳法在"猜测"环节与"获得结论"环节运用的区别

个体在假设猜测环节运用共变法、求同法、差异法等归纳法，在形成定性关系环节也可以采用上述归纳法。不同之处在于，在获得结论环节，结论一般都是在严格控制条件的实验中得出的，而在假设猜测环节，并没有控制所有相关因素。

【案例 5-25】 在"滑动摩擦力大小的影响因素"一节教学中：

● 假设猜测环节

教师引导学生猜测：滑动摩擦力可能与哪些因素有关？

学生猜测：滑动摩擦力可能与正压力有关。

学生在堆叠的 7 本书中抽出最下面的第 7 本和在堆叠的 3 本书中抽出最下面的第 3 本，书受到的滑动摩擦力是不同的，运用共变法可以作出猜测。

表 5-16　"滑动摩擦力大小与正压力有关"获得的逻辑过程

场合	不变条件	变化条件	结果
1. 7 本书下抽取第 7 本书	相同的接触面	正压力大	受到滑动摩擦力大
2. 3 本书下抽取第 3 本书		正压力小	受到滑动摩擦力小
故，滑动摩擦力大小与正压力有关			

学生以此例作出猜测，显然用了共变法。但学生并没有注意到实际控制好其他因素——也许 3 本书中上面 2 本书的重量比 7 本书中上面 6 本书还重，或两次实验中接触面的粗糙程度不一样。

● 获得结论环节

教学中采用如图 5-10 所示实验研究摩擦力与正压力的关系。

通过如上实验装置，做多次实验，其他因素均不改变，只改

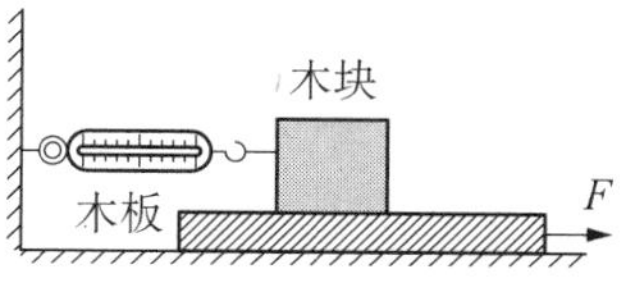

图 5-10　研究摩擦力与正压力的关系

变接触面的正压力大小,实验发现滑动摩擦力大小也发生改变,因此同样可以运用共变法建立两者间的定性关系:滑动摩擦力与正压力有关。

这一结论的获得的过程中,因为已控制其他可能的影响因素,所以可以得出相对可靠的结论。当然,结论最终是否正确,还需要经过实践的检验。

(二)理论分析途径在"假设猜测"环节与"获得结论"环节的区别

在假设猜测环节会运用理论分析完成,在获得结论也会运用理论分析完成。如果是从普遍原理推出的结论,就应该是普遍适用的,比如机械能守恒、向心力大小等。通常在获得结论后,即可通过实验验证其真实性。

比如阿基米德原理的教学中,对于正方体或长方体,理论计算得出 $F_浮 = \rho_液 g V_物$,物体在液体中所占有的体积,原先都是液体占有的,物体有多少体积在液体中,就有多少体积的液体被排开,由此得出 $F_浮 = \rho_液 g V_{排液}$。

由于这一结论是通过一个特殊的例子获得的,不能作为普遍的结论,所以这一理论分析获得的结果,通常可放在假设猜测环节。

(三)科学方法的实质与层次

科学研究是解决问题的认知活动,同样需要提高解决问题效率的技能,此类技能本质上是引导问题解决的思考方向,从认知结构中搜索出解决当前问题所需的必要技能,减少研究过程中的盲目性,所以科学方法属于认知策略。

当个体面对一个待研究的科学问题时,"科学研究途径"可以引导解决者的最初思考方向,帮助解决者确定解决问题的大方向:是通过理论分析解决,还是通过实验归纳解决。

当个体确定采用实验归纳途径,"科学探究的要素"[1]可以进一步地引导问题解决者的思考方向,个体可依照提出问题、假设猜测、规划研究方案、设计研究、获得数据、处理数据获得结论、验证等环节,一步一个台阶地逐一思考完成,避免思维的盲目性,在一定程度上提高开展实验研究的效率。

个体在实验归纳学习途径的各子环节同样会遭遇到问题,同样需要解决各子问题的策略。依据本节前述分析,解决实验归纳学习途径各环节子问题所用的方法不同,概述如表5-17所示。

表 5-17 实验归纳途径子环节中问题解决的策略

子环节		所用方法
提出问题		模型法等
假设与猜测		归纳法中的穆勒五法、演绎法、类比法等
制定探究方案	规划方案	控制变量法、归纳法中的穆勒五法、演绎法等
	设计实验	设计实验通用策略、等效替代法、转换法等

---

[1] 刘洁民,等. 义务教育初中科学课程标准(2011版)解读[M].北京:高等教育出版社,2012:83.

子　环　节		所　用　方　法
获取事实与证据	整理数据	列表法、图像法等
	获得结论	归纳法、演绎法、理想实验法等
验证		验证方法

同样，个体通过理论分析途径学习，同样会遭遇到相应的子问题，也需要运用具体的方法加以解决，理论分析途径子环节问题解决的策略，参见表 5-18 所示。

表 5-18　理论分析学习途径中子环节以及子问题解决的策略

子环节		可用策略
提出问题	确定待研究的现象	观察日常或实验中现象，初步确定待研究的现象
	确定待研究的对象	模型法
	确定研究问题	从物理观念，也就是相互作用、能量、物质等物理观念的视角提出待研究的问题
进行论证	确定论证方式	直接证明、间接证明（含反证法）
	确定论证策略	如果直接证明，可运用的策略主要有： 1. 解决物理问题的通用方法。 2. 解决物理各子领域问题的方法 3. 守恒、对称、微元物理问题解决方法 4. 逆推法、向前推理、手段目标法等解决问题的一般弱方法。 5. 归纳推理、演绎推理等逻辑方法
验证		验证方法

显然，科学研究的途径、科学探究要素，以及具体的一些科学方法诸如类比法、控制变量法、图像法、转换法、等效法等，抑或是理论分析途径中的科学思想（如守恒思想、整体思想、系统思想、结构决定性质的思想等），实际上是科学问题解决到了不同层次阶段时，引导问题解决者的思维继续前行的技能，是加涅学习分类中的"对内操作的技能"，即认知策略。在面对一个需要探究的具体问题时，上述方法均不直接指向解决该具体问题所需的必要技能，只是起着引导问题解决者思考方向的作用，所以，科学方法本质上是解决问题的弱方法。

各类科学方法在解决问题中具体阶段的运用，可用图 5-11 表示。

科学方法的界定及在教学中的运用详见第十一章第一节三、启发式教学设计。

（四）物理学科核心素养的实质与培养

高中物理课程标准（2017 版）提出培养学生学科核心素养的目标。其中科学思维素养：是从物理学视角对客观事物的本质属性、内在规律及相互关系的认识方式；是基于经验事实建构物理模型的抽象概括过程；是分析综合、推理论证等方法在科学领域的具体运动；是基

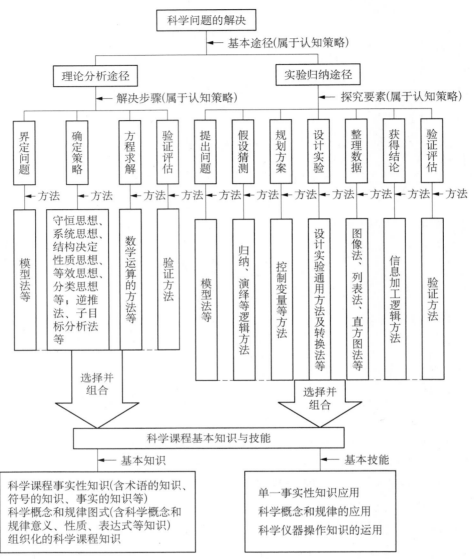

图 5-11　科学问题解决能力的构成

于事实证据和科学推理对不同观点和结论提出质疑和批判,进行检验和修正,进而提出创造性间接的能力与品格。

科学探究素养:是指基于观察和实验提出物理问题、形成猜想和假设、设计实验与制定方案、获取和处理信息、基于证据得出结论并作出解释,以及对科学探究过程和结果进行交流、评估、反思的能力。

由本节讨论可知,理论分析途径是探索自然界背后规律性的一种认知方式,亦是学习的一种途径。从解决问题过程看,具有"抽象物理模型"阶段(参见案例 11-2);从思维特征看,会表现出"分析""综合"的思维特征;从解决问题运用的方法看,需要运用论证以及逻辑等具体方法;从论证的目的看,也是对特定命题的证实或证伪。对比课标提出的科学思维素养,不难看出,科学思维素养主要通过学习者遵循理论分析途径解决物理问题体现出来的。

从"科学探究"素养的描述看,科学探究素养主要是通过学生遵循实验归纳途径各层次方法解决相应子问题过程中表现出来的。

学习心理学研究表明后天习得的解决问题能力,并不能直接教,能直接教的唯一方法是将解决问题综合能力分解,先教被分解出来单项知识(含策略性知识)、技能,再提供适当问题情景由学生综合加以运用。前面我们已经将科学问题解决能力做了初步的分解,提出了科学解决问题能力构成成分与层次结构,参见图 5-11。由此可以为合理有序培养学习者解决科学问题的能力提供了一定的思路:对于科学研究中的各层次策略,宜采用先分项后综合地方式有序安排其学习的阶段,首先应该保证在物理概念和规律的课堂学习中,教师给学生提供充分的运用科学方法解决相应子问题的多种经历,这样就需要教师有针对性地选择各节课需要学生解决的子问题,引导学生遵循解决该子问题的策略加以解决;然后选择适当时机帮助学生显性化科学方法的使用条件以及相应步骤(即习得科学方法的意义),待各分层策略学习者熟悉并运用后,可以在课外研究性活动中提供真实的物理学科问题,供学习者真正地综合已有物理知识和解决问题策略加以解决。

第三节　物理概念和规律意义习得的教学

一、物理概念和规律意义习得教学的基本要求

如本章前两节所述,学习者经历一定的学习途径习得物理概念和规律的意义,本质上就是运用一定的逻辑方法形成相应概念间的定性、定量关系。在学习途径上,学习者可能会遇到不同的子问题,需要运用一定的策略选择出解决子问题的必要技能,从而解决子问题。

由此,提出物理概念和规律意义习得的教学需要满足的条件:

第一,教学应符合具体结论获得的信息加工机制要求。在第二章第四节中,介绍了短时记忆的特征:容量有限,7±2 个信息单位;形成联系的逻辑加工机制;信息的序列加工。由此,对于获得结论环节,教学应符合如下要求:

(1)容量限制要求:教学中提供给学生、获得结论所需的信息,应保持在适度范围,减少干扰信息;

(2)序列加工要求:教学中提供信息的方式应满足呈现一次加工所需的信息,获得一个新的结论;

(3)信息加工方式要求:教学中信息呈现应符合特定结论获得的加工方式。

第二,教学应符合学习途径各子环节的子问题解决过程的要求。教学应遵循各子环节策略引导下选择解决该子环节问题的必要技能。

二、物理概念和规律意义学习的教学样例

(一) 实验归纳学习途径教学样例

1."曲线运动条件"的教学

● 教学内容：物体做曲线运动,需要有不与物体运动方向同线的合力。教学中的实验如图 5 - 12 所示。

● 教学分析

教学中的结论是运用差异法对信息进行加工获得的,结构如下：

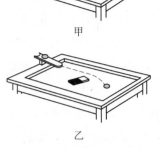

甲

乙

图 5 - 12 曲线运动条件实验图

表 5 - 18   结论"曲线运动需要合力与运动不同线"的逻辑分析

场合	结果(运动情况)	条件(受力情况)
1	曲线运动	合力与运动不同线
2	直线运动(不是曲线运动)	合力与运动方向同线
所以,曲线运动需要合力与运动不同线		

● 教学规划

依据差异法的结构,教师在教学中必然要包含如下教学环节：

第一,帮助学生从教学实例中识别出其中一个场合中存在被研究现象(结果),而在另一个场合中结果不出现；

第二,帮助学生从教师提供的教学实例中,在结果出现的场合中识别出一个因素,而该因素在结果不出现的场合中也不存在；

第三,帮助学生形成结论。

● 教学过程

① 师：老师来做一个实验,请同学们仔细观察。

(教师做实验 1,小球从斜面上滚下,如图 5 - 12 甲)

② 师：在刚才的实验中,小球做什么运动?

生：小球做直线运动,速度越来越慢。

③ 师：请画出小球的运动轨迹及小球的受力示意图。

(同学画出示意图,如图 5 - 13)

④ 师：下面我再做一个实验,请同学们注意观察,告诉我小球做什么运动。

(教师做实验 2,如图 5 - 12 乙)

⑤ 师：小球做什么运动?

生：小球在桌面上先做一段直线运动,然后转向磁铁方向运动。

⑥ 师：转向磁铁运动,那小球还是做直线运动吗?

生：不是,是做曲线运动。

⑦ 师：请同学们画出此次实验中小球的运动轨迹及小球的受力示意图。

（同学画出示意图，如图 5-14）

⑧ 师：请同学们分析一下，在上面两次实验中，小球分别受几个力？

生甲：第一次实验中小球受重力、支持力、摩擦力、磁铁吸引力，重力和支持力平衡。

生乙：第二次实验中小球也受重力、支持力、摩擦力、磁铁吸引力，重力和支持力平衡。

⑨ 师：那么在两次实验中，小球在受力形式上有什么不同呢？

生：在实验 1 中，磁铁对小球的作用力是沿着小球原先运动方向的；在实验 2 中，磁铁对小球的作用力与小球原先的运动方向有一个夹角，不同向。

⑩ 师：从小球受力与原先运动轨迹的关系来看，两次实验有什么不同？

生：实验 1 中，小球所受合力与小球原运动方向相同；实验 2 中，小球所受合力与原运动方向不同线。

⑪ 师：实验 1 中小球做直线运动，实验 2 中小球做曲线运动，通过前面的分析，我们可以得出物体做曲线运动需要什么条件？

生：物体做曲线运动需要所受合力与原先运动方向不一致。

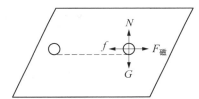

图 5-13　小球运动轨迹及受力示意图一　　图 5-14　小球运动轨迹及受力示意图二

● 评析：教学活动的过程遵循了信息加工机制——差异法的结构。

教学中，教师引导学生分析并获得结果的变化情况：

实验 1 中，小球做直线运动，步骤①、②；

实验 2 中，小球做曲线运动，步骤④、⑤、⑥。

教学中，教师引导学生分析并获得条件中的变化情况：

分析两次实验中相同的条件，步骤⑧；

分析两次实验中差异的条件，步骤⑨、⑩。

在学生正确运用差异法进行分析之后，教师引导学生得出结论：

步骤⑪。

2."曲线运动条件"教学中"规划实验方案"等环节设计

"获得信息、处理信息"环节是所有教学都必须完成的，其余环节在实际教学中往往并不需要学生完整经历，如前面教学案例中，教学主要聚焦于"获得信息、处理信息"环节，并未引导学生经历"规划实验方案"、"设计实验"、"确定实验步骤"等环节，也就是说学生并不了解"如何选择实验仪器及实验步骤"。当然，在实际教学中，亦可安排学生经历"规划方案"、"设计实验"等环节进行学习。

● 教学分析

如前分析,本研究结论是运用归纳法中的差异法实现的,其结构如表 5-19。

表 5-19　差异法的逻辑结构

场合	先行情况	被研究现象
1	A、B、C、D	a
2	B、C、D	
所以,A 与 a 有关		

因此,在"规划实验方案"环节可遵循差异法的结构来完成。

在"设计实验"环节可采用设计实验的通用策略,如前一节所述,可遵循该通用策略引导学生完成。

● 教学规划

(1)"规划实验方案"环节。

采用启发式教学:

提供差异法研究的案例,如以下步骤②;

引导学生领悟案例研究的基本结构,如以下步骤②;

引导学生依据研究的基本结构规划本次研究的方案,如以下步骤③、④。

(2)"设计实验"环节。

采用启发式,教师依据通用策略的基本步骤,结合所提供的实验器材,逐一引导学生完成设计实验的任务,并将实验步骤清晰化。

● 教学过程

(1)"规划方案"环节。

① 师:我们今天要研究的是做曲线运动的物体需要满足的条件。物体做轨迹不同的运动,主要取决于什么?

生:主要与物体受力的特征有关。

② 师:在初中物理的学习中,我们也多次研究过满足特定条件类的问题,比如影响蒸发快慢的因素、二力平衡的条件、声音产生的条件等。

如图 5-15 是初中物理学习中研究二力平衡时的实验,共做了两次实验,一次纸板在位置 1,纸板静止,纸板受左右两个方向的等大的拉力;另一次在位置 2,放手后纸板转动了,说明在位置 2 时,纸板受力不平衡。分析可知,与位置 1 相比,纸板受力等大、反向的条件未变,只是二力方向不在同一直线上。由上述实验事实,可得二力平衡需要二力同线这一条件。

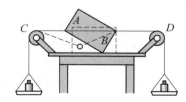

图 5-15　二力平衡实验图

③ 师:根据上面这个实验方案,本节课要研究曲线运动的条件,应如何安排呢?

生甲:应有一次物体做曲线运动。

生乙:还要有一次不做曲线运动,也就是做直线运动。

④ 师：实验中要设置两种不同的运动轨迹,那应分析什么?

生甲：要分析两种情况下,物体受力有什么不同的特点。

生乙：最好应保持只改变一种条件。

⑤ 师：也就是说在本次实验中,应有一次物体做曲线运动,另一次物体做直线运动(不做曲线运动),然后分析两次实验中,物体的受力特征有什么不同。

(2)"设计实验"环节

① 师：前面我们规划了研究的方案,现在我们提供给大家的有一个小斜轨、一个钢球、一个条形磁铁,请同学们考虑如何设计实验?

② 师：我们需要研究的是：物体做曲线运动需要的条件。我们可以选择哪一个物体做运动来研究呢?

生：可选择小钢球的运动为对象来进行研究。

③ 师：根据前面规划的方案,实验中小钢球应做何种运动呢?

生：应该做一次曲线运动,还应做一次直线运动。

④ 师：小钢球的曲线运动和直线运动可在哪个环境完成?

生：可研究小钢球在水平桌面上的运动。

⑤ 师：如何实现小钢球在桌面上的直线运动呢?

生：可让小刚球从斜轨上滚下来,在桌面上运动起来。

⑥ 师：如果不做任何影响,小球应做何运动?

生：应做直线运动。

⑦ 师：那如何让小球做曲线运动呢?

生：可拿条形磁铁去吸小球。

⑧ 师：吸也就是对小球施加力,如何放置磁铁?

生：要放置在侧面。

⑨ 师：侧面是相对什么位置对象来说的?

生：相对小球原先运行的轨迹方向。

⑩ 师：在曲线运动时,对小球施加了磁铁对小球的力;在直线运动,要保持条件等同,也应对小球施加磁铁的力,如何完成?

生：可将磁铁放在运动小球的后面或正前方。

⑪ 师：若要便于分析物体的受力情况,最好应?

生：可画出两次实验中,小球的受力示意图以及运动轨迹。

⑫ 师：刚才同学们作了很好的思考,下面,我请同学将本次实验的步骤小结一下。

生：本次研究要做两次实验,

● 将小球沿斜轨滚下,在桌面上做运动;

  在小球滚动轨迹的侧面,放置条形磁铁,使小球做曲线运动;

  画出实验小球受力示意图及运动轨迹;

- 将小球沿斜轨滚下,在桌面上运动;

  将磁铁放置在小球运动正前方或正后方,使小球做直线运动;

  画出实验中小球受力示意图、及运动轨迹;

- 结合两次实验示意图及运动轨迹,分析曲线运动的条件。

  (教师应将要点板书下来)

评析　在上述教学中的"规划方案"环节,教师遵循差异法引导学生规划方案;在"设计实验环节",教师引导学生遵循设计实验通用策略,从对象确定、实验中对象应出现的过程及其状态、需要测量的物理量等,一步步地引导学生完成实验的设计。

(二) 理论分析学习途径教学样例

- 教学内容:动能的表达式

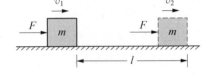

　　设某物体的质量为 m,在与运动方向相同的恒力 F 的作用下发生一段位移 l,速度由 v_1 增加到 v_2,如右图所示。这个过程中力 F 做的功 $W = Fl$。①

　　根据牛顿第二定律

$$F = ma$$

而 $v_2^2 - v_1^2 = 2al$,即

$$l = \frac{v_2^2 - v_1^2}{2a}$$

把 F,l 的表达式代入 $W = Fl$,可得 F 做的功

$$W = \frac{ma(v_2^2 - v_1^2)}{2a}$$

也就是

$$W = \frac{1}{2}mv_2^2 - \frac{1}{2}mv_1^2$$

从这个式子可以看出,"$\frac{1}{2}mv^2$"很可能是一个具有特定意义的物理量,因为这个量在过程终了与过程开始时的差,正好等于力对物体做的功,所以"$\frac{1}{2}mv^2$"应该就是我们寻找的动能表达式。上节的实验已经表明,力对初速度为 0 的物体所做的功与物体速度的二次方成正比,这也印证了我们的想法,于是我们说,质量为 m 的物体,以速度 v 运动时的动能是 $\frac{1}{2}mv^2$。

图 5 - 16　动能性质一节教材

- 教学分析

学习者遇到的问题:物体由于运动而具有能量,其能量大小与哪些量有关,有什么关系?

解决此问题需要的必要技能:会运用牛顿第二定律;会运用匀变速直线运动位移、速度间的关系;会运用做功。

解决此问题可运用的策略:当学生第一次遇到该问题时,可以通过逆推法、手段-目标法等方法确定研究对象以及解决问题所需的必要技能。

分析如下:

---

① 人民教育出版社,等. 普通高中课程标准实验教科书·物理·必修 2〔M〕. 北京:人民教育出版社,2010:72.

运用解决的策略：逆推法(执果索因)。

待求的是动能的形式，需要知道什么？

需要寻找与(动)能有关的物理关系：做功是能量转换的度量。

如何选择做功过程？

选择研究的物理过程，实际上是要以研究中被简化的或一般的过程为研究对象。选择沿水平面方向——因为要关注的是动能，这样的选择能保证其他能量不变；选择恒力做功——将过程简化，选择最简单的物理过程为研究对象；从而确定以"恒力沿水平面方向做功的过程"为研究对象。

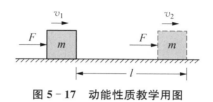

图 5-17　动能性质教学用图

写出此条件下外力做的功。

$$W = F \cdot l \tag{1}$$

写出此情境下，物体移动的距离。

若选择公式 $s = v_0 t + \dfrac{1}{2} a t^2$ 计算距离，因时间和速度未知，该关系式似乎不可用；再尝试选择公式：

$$l = \frac{v_t^2 - v_0^2}{2a} \tag{2}$$

写出此条件下外力的表达式。

$$F = ma \tag{3}$$

联立(1)、(2)、(3)式，求解得：

$$W = \frac{1}{2} m v_t^2 - \frac{1}{2} m v_0^2$$

● 教学过程

① 师：根据前面的讨论可知，物体因具有速度而具有的能量称为动能，那么动能与速度或其他因素之间存在什么关系呢？

(学生思考)

② 师：如果要研究物体具有的能量，那么能量一般与哪种物理过程相关？

生：与做功有关。

③ 师：我们要研究物体的动能，在现实生活中，做功导致物体动能改变的实例有很多，比如我们投掷标枪，手对标枪做功，出手时标枪动能增大；竖直上抛的物体，受重力做功，动

能越来越小。

师：我们在研究问题时，应遵循简化、主要因素清楚的原则。那么我们选择研究问题的标准是什么？

生：最好是只受一个力做功，且速度有变化的场合。

④ 师：那我们可以选择什么条件下的实例为研究对象？

生：在水平面上物体受一个力做加速运动或自由落体运动。

⑤ 师：那么就请同学们以水平面上物体受一个力做加速运动为研究对象，目标是获得这一过程中的什么？

生：做功以及能量的变化。

（提示学生画出研究过程，如图 5-17）

⑥ 师：此过程中外力做功如何表示？

生：$W = F \cdot l$ (1)

⑦ 师：在式(1)中，要知道此过程中物体移动的位移，如何求？

生：因为是匀加速运动，其位移可以表示为 $s = v_0 t + \dfrac{1}{2} a t^2$ (2)

⑧ 师：我们的目标是求出此过程中做功与速度的关系，如果用式(2)合适吗？

生：似乎不太合适，式(2)没有涉及末速度，且增多了一个新变量——时间。

⑨ 师：那么在此过程中，物体的速度有变化吗？速度与位移之间满足什么关系？

生：有变化，根据匀变速直线运动，满足关系 $l = \dfrac{v_t^2 - v_0^2}{2a}$ (3)

⑩ 师：那么式(1)中的力可以如何表示呢？

生：用牛顿第二定律，可表示为 $F = ma$ (4)

⑪ 师：请同学们将式(3)、(4)代入式(1)，可以得到什么？

生：$W = \dfrac{1}{2} m v_t^2 - \dfrac{1}{2} m v_0^2$ (5)

⑫ 师：在上述物理过程中，势能有没有变化？

生：没有。

⑬ 师：因为做功与能量转换有联系，现在等式左边是外力做功，右边可能是能量的变化，由于右边与两个位置点的速度有关，所以右边应该是什么能量的变化？

生：动能的变化。

⑭ 师：可见 $\dfrac{1}{2} m v^2$ 是一个与物体速度有关的能量，也就是说动能与速度的平方成正比，与质量成正比。那么是不是这样的关系呢？我们再通过实验来进行研究。

评析

当学习者面对一个新问题（对教师来说不是问题，但通常学生都是第一次遇到），个体通常会运用逆推法、手段-目标法等弱方法来思考解决。以上教学显然遵循解决问题的逆推法，引导学生逐步确定研究对象,选择出解决该问题的所需技能,从而解决问题。

由上面的讨论可知,物理新概念和规律可以通过不同的途径来学习,主要有实验归纳途径和理论分析途径,每一途径经历过程中所解决的子问题不同,需要的策略不同,教师应遵循解决各问题的策略,引导学生搜索并提取解决问题所需的技能,满足这一要求的教学才符合学生的学习机制,才是有效的教学。

思考与练习

(1) 试各举一例说明物理概念和规律意义习得的逻辑方法的运用。

(2) 在"扩散"一节教学中,完成如图 5-18 所示溴蒸汽扩散实验。有学生提出扩散可能是由于不同物质的重力引起的,有教师将实验装置水平放置后,发现仍然有扩散现象,由此学生排除了物质扩散与重力间的因果关系。试说明学生排除其间因果联系的逻辑过程。

(3) "惯性"一节教学中,一位教师为了帮助学生建立"质量是惯性大小的量度",设计了如下实验:

于是我们就安排了这样一个小实验,请一位学生上来和老师一起做:老师把一只乒乓球放在左手掌上,让学生来吹乒乓球,学生轻轻一吹,乒乓球便滚落到地上;老师趁捡乒乓球之际,偷偷地换上另一个外形一样,内部注满水的乒乓球,再让学生来吹。无论学生怎样使劲地吹,乒乓球安然自若,学生百思不得其解。此时,不需要我们教师再讲些什么,只需要将注满水的乒乓球用剪刀剪破就行了。"质量是惯性大小的量度"这一知识点就深深地扎根于学生的脑海中。

试解释学生习得的结论是什么?其逻辑过程是什么?

(4) "单摆"部分教材如图 5-19 所示。[①] 对照表 5-17,试阐述该部分教材涉及哪个子环节的学习?采用何种方法解决该环节的子问题?

图 5-18　溴蒸气的扩散

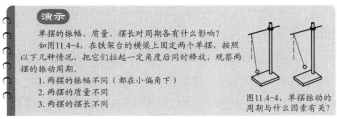

图 5-19　"单摆"部分教材内容

(5) 以牛顿第一定律为例,阐述教学中获得的主要结论是什么?各结论获得的逻辑过程是什么?学习的途径及其各子环节的子问题及解决策略是什么?并选取其中一个子环节采用启发式教学,写出详细教学过程详案。

① 人民教育出版社,等.普通高中课程标准实验教科书·物理·选修3-4[M].北京:人民教育出版社,2010:14.

第六章　物理概念和规律运用的学习与教学

　　物理概念和规律意义学习后,通常需要将物理概念和规律运用于解决新情境中的问题,该问题一般只需运用所学的概念或规律即可解决,即单一规则的问题解决。这一环节通常称为概念和规律的"运用"。本章提出物理概念和规律的运用本质上是以概念和规律的因果关系为大前提做的演绎推理,其在运用中常常需要与其他物理知识联系起来,以便解决新情境中的问题,这样就存在特定概念和规律"运用"的强方法,因此这部分教学应以概念和规律运用的条件或强方法为目标。

第一节　物理概念和规律的运用

一、知识的运用

　　由第二章关于学习理论的讨论可知,无论是奥苏贝尔还是布卢姆,均将"运用知识"和"领会知识的意义"视作两种不同类型的学习或者学习层次而加以区分。

(一) 布卢姆对"运用"所做的一些解释[①]

　　"运用"是指把所学知识应用于新情境的能力,包括概念、原理、规律、方法、理论的运用。它与"领会"的区别在于是否涉及这一项知识以外的事物。"领会"仅限于对本身条件、结论的理解。"运用"则需有背景材料,构成问题情境,而且是在没有说明问题解决模式的情况下,正确地运算、操作、使用等。

　　运用某事物需要"领会"被运用的方法、理论、原理或抽象概念(这些内容必然是以概括性的命题呈现)。

　　为了清楚地区分"领会"和"运用"这两个类别,我们用两种方式来论述。一种方式是察看两者的区别。"领会"这一类别的问题,在于要求学生充分了解某一抽象概念,当要求学生具体说明抽象概念的用途时,他们能够正确地加以说明;然而,"运用"要比这更进一步。当学生遇到一个新问题时,在没有向他提示哪个抽象概念是正确的,并且在这种情境中如何加以运用的情况下,他需要运用适合的抽象概念。

　　从上面的介绍中不难看出,布卢姆认为"运用"定理、概念和方法的前提是"领会",也就是奥苏贝尔所称的习得命题的意义。"运用"是通过在新情境中解决新问题而体现的,问题

---

① B. S. Bloom,等.教育目标分类学·第一分册·认知领域[M].罗黎辉,等,译.上海:华东师范大学出版社,1986:117.

主要是运用所学概念或规律的单一规则即可解决的。

（二）加涅对规则学习的解释

加涅从外显行为上，将人类可以习得的性能概括为五种类型，在智慧技能中又划分为辨别、概念、规则和高级规则。加涅提出规则习得的标准是学习者"出现规则支配行为"，陈述出规则的内容并不是规则习得的判断标准。

对于规则学习，加涅举了一个例子来说明。[①]

【案例 6-1】 规则学习样例

告诉儿童"圆的东西能滚动"，这一陈述表达了两个不同的概念：（1）圆的东西；（2）滚动。在什么条件下我们从这种陈述中便可知道学习已经发生？又是在什么条件下我们有理由确信儿童已习得"圆的东西能滚动"这一规则？

似乎相当明显，如果希望儿童习得该规则，则儿童须先知道概念"圆的东西"和"滚动"。如果尚未获得"圆的"概念，则儿童会以学习较为局限的规则，如"球可以滚动"而告终。因而还不能说明 50 美分的硬币或碟子也能滚动。相应地，如果要完全获得该规则，学习者须完全了解"圆的"概念，即它适用于包括圆盘、圆筒及球体在内的各种物体。

同样，儿童先要获得"滚动"这一概念。自然，必须将滚动与滑动及翻动区分开来。与"圆的"概念相比，"滚动"也许更难学一些，因为要辨别绕轴旋转的刺激事件与物体运动这样的刺激事件并不容易。但同样，儿童要确切地完全习得该规则，而非部分规则，须先获得"滚动"的概念。

有了这些先决条件，剩下的就是提供一系列有代表性的刺激物和针对学习者反应的言语指导这样的学习情境。刺激物可能包括一个斜面，和一批陌生的大块材料。其中有些是圆的，有些不是。言语指导可以这样讲："我要你回答一个问题，什么东西可以滚动？""……你要想一想'滚动'是什么意思（用一个圆的物体作演示说明）……""这些物体中有的是圆的，你能找出它们吗？……（学习者作出应答）""所有圆的东西都能滚动吗？（学习者答'是的'）……做给我看看……（学习者滚动两三个圆的物体）……很好！""……什么东西可以滚动？（学习者答'圆的东西能滚动'）……很好！"这个练习完成之后，可以得出学习者已习得规则的结论。但是，要检查这一点，可以向学生呈现新的且不同的一系列物体，要学习者回答其中的哪些能滚动。

从上面提供的例子中可以看出，在学习结束时，学习者出现规则支配行为（运用规则来判断新的一系列物体哪些能滚动）前，学习者已经能够陈述所学规则的内容即"圆的东西能滚动"。

不同的学者虽然研究的角度不同，解释的用语不同，但对概念、定理等的学习还是有一个较为接近的认识：一般来说，物理学科所要学习的概念、定理和定律，都是以命题方式清晰

---

① 加涅，等.学习的条件和教学论[M].皮连生，等，译.上海：华东师范大学出版社，1999：139.

呈现的,其学习的结果之一是学习者能够陈述命题的内容,二是能运用定理解决简单问题——"出现规则支配行为"。

二、物理概念和规律"运用"过程的实质

实际教学中,在概念和规律的有意义学习后,教师会选择几道较为简单的问题,供学生练习,这些问题主要通过运用所学的概念、定理(律)就可以解决,这一教学环节称为概念、定理(律)的"运用"。

物理学科中概念和规律等的"运用"是一种什么过程呢? 下面结合教学实例进行讨论。

(一)物理概念和规律"运用"的实质

【案例6-2】 弹力概念的运用

在学生学习了"弹力"概念后,要求学生回答问题:"如图6-1所示是两块放在水平光滑桌面上的正方体木块,它们的一个面靠在一起时,B 块受到 A 块的弹力吗? 为什么? 当用力把 B 块推向 A 块时,A 块受到 B 块的弹力作用吗? 为什么?"

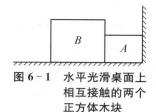

图6-1 水平光滑桌面上相互接触的两个正方体木块

分析:

要正确回答上述问题,应采用演绎推理,其结构如下。

$$\frac{如果两个物体相互接触,并存在弹性形变,则物体间存在弹力作用}{第一问中,A、B\ 接触,但无弹性形变}$$
$$所以,A、B\ 间无弹力$$

$$\frac{如果两个物体相互接触,并存在弹性形变,则物体间存在弹力作用}{第二问中,A、B\ 接触,且发生挤压,物体发生弹性形变}$$
$$所以,A、B\ 间有弹力$$

也就是说,弹力概念的"运用"是通过新情境下解决问题体现的,而解决问题的过程主要是以概念的本质属性作为推理的大前提的演绎推理过程,并且问题的解决主要是应用所学的概念就可以实现的。

【案例6-3】 盖·吕萨克定律的运用

在学习了盖·吕萨克定律后,完成下面几道测试题:

1. 一定质量的空气,$20℃$ 时的体积为 $1.0×10^{-2}$ m³。在压强不变的情况下,当温度升高到 $80℃$ 时的体积为_____。

2. 一定质量的空气,$27℃$ 时的体积为 $1.0×10^{-2}$ m³。在压强不变的情况下,当体积为 $1.3×10^{-2}$ m³ 时,其温度约为_____℃或_____K。

3. 一定质量的理想气体在等压过程中,温度从 $t_1=15℃$ 升高到 $t_2=30℃$,体积相应地从 V_1 变到 V_2,这时 V_2 和 V_1 的比值(   )。

A. 等于2   B. 大于2   C. 小于1   D. 大于1,小于2

分析：

求解上述习题的过程可简述如下：

一定质量的气体，如果压强不变，则它的体积跟热力学温度成正比

上面习题中，质量一定，且压强不变

所以，其体积与温度关系满足盖·吕萨克定律——

它的体积跟热力学温度成正比

首先判断出需要解决的习题可以用盖·吕萨克定律解决，所用推理为演绎推理，随后代入公式计算。同样是演绎推理，只不过所需的前提是数学运算知识了。

由此可以看出，物理概念和规律在新情境下"运用"实际上就是解决问题的过程，并且该问题是主要运用所学的、特定的概念和定理就可以解决的，运用的心理过程主要是演绎推理过程。

（二）物理概念和规律运用的方法

在"运用"物理概念和规律解决问题时，即便是问题主要运用所学的概念和规律来解决，但有时也需要结合其他知识一起来完成。那么，在问题解决过程中，具体先做什么、后做什么，就需要做个排列，也就是"运用"特定概念和规律解决问题时的强方法，比如用惯性概念解释日常生活的现象，其一般步骤为：

（1）明确研究对象；

（2）确定研究对象原先处于什么状态；

（3）突然发生什么情况；

（4）由于存在惯性，研究对象要保持什么状态；

（5）出现什么现象。

上述一般步骤有助于学习者解决"惯性运用类"问题，且每一步骤基本上都聚焦到所需的必要技能，所以这就是"惯性运用类"问题解决的强方法。

三、影响知识运用的因素

（一）"运用"适用的条件要明确

个体要能够运用具体的物理概念和规律，首先需要能够识别出符合物理概念和规律运用的条件。教学活动中可以通过变式练习来帮助学生形成物理概念和规律及其运用条件间的联系。用学习心理学的语言来解释就是：学生经过变式练习，概括性知识由其陈述性知识表征方式转变为程序性知识即产生式表征，并随着运用次数的增加，技能逐渐自动化。

所谓变式练习，就是在其他有效学习条件不变的情况下，概念和规则的例证发生变化。在案例6-3中，三个问题均满足盖·吕萨克定律的条件，可运用盖·吕萨克定律来解决。同时，一些无关属性如已知温度变化求体积或已知体积变化求温度，题型也有所变化，因此选用这几个例子在定律"运用"阶段还是比较合适的。

(二)"运用"的步骤应清晰

在运用有些物理概念和规律时,需要结合其他知识来完成,通常存在提高此类知识运用有效性的强方法,如第五章所述,强方法不仅给出具体问题解决的步骤,且每一步都聚焦于解决问题的必要技能,因此,能否梳理出概念和规律运用中的强方法,并遵循方法教学方式教授给学习者,是影响此类概念和规律运用效果的重要因素。

第二节 物理概念和规律"运用"的教学

物理概念和规律"运用"的学习后,学习者应该表现出执行概念和规律所蕴含的规则解决特定的问题,即单一规则的应用能力。从心理过程上看,概念和规律的应用主要是依据概念和规律的特征与内涵进行演绎推理的过程。

由于物理概念和规律的内涵与特征往往并不单一(比如,牛顿第二定律中涉及大小和方向两个方面;惯性涉及物体的原有状态、受力条件的变化、发生何种现象等),所以其运用也需要结合多个已学知识。涉及多个知识的选择排列,就会存在针对物理概念和规律运用的方法,因为针对的问题领域明确,所以物理概念和规律应用中所涉及的方法多数是强方法。

"运用"促使概念、规律等从其陈述性知识表征转化为产生式表征,产生式是所谓"如果条件,则行动"的规则。根据产生式的结构,显然学生能否正确"运用"的条件之一是学生有没有建立正确的条件与行动间清晰的联系;其二是学生能不能遵循正确的行为步骤。

如果"运用"概念和规律适用的条件不易把握,教师应通过丰富的变式练习帮助学生理解条件的确切含义,如下面的教学样例一所示。

如果"运用"时涉及其他物理知识,问题解决需要多个物理概念和规律才能实现,则存在解决此类问题的强方法,教师需要提炼出其中的强方法,并帮助学生形成"运用"概念、规律等的正确步骤,并指导学生依照行动步骤进行操练,如下面的教学样例二所示。

教学样例一:条件清晰化的物理概念和规律"运用"教学样例

● 教学内容:动量定理的运用

● 教学目标

"运用"动量定理。在提示需要运用动量定理的场合,能够正确运用以解决问题。

● 教学任务分析

初学者往往会忽视动量、动量定理的矢量性,导致"运用"时发生错误。因此教学时应重点帮助学生建立动量及动量定理的矢量性质,通过学生对正例和反例的分析,使学生在关键属性与定理间形成联系。

教学环节一:教师呈现正例与反例,引发学生思考;教学环节二:教师引导学生正确把握"运用"动量及动量定理的重要条件——矢量性;教学环节三:提供几道习题供学生练习,帮助学生将动量和动量定理技能化。教学中对条件的分析把握是在教师的引导下由学生自已完成的,显然采用的是启发式教学。

通过正反例的分析,学生将在矢量性与动量定理之间建立联系,所用推理方法为差异法。

表 6-1 结论"动量应考虑矢量性"获得的逻辑结构

场合	先行条件	结果
1	考虑矢量性	动量运算正确
2	未考虑矢量性	动量运算不正确
所以,动量应考虑矢量性。		

● 教学过程

教学环节一

师:通过前面的学习,我们得到了一个物体或物体系统受到的冲量等于其动量的改变,也即动量定理,用公式表示为 $Ft = p_2 - p_1$,请同学们分析并完成下面两道习题。

(教师呈现习题)

例 1　一个质量为 10 kg 的物体,在外力作用下,速度由 5 m/s 变化到 8 m/s。有同学认为在这段时间内该物体动量的变化为 30 kg·m/s,有同学认为在这段时间内该物体动量的变化为 130 kg·m/s。你认为上述结果正确吗? 如果不正确,请阐述理由。

例 2　一个质量为 500 g 的物体以 20 m/s 的速度沿竖直方向撞击地面,反弹速度大小为 20 m/s,则该物体动量的改变为多少? 有几位同学的解法如下,请分析哪种解法是正确的,并阐述理由。

解法一:

$P_1 = mv_1 = 0.5$ kg $\times 20$ m/s $= 10$ kg·m/s

$P_2 = mv_2 = 0.5$ kg $\times 20$ m/s $= 10$ kg·m/s

动量的改变为 $P_2 - P_1 = 0$

解法二:

$P_1 = mv_1 = 0.5$ kg $\times 20$ m/s $= 10$ kg·m/s

$P_2 = mv_2 = 0.5$ kg $\times (-20$ m/s$) = -10$ kg·m/s

动量的改变为 $P_2 - P_1 = -20$ kg·m/s

解法三:

选取物体反弹时速度的方向为正方向,则

$P_1 = mv_1 = 0.5$ kg $\times (-20$ m/s$) = -10$ kg·m/s

$P_2 = mv_2 = 0.5$ kg $\times 20$ m/s $= 10$ kg·m/s

动量的改变为 $P_2 - P_1 = 20$ kg·m/s,方向竖直向上。

(学生思考、讨论,教师巡视)

教学环节二

师:经过一段时间的讨论,大家应该有结论了。下面老师请同学来回答一下。第二题中的三种解法哪些是正确的,哪些是错误的?

生:第一种解法是错误的。

师:为什么?

生:因为这种解法没有考虑到动量是矢量,而动量的变化也是矢量,没有依照矢量运算的方法进行,因此出错了。

师:解法二和解法三呢?

生甲:这两种解法都是正确的,都考虑到了动量及动量改变的矢量性。

生乙:从严格意义上来说,第三种解法最完整,第二种解法尽管正确,但解题过程中没有将选定的正方向清晰地呈现出来,而是隐含在解题过程中(该解法是选取初速度方向为正方向),因此不太完善。

师:在学习动量定理的最初阶段,希望同学们在解题时能像解法三那样完整。

师:那么第一题的正确答案是什么呢?

生甲:这道题的条件不完备,没有说清楚末速度的方向到底如何。如果末速度与初速度方向相同,则第一个答案正确;如果末速度与初速度方向相反,则第二个答案正确。

生乙:题中给出的两种解答,还应该说明正方向是如何选取的才正确。

教学环节三

师:刚才同学们的分析很好。通过上面两道习题的分析,同学们需要清晰地认识到动量以及动量定理的矢量性质,将具有矢量性质的规律在直线上加以运用时,首先应选定正方向,然后依据各矢量与正方向的关系来确定数值的正负,最终解题。

师:现在老师将第一题的条件补充完整,请同学们解答。

例1 一个质量为$10\,kg$的物体,在外力作用下,速度由$5\,m/s$变化到$8\,m/s$,末速度方向与初速度方向相反,则该物体在这段时间内动量的改变为多少?

(学生练习求解)

解法一:选取初速度方向为正方向。

$P_1 = mv_1 = 10\,kg \times 5\,m/s = 50\,kg \cdot m/s$

$P_2 = mv_2 = 10\,kg \times (-8\,m/s) = -80\,kg \cdot m/s$

动量的改变为 $P_2 - P_1 = -80\,kg \cdot m/s - 50\,kg \cdot m/s = -130\,kg \cdot m/s$

解法二:选取末速度方向为正方向。

$P_1 = mv_1 = 10\,kg \times (-5\,m/s) = -50\,kg \cdot m/s$

$P_2 = mv_2 = 10\,kg \times 8\,m/s = 80\,kg \cdot m/s$

动量的改变为 $P_2 - P_1 = 80\,kg \cdot m/s - (-50)kg \cdot m/s = 130\,kg \cdot m/s$

师:请同学们完成下列习题的解答。

习题1 物体质量为$10\,kg$,与水平面间的动摩擦系数$\mu = 0.2$,在水平力$F = 50\,N$的作用下沿水平面从静止开始运动,$4\,s$后撤去力F,物体到停下还能运动多久?

习题2 某人走钢丝,质量为$50\,kg$,安全带长为$5\,m$,一端系在他的腰间,另一端固定在与他的腰同高的某处。当他不小心掉下时,安全带对他作用1s使他停下,求在他与安全带相互作用的过程中安全带对他的平均作用力为多少?

习题3　某物初动量为沿水平方向 mv,末动量与水平方向成 $60°$ 斜向上,大小仍为 mv,则其动量的改变量为多大?

(学生练习一段时间后,教师较清晰地分析解答)

教学样例二:步骤序列化的物理概念和规律"运用"教学样例

● 教学目标:掌握运用楞次定律解决习题的方法;能用自己的语言正确陈述方法适用的条件和步骤;在提示可用方法的情况下,能执行方法的步骤解决习题。

● 教学任务分析

运用楞次定律解决习题的方法:

1. 确定要研究的闭合回路;

2. 判定穿过被研究闭合回路的原磁场方向;

3. 分析原磁场变化方式,穿过闭合回路的磁通量增大还是减小;

4. 确定感生电流产生磁场的方向;

5. 确定闭合线圈中感生电流的方向。

● 教学规划

教学安排如下:

(1)教师引导学生依据物理概念和规律的内涵与特征,解决主要运用所学概念和规律即可解决的1—2道习题。此环节是解决问题弱方法的运用。(在本教学中,教师引导学生分析楞次定律的内涵和特征,运用递推法逐一选择解决此类问题所需的技能,如教学环节一)

(2)引导学生反思解决问题过程中共性的方面,提炼解决问题过程中所用方法的步骤和条件。(此环节是对方法意义的学习,此处的方法适用于解决特定类型的习题,是相对强的方法,如教学环节二)

(3)引导学生遵循方法的步骤,解决类似的习题。(此环节是对方法的运用,如教学环节三)

● 教学过程

教学环节一

师:前面我们学习了楞次定律——感应电流具有这样的方向,即感应电流的磁场总要阻碍引起感应电流的磁通量的变化。

师:对楞次定律的理解,重要的是要理解楞次定律中的"阻碍",谁起阻碍作用?

生:感应电流产生的磁场。

师:阻碍的是什么?

生:感应电流的磁场阻碍的是"引起感应电流的磁通量的变化",而不是阻碍原磁场,也不是阻碍原磁通量。

师：怎样阻碍？

生：当引起感应电流的磁通量(原磁通量)增加时，感应电流的磁场就与原磁场的方向相反，感应电流的磁场"反抗"原磁通量的增加。当引起感应电流的磁通量(原磁通量)减少时，感应电流的磁场就与原磁场的方向相同，感应电流的磁场"补偿"原磁通量的减少。所以"阻碍"不仅有"反抗"原磁通量增加的含义，同时也有"补偿"原磁通量减少的含义。

师：接下来，我们通过两道例题，来学习如何应用楞次定律判定感应电流的方向。

例 1　法拉第最初发现电磁感应现象的实验如图 6-2 所示。软铁环上绕有 M、N 两个线圈，当 M 线圈电路中的开关断开的瞬间，线圈 N 中的感应电流沿什么方向？

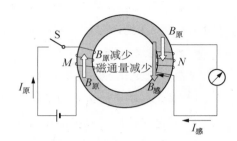

图 6-2　电磁感应现象实验

(遵循逆推法，引导学生逐一选择出解决问题所需的技能)

师：如果要判断闭合线圈 N 中感应电流的方向，需要知道什么？

生：感应电流产生磁场的方向。

师：如何判断感应电流磁场的方向呢？

生甲：这要根据楞次定律，依据原磁场磁通量的变化是增加还是减少来判断。

生乙：如果原磁场穿过闭合回路磁通量增加，那感应电流产生的磁场就与原磁场方向相反，阻碍其"增加"；如果原磁场穿过闭合回路磁通量减少，那么感应电流产生的磁场就与原磁场方向相同，阻碍其"减少"。

师：那么如何判断穿过闭合线圈 N 中原磁场的磁通量变化呢？

生：需要知道原磁场的方向，以及引起原磁场变化的原因。

师：那么本题中原磁场方向如何呢？

生：线圈 M 中电流方向如图 6-2 所示，根据右手定则，判断出线圈 M 产生的磁场方向向上，则在线圈 N 处向下。

(说明：铁磁材料磁导率很大，磁感应通量集中于材料内部，如图 6-3 所示)

师：原磁场如何变化呢？

生：题中给出的条件是断开开关，那么线圈 M 中电流减少，所以磁场减小，穿过线圈 N 回路面积未变，所以穿过线圈 N 的磁通量减少。

图 6-3　磁感应通量集中于铁磁材料内部

师：那么，线圈 N 感应电流产生的磁场是什么方向？

生：根据楞次定律，也是向下。

师：那么，线圈 N 感应电流的方向呢？

生：依据右手定则，判断感应电流的方向如图 6-2 中 N 线圈电流箭头所示。

(以上述类似的方式引导学生解答例 2)

例 2 如图 6-4 所示,光滑导轨 AB、CD 水平放置,两根导体棒 PQ、MN 平放于互相平行的固定导轨上形成一个闭合回路,接触良好。当一条形磁铁从上方下落而未到达导轨平面的过程中,$MNPQ$ 回路中电流的方向如何?

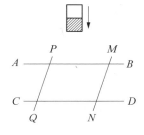

图 6-4 条形磁铁落向闭合回路

教学环节二 (楞次定律应用方法的意义学习,显性化阶段)

师:结合上述求解过程,请同学们思考,在运用楞次定律解决问题时,一般需要怎样做?

生 1:要判断磁通量的变化。

生 2:应该是判断闭合线圈的磁通量变化。

生 3:要知道磁通量的变化,还要知道原磁场的方向,以及导致原磁场变化的原因。

生 4:要先判断出感应电流产生的磁场。

生 5:还要用右手定则判断感应电流。

师:楞次定律解决问题需要运用多个已学知识,这些知识运用时的先后次序如何?

(学生回答,教师梳理并以显性化方式呈现)

运用楞次定律解决习题的方法:

(1) 确定要研究的闭合回路;

(2) 判定穿过被研究闭合回路的原磁场方向;

(3) 分析原磁场变化方式,穿过闭合回路的磁通量增大还是减小;

(4) 确定感应电流产生磁场的方向;(楞次定律)

(5) 确定闭合线圈中感应电流的方向。(右手定则)

以上例题是已知原磁通量变化求闭合线圈中的感应电流,也会有习题已知闭合线圈中感应电流,来求原磁场的变化或变化原因。对后一种习题,可先由感应电流方向判断出感应电流磁场方向,再分析判断原磁场的变化方式,进而求解,例如下面的例 4。

教学环节三

师:请同学们完成如下习题。

例 3 如图 6-5,在下列情况下,是否有电流流过电阻 R? 若有,电流方向如何?

(1) 开关接通瞬间;

(2) 开关接通一段时间;

(3) 开关断开瞬间。

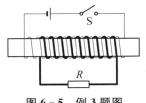

图 6-5 例 3 题图

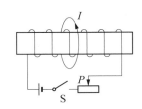

图 6-6 例 4 题图

例 4　如图 6-6 所示,线圈与螺线管共轴,要想在环中得到图中所示方向的感应电流,以下各方法中可行的是(　　)

A. 开关 S 闭合瞬间;　　C. 开关 S 闭合后,滑片 P 向右移动;

B. 开关 S 断开瞬间;　　D. 开关 S 闭合后,滑片 P 向左移动。

"运用"是促使概念、规律等从陈述性表征转化为产生式表征,并逐渐自动化的过程;其教学形式是在概念、规律等的有意义习得后,安排一定量的问题(这些问题主要运用所学的概念、定理即可解决)供学生练习。影响"运用"有两种可能情况:其一是学生没有真正理解概念或规律的运用条件,对此,教师应首先安排正反例供学生练习和判断,帮助学生形成正确的理解;其二是所需解决的问题步骤较复杂,学生知道要用特定的概念、定理解决,但步骤掌握不好,因而完成不了任务,对此,教师应帮助学生建立规范的解题步骤,然后提供练习,帮助学生熟悉解决问题的步骤。

思考与练习

(1) 试举例阐述物理概念和规律运用的实质。

(2) 试举例解释物理概念和规律运用的影响因素。

(3) 依据有关物理概念和规律运用的教学,设计"惯性"概念运用的课例。

第七章 物理系统化知识的学习与教学

系统化知识对应的内部表征是命题网络或图式,也就是说系统化知识是一类可以习得的学习结果。同时研究表明,系统化知识是影响问题解决的一个重要因素,因此在教学中应将系统化知识学习视为独立的学习类型。本章先从心理学对命题网络以及图式的研究出发,分析获得知识系统化的必要特征,接下来讨论物理教学中,知识系统化的主要策略(方法),最后结合教学实例,讨论合理的知识系统化的教学方式。

第一节 系统化知识的学习

一、系统化知识的研究

(一) 组织知识是人类学习的一种机制

研究表明,学习者在理解文字材料时会对其中的信息作出精深的处理,即他们会想到一些与新的信息有关的信息,如有关的观念、例证、表象或细节。认知心理学将凡是与现在所学信息建立起更多联系的这种增加和扩充的过程,称为精致或精深。还有一种对新的信息作出另一种精深的加工方式就是组织。

加涅称"组织是一种将信息分成若干子集并标明各子集之间关系的过程"。[1] 而安德森则指出,精深的另一种重要作用在于对记忆赋予一种有层次的组织。这种有层次的组织将能够使人对记忆的搜索表现出结构化,并使人能够更有效地提取到信息。[2]

对使用组织这种精深加工作出有力证明的是鲍尔等人于 1969 年所做的一项实验。

实验中提供给一部分学生 4 张如图 7-1 所示层级树状图,提供给另一部分学生 4 张树状图,在椭圆框内填写来自 4 个范畴(动物、服装、运输工具、矿物)随机的单词,学习每张图的时间是 1 分钟,然后让学生回忆所学单词,重复 4 次,实验结果如表 7-1。

从表 7-1 中可知,"有组织的"这一组表现出极大的优势。对于这一结果,用记忆网络解释最合适不过了。在"有组织的"条件下,学生在学习期间编织着如图 7-1 所示的这种记忆网络,为此学生必须对自己记忆中这些词的已有联系作出精深的处理。

---

① Gagné, E. The Cognitiive Psychology of school learning [M]. Boston, Allyn & Balon, 1993:135.

② Anderson, J. R. Cognitiive Psychology and Its Implications [M]. New York, Worth Publishers, 2009:199.

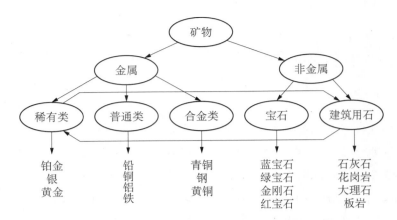

图 7-1 鲍尔等人的自由回忆实验中使用的层级树状图

资料来源：引自 Bower, G. H., et al., 1969。

表 7-1　经四次尝试后回忆词的平均数为组织的函数

条件	回忆次数			
	1	2	3	4
有组织的	73.0	106.1	112.0	112.0
随机的	20.6	38.9	52.8	70.1

资料来源：引自 Bower, G. H., et al., 1969。

（二）不同个体组织的知识存在差异

尽管每个人对相同的学习内容都会做一定的组织,但组织存在的差异是很显然的,专家-新手研究表明,专家与新手在组织知识的质量上存在较大差异。

20 世纪 80 年代初,齐等人(Chi, Feltovich & Glaser, 1981)曾调查分析过已取得物理学博士学位的专家与刚读完大学物理一年级课程的新手在知识结构上的差异。研究者给专家和新手提供了 20 个描述物理学问题的称谓,这些称谓都是专家和新手在对问题分类时使用的。

图 7-2 和图 7-3 分别为新手与专家由"斜面"这一称谓所引发的记忆结构,从其中的结构可以看出:新手记忆结构中的节点要么是描述性的,如"静摩擦系数"、"斜角"等,要么是跟具体对象有关,如木块的"质量"、"高度"等,虽然有节点涉及"能量守恒"这一高级原理,但却是从属于某些表面性节点。而专家记忆结构中的节点大多数属于一些基本物理原理,也就是说专家是以本学科的基本原理来组织自己的知识的。

（三）系统化知识是影响专门领域问题解决的主要因素

不同的学习心理学家在研究问题解决时,尽管所用术语不同,但都将系统化知识视为影响问题解决的重要因素。

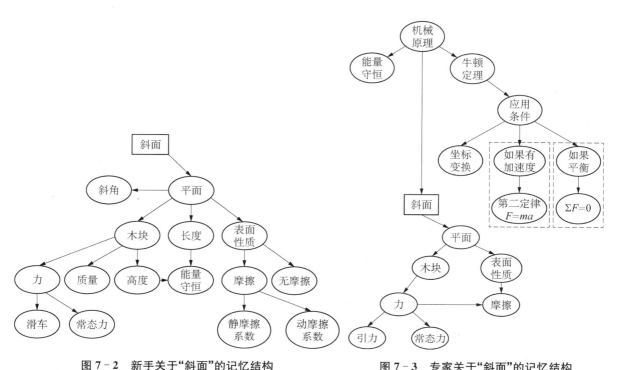

图 7-2 新手关于"斜面"的记忆结构

资料来源：引自 Chi，Feltovich & Glaser，1981。

图 7-3 专家关于"斜面"的记忆结构

资料来源：引自 Chi，Feltovich & Glaser，1981。

加涅认为，影响问题解决的因素有：①

（1）智慧技能：那些为使问题得以解决而必须知道的规则、原理和概念。内部条件：为了解决一个问题，学习者必须能回忆先前已经学会的相关规则。

（2）组织化的言语信息：以图式为形式，使对问题的理解和对答案的评估成为可能。内部条件：以适当方式组织起来的言语信息。与特殊类型问题有关的知识单元常被看成图式，当问题情境或问题陈述提供了与一个图式的某个元素相联系的一个提示时，学习者便很快就会在其工作记忆中获取图式中的整个知识单元。结果，学习者就能够构建出一个对其"想出"问题有实质帮助的问题空间。

（3）认知策略：使学习者能够选择合适的信息和技能，并决定何时及如何运用它们以解决问题。

奥苏贝尔提出问题解决的模式（以几何问题的解决为例），包括四个步骤：②

（1）呈现问题情境命题；

（2）明确问题的目标与已知条件。如果学生具备有关的背景知识（起固定作用的观念），就能使问题情境命题与他的认知结构联系起来，从而理解所面临问题的性质与条件。在某

---

① 加涅.学习的条件和教学论［M］.皮连生，等，译.上海：华东师范大学出版社，1999：213.

② 邵瑞珍.教育心理学［M］.上海：上海教育出版社，1988：375.

领域有经验的学生能直接看出命题的意义；

（3）填补空隙过程。填补空隙的过程涉及下述的概念与加工过程：背景命题，指学生认知结构中与当前问题的解答有关的事实、概念和原理；推理规则，作出合理的结论的逻辑规则；策略，通常指选择、组合、改变或者操作背景命题的一系列规则，以填补问题的故有空隙。

（4）解答后的检验。

从中可以看出，奥苏贝尔认为影响问题解决的有关因素包括背景命题、推理规则和策略。

尽管研究的角度不同，采用的术语不同，但研究存在一些较为一致的看法，即将组织化的言语信息（乔纳森称为"结构性知识"、奥苏贝尔称为"背景命题"、加涅称为"依据意义组织的言语信息"）视为影响问题解决特别是知识丰富领域问题解决的重要因素。专长研究表明，在特殊领域的专家都有独到的记忆优势，其记忆组块大且多，并且知识的组织化可提高人的短时与长时记忆，影响到人的决策行为。

20世纪80年代后期，加涅在对早先的研究成果进行分析后指出："这些研究成果迫使我们从认知结构与加工能力的相互作用来考虑这些高水平的胜任能力。这些资料试图说明，在某一特定知识与技能领域中，表现出能力高与低的个体间的关键差异，即技能熟练的个体能够很快地接近和有效地利用业已组织很好的观念体系……"[1]

研究表明，系统化的知识是影响领域问题解决的主要因素，因此在物理学科教学中应帮助学生习得系统化的知识。

（四）组织知识的策略

组织化策略是指按照信息之间的层次关系或其他关系对学习材料进行一定的归类、组合，以便于学习和理解的一种学习策略。其用意是促进个体对已学知识进行有意义编码。

教学中常用的组织化策略有：[2]

（1）图表和模型图。即将大量信息组织成有意义的模型的方法。常用的有对比或比较表、维恩图（用来显示知识点之间异同关系的方法）、流程图（用来显示某组事件是按什么顺序发生之间关系的方法）、循环图（用来显示连续循环发生事件之间关系的方法）等。

（2）层级图。用来表示新信息内部或新信息与已存储在认知结构中原有知识之间上、下位的关系。

（3）概要。即对有关知识做概述。

二、物理学科组织系统化知识的方法

良好的系统化知识不仅要能显示相互联系的两个知识点（如概念），更重要的是能显示形成联系的关系。但这一点在实际教学中往往被教师所忽视，比如下面这样的知识结构因

① 皮连生.知识分类与目标导向教学——理论与实践[M].上海：华东师范大学出版社，1998：40.
② 吴庆麟，等.教育心理学——献给教师的书[M].上海：华东师范大学出版社，2003：180.

为没有标明联系建立的关系,因而就不是良好的。

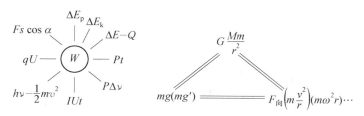

图7-4 存在不足的物理系统化知识实例

将图7-4左边图中的关系添加上之后,如图7-5所示,就是比较合适的系统化知识形式。

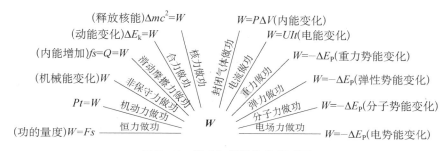

图7-5 做功与能量转化关系图

方法或者说策略是用来提高认知活动效率的,伴随知识系统化这一认知活动也有一些方法,在组织物理知识、形成系统化知识的过程中,常用的方法主要有列表、层级(树形)结构图、通过逻辑关系建立联系等。

(一) 列表法

如果不同知识具有相同的属性,并且在同一属性方面存在不同或相同之处,那么这部分知识一般可采用列表的方式来建立它们之间的联系。

如理想气体三定律都存在物理意义、图像、数学表达式、所需条件等属性,但在同种属性中如图像等方面存在不同,因此这部分知识就比较适合运用列表法来系统化。

表7-2 蒸发、沸腾现象的比较

	蒸发	沸腾
发生部位	只在液体表面	在液体内部和表面同时发生
温度条件	任何温度下	只在沸点时
剧烈程度	缓慢	剧烈
影响因素	表面积、空气流速、温度	供热快慢、液面上方气压
温度变化	降温制冷	吸收热量、温度不变
共同特点	都属于汽化现象、吸热	

名称	条件	公式	图像	微观解释
玻‑马定律	T 不变	$p_1V_1 = p_2V_2$	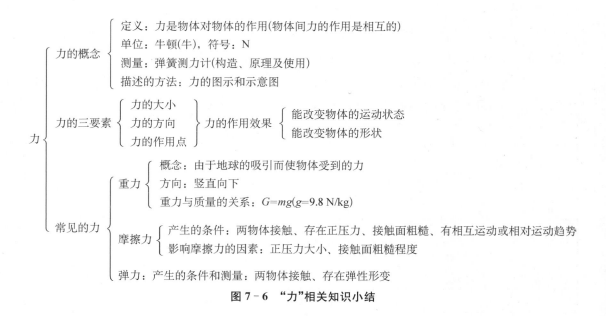	因分子平均动能不变，体积缩小时单位体积内分子数增大，每秒钟对器壁单位面积碰撞次数增加
查理定律	V 不变	$\dfrac{p_1}{p_2} = \dfrac{T_1}{T_2}$		因单位体积内分子数不变，温度升高平均动能增加，每秒内每单位面积上碰撞次数和每次碰撞冲量都增加
盖·吕萨克定律	p 不变	$\dfrac{V_1}{V_2} = \dfrac{T_1}{T_2}$		体积增大使压强减小的影响与温度升高使压强增大的影响互相抵消

（二）知识结构图

物理中有许多知识之间存在上下位的层级关系，这些知识一般可用层级结构图来形成系统化。如力的相关知识和变速运动分类（图 7‑6、图 7‑7）。

力的概念
- 定义：力是物体对物体的作用(物体间力的作用是相互的)
- 单位：牛顿(牛)，符号：N
- 测量：弹簧测力计(构造、原理及使用)
- 描述的方法：力的图示和示意图

力的三要素
- 力的大小
- 力的方向
- 力的作用点

力的作用效果
- 能改变物体的运动状态
- 能改变物体的形状

常见的力
- 重力
  - 概念：由于地球的吸引而使物体受到的力
  - 方向：竖直向下
  - 重力与质量的关系：$G = mg\,(g = 9.8\ \text{N/kg})$
- 摩擦力
  - 产生的条件：两物体接触、存在正压力、接触面粗糙、有相互运动或相对运动趋势
  - 影响摩擦力的因素：正压力大小、接触面粗糙程度
- 弹力：产生的条件和测量：两物体接触、存在弹性形变

图 7‑6　"力"相关知识小结

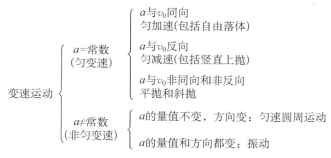

图 7-7 变速运动分类

（三）依据逻辑关系建立联系

物理中有许多定理之间存在逻辑演绎关系，可以通过逻辑关系形成相应的知识系统。如动力学基本规律间的联系（图 7-8）。

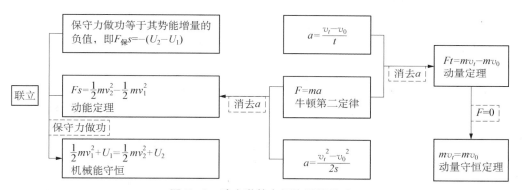

图 7-8 动力学基本规律间的联系

第二节 物理系统化知识的教学

一、物理学科系统化知识教学

（一）系统化学习后的结果

系统化的知识总是经历了一定学习过程后习得的，个体在系统化知识时，总是要使用一定的方法或者说策略，有时学习者可能自己也没有意识到，就一次知识系统化学习来说，其学习结果主要是：形成特定陈述性知识的网络结构，即获得系统化的知识结构。

另外，由于系统化知识时要运用一定的策略，学生这种运用策略的经历为策略教学提供了可能，因此教师在帮助学生习得系统化知识的同时，应采用适当的方式——如第四章讨论的，帮助学生学习组织知识的策略或方法。

因此知识系统化学习中，应该有两个学习结果：一是陈述性知识的网络结构，即系统化的知识；二是组织知识的策略或方法。

（二）系统化知识教学目标

在知识系统化教学中，一般来说有两个目标：一是帮助学生获得系统化的知识。此教学环节，重要的是帮助学生形成各知识点间的关系，最好的做法是教师引导学生自己来获得把握其中的关系。二是习得组织知识的方法。方法教学的方案见第四章的讨论。

组织系统化物理知识的方法主要有列表、层级结构图以及逻辑关系图等。

课程标准也对学生学会组织知识的方法提出了要求："在学习的一定阶段由学生自己进行小结，根据自己收集的材料编写自问、自答、自解题，也是使学生学会独立学习和整理的有效方式。"[①]

二、教学样例与分析

教学样例一："磁场"一章知识系统化的教学

● 教学内容："磁场"一章知识系统化

● 教学目标

目标1：理解磁场一章的知识结构；能够用自己的语言陈述相联系的知识及各知识点之间存在的关系。（实现"知识与技能"目标）

目标2：理解列表、层级图等组织知识的方法。能用自己的语言陈述列表、制作层级图的所需条件和基本步骤，能举例说明。（实现"方法"目标）

● 教学分析及教学规划

知识系统化是学习者运用特定组织知识的方法建立相关知识间关系的过程，组织知识的直接目标是系统化的知识，因此要有一个环节来实现这一目标，如本例中的教学环节一。

在本章知识的组织中，要运用列表、制作层级图的方法，在组织知识时学生往往更关注系统化知识本身，没有意识到在此过程中运用的方法，更不用说会注意方法使用的条件和基本步骤，根据"方法"教学方式二，教师应引导学生将注意的焦点集中于列表、制作层级图的案例上，并从中概括出方法适用的条件和步骤，如教学环节二和教学环节三。

概括出方法的使用条件和步骤后，根据"方法"教学方式二，还应提供一些场合供学生应用这些方法，如教学环节四。

本案例各教学环节的作用如下：

教学环节一，教师引导学生梳理本章知识，分析各知识点之间存在的关系，学生不自觉地运用了制作层级结构图的方法来组织知识。同时选择适当的习题考查学生对特定规律的运用。

教学环节二，教师自己分析带电粒子在匀强电场与磁场中受力等方面的不同点，运用列表的方法，学生不自觉地体验列表方法来组织知识。

以上两个环节实现"知识与技能"目标。

教学环节三，教师引导学生反思组织知识的过程，从中意识到存在组织知识所运用的方法，在学生举出其他运用该方法的例子的基础上，分析两种组织知识方法的基本步骤及其使用条件。

---

① 中华人民共和国教育部制定. 全日制义务教育·物理课程标准（实验稿）[M]. 北京：北京师范大学出版社，2001：35.

教学环节四,请学生自己寻找运用上述两种方法的实例,不仅局限于物理学科。

教学环节三和教学环节四构成"方法"教学的完整过程,采用"方法"教学方式二。

● 教学过程

教学环节一　本章学习知识的梳理

师:在前面的学习中,我们将"磁场"一章的内容全部学习完了。本节课我们是复习课,首先请同学们回忆一下,本章我们学习了哪些内容?

生:学习了磁场、磁感线、磁感应强度等概念,学习了一些类型磁体的磁场,还学习了磁场对通电导线和带电粒子的作用力的规律。

师:仔细分析可以发现,本章对磁场的学习主要集中在以下三个方面:磁场的来源、磁场的描述方法以及磁场与物理客体的相互作用。

(教师板书)

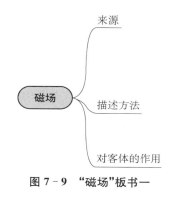

图 7-9 　"磁场"板书一

师:那么磁场的主要来源有哪些?

生:磁场来自磁铁和通电导线。其中磁体有蹄形和条形,而通电导线有通电直导线和环形导线。

师:磁铁具有磁性的一种解释是什么?

生:安培提出分子环流来解释磁铁的磁性,由此磁铁的磁场与电流的磁场一样,都是由电荷的运动产生的。

(教师板书)

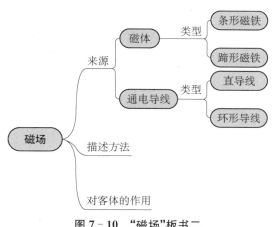

图 7-10 　"磁场"板书二

师：对于磁场，我们需要了解磁场的强弱以及磁场的方向。请同学们思考，我们应该如何描述磁场呢？

生甲：可通过磁感线来描述磁场。

生乙：可用磁感应强度来描述。

师：在本章的学习中，我们确实学习了两种描述磁场的方式：一是定性描述方式——磁感线；二是定量描述方式——磁感应强度。请同学们回答，如何用磁感线具有的性质描述磁场？

生甲：磁感线是闭合曲线，对于磁铁的磁感线，在磁体外是由 N 极到 S 极，在磁体内是由 S 极到 N 极。

生乙：磁感线上一点切线方向指向磁场方向。

生丙：磁感线密的地方，磁场强；磁感线疏的地方，磁场弱。

师：回答得很好，前面提到用磁感应强度定量描述磁场强弱，那么磁感应强度是如何界定的？

生：在磁场中垂直磁场方向的通电导线，受到的磁场力 F 跟电流强度 I 和导线长度 L 的乘积 IL 的比值，叫作通电导线所在处的磁感应强度；磁感应强度是矢量，磁场中某点的磁感应强度方向就是该点的磁场方向。

（教师整理学生的回答，并完成板书）

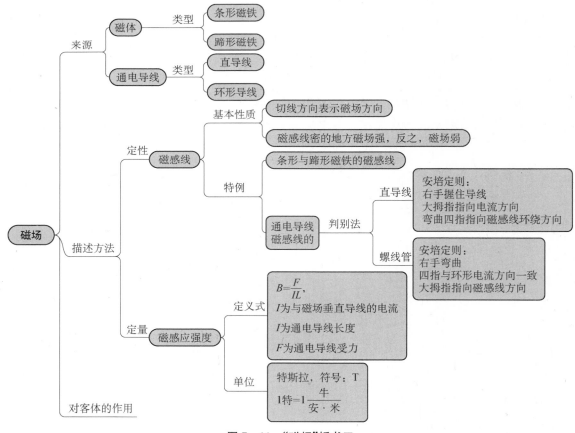

图 7 - 11 "磁场"板书三

师：在本章的学习中，除了上述内容，我们还学习了磁场与物理客体相互作用的规律，请同学们思考回答。

生：本章学习了磁场与通电导线的作用，还学习了磁场对带电粒子的作用规律。

师：关于磁场对通电导线的作用，我们学习了什么？

生甲：学习了通电导线在磁场中的受力：$F = ILB\sin\theta$，其中 θ 是电流方向和磁场方向的夹角。

生乙：学习了判断安培力方向的方法：可运用左手定则来判定通电导线在磁场中受力的方向。让磁感线垂直穿入手心，伸开四指指向电流方向，则大拇指指向通电导线受力方向。

师：那么关于磁场与带电粒子间的规律如何呢？

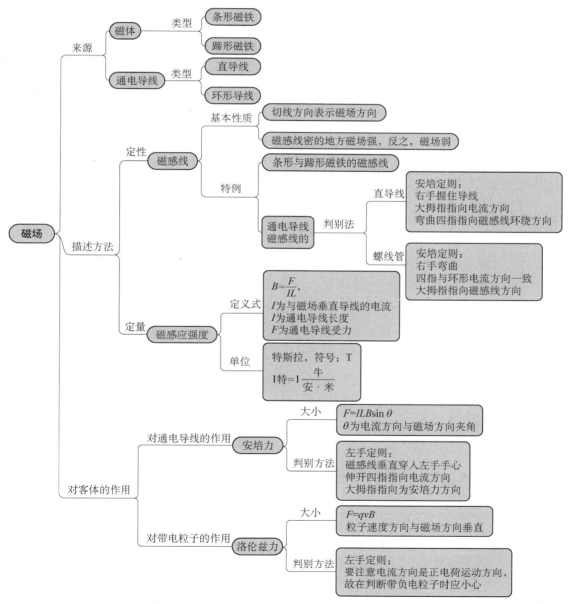

图 7 - 12　"磁场"板书四

生：运动的带电粒子在磁场中受到洛仑兹力，力的大小为 $f=qvB$，其中运动电荷的速度与磁场方向垂直。

师：运动电荷在磁场中的受力方向，同样可以由左手定则来判定，只是当负电荷时，应注意负电荷的速度方向是电流的反方向即可。

教学环节二　本章学习知识与以往学习知识的联系

师：刚才我们将本章所学的知识进行了较为系统的小结。在学习中，我们实际可以感受到磁场与电场既有相同点比如都是场的一种形式、对处于其间的带电体或运动的带电体有力的作用，但也存在不同之处，如场的特征（方向、闭合与否等）、带电体受力的性质与特征等。正因为此，我们往往可以将电场与磁场的一些相关内容放在一起进行总结，比如带电粒子在匀强电场和磁场中的受力与运动的特征，我们可以总结如下：

（教师边陈述，边完成下面的表格）

表 7-4　带电粒子在匀强电场和磁场中特征比较

	匀 强 磁 场	匀 强 电 场
静止电荷受力情况	不受磁场力的作用	受电场力 $F=qE$
运动电荷受力情况	v 与 B 平行，不受力 v 与 B 垂直：洛仑兹力 $f=qvB$ v 与 B 成 θ 角：$f=qvB\sin\theta$	
做功情况	洛仑兹力不做功	电场力做功 $W=qU$
电荷运动情况	原来静止：不运动 v 与 B 平行：匀速直线运动 v 与 B 垂直：匀速圆周运动	原来静止：初速为零的匀加速直线运动 v 与 E 平行：匀变速直线运动 v 与 E 垂直：类平抛运动

教学环节三　组织知识的方法的学习

师：前面我们不仅将本章的知识进行了系统的小结，并且还将本章学习的部分知识与以往学习过的知识进行了总结，小结的最终目的是希望帮助同学们更全面地审视学习过的知识。当然知识系统化的活动，必然需要运用一些合理的方法。在上面的小结中，我们用了哪些方法？

生：制作知识结构图的方法以及列表的方法。

师：请同学们回忆，我们以前的学习中，有没有利用过列表方法以及制作结构图的方法来组织知识呢？

生甲：在力学复习时，曾对学习过的变速运动形式做过一个层级结构图，如图 7-7。

生乙：在力学学习中，我们曾将几个力学定理做过列表比较，如表 7-5 所示。

表 7-5　力学基本规律比较

研究对象	研究角度	物理概念	物理规律	适用范围、条件
质点	力的瞬时效果	力（F）、质量（m）、加速度（a）	牛顿第二定律 $F=ma$	低速运动的宏观物体

	力作用一段时间（时间积累）的效果	动量 $p = mv$ 冲量 $I = Ft$	动量定理 $Ft = mv' - mv$	低速运动的宏观物体
质点				
系统			动量守恒定律 $m_1v_1 + m_2v_2 = m_1v_1' + m_2v_2'$	普遍适用 系统所受合外力为零
质点	力作用一段位移（空间积累）的效果	功 $W = Fs\cos\alpha$ 功率 $P = \dfrac{W}{t}$，$P = Fv\cos\alpha$	动能定理 $W = E_{k2} - E_{k1}$	低速运动的宏观物体
系统		动能 $E_k = \dfrac{1}{2}mv^2$ 重力势能 $E_p = mgh$	机械能守恒定律 $E_2 = E_1$	低速运动的宏观物体只有重力和弹力做功

师：回答得很好！请同学们思考自己是如何组织知识的呢？在什么时候选用列表方法，在什么时候选用结构图方法呢？

（学生思考、讨论；教师整理学生的回答并清晰陈述）

师：在制作层级结构图时，基本步骤可以是：

（1）先将本章知识点一一罗列出来；

（2）回顾各知识点的内涵；

（3）将相关知识点用图线连接起来，并在连线上扼要表明形成联系的关键内容；围绕某几个重点概念可能形成一个或数个知识点子结构；

（4）依据重要知识点间的联系，将它们连接起来构成整个知识网络结构图。

以后同学们在运用此方法整理知识时，应基本遵循这一思路。形成结构图的一个关键之处在于应在图上标明知识间存在的关系，这是希望同学们要注意的。

师：那么，知识要满足什么条件才比较适合运用层级图来组织呢？

（学生讨论，教师总结）

师：当知识之间存在概括性程度高低或者说知识间存在上下涵盖关系，这部分知识一般就适宜用层级结构图的方法来组织。

师：那么在什么情况下适合运用列表方法来组织知识呢？

（学生思考、讨论；教师整理学生的回答并清晰陈述）

师：当知识间存在相同的属性，但同种属性上有相同与相异点时，这部分知识就适宜采用列表法来组织。步骤一般是：将比较的知识点列成一维，将属性列成一维，然后在对应的空格中填入适当内容。

教学环节四　方法的练习

师：在本节课中，我们学习了两种组织知识的方法——列表法、层级结构图法，请同学们在课后自己找一些列表以及层级结构图的实例，不一定局限于物理学科，化学、数学、生物等课程的例子都可以，分析其是否合理，若不合理，提出修改建议并陈述理由。

教学样例二：初中物理"电功率"一章知识系统化的教学

● 教学内容：初中物理"电功率"一章的知识系统化

● 教学目标

目标1：理解"电功率"一章知识的结构；能合理呈现"电功率"一章知识的结构，并清晰陈述各知识点之间存在的关系。（实现"知识与技能"目标）

目标2：理解组织知识的方法——层级结构图，能举例说明制作层级图的条件和步骤。（实现"过程与方法"目标）

● 教学任务分析与教学规划

任务分析的基本内容见样例一。

本教学案例中各环节的作用如下：

教学环节一，教师通过设计出的习题，要求学生阅读完成，实际上是帮助学生复习和梳理本章知识；教学环节二，教师呈现一个不完整的知识结构图，要求学生完成，有些地方需要学生填写相关知识，还有一些地方需要学生填写关系，待学生完成，就是一个本章知识的结构图。学生在完成这一活动时，不自觉地运用了组织知识的层级结构图的方法。

上述两个环节，实现"知识与技能"目标。

第二节课交流时，要求同学们回答层级结构图的步骤以及需要的条件，实际上就是引领学生学习制作层级结构图的方法，实现"过程与方法"目标。

● 教学过程

师："电功率"这一章的内容，我们已经学习完了，今天这节课我们来复习一下，请同学们先完成发给大家的答题纸上的问题。

【答题纸】

1. 在本章的学习中，我们学习了电功的概念：

1.1 电流所做的功为_____；电流做功的过程实质上就是电能转换为_____能量的过程。

1.2 下列说法正确的是（   ）。

A. 电功是表示电流做功快慢的物理量

B. 电功是表示电流做功多少的物理量

C. 空调总是比电风扇做功多

D. 电流做了多少功，就有多少其他形式的能转换为电能

1.3 计算电功的基本公式为_____；在纯电阻电路中，还可以用公式_____和公式_____来计算；电功的单位主要有_____、_____；两者之间的换算关系是_____。

1.4 将阻值是 55 Ω 的电炉丝接在电压为 220 V 的电路上，电流在 1 分钟内做的功为_____。

1.5 电能表是测量_____的仪表，消耗的电能数等于前后两次电能计数器读数之差。

2. 本章中一个重要的知识点就是电功率及其计算：

2.1 电流在单位时间内所做的功,叫_____;它是反映_____的物理量。

2.2 用电器正常工作时的电压叫_____;通常用电器铭牌上标明的电压均指_____。

2.3 用电器在_____下的电功率称为额定功率;一只灯泡上标有"220 V，40 W"字样,其中"220 V"表示_____,"40 W"表示_____。

2.4 在实际电路中,当用电器两端的电压不等于额定电压时,此时用电器消耗的功率称为_____。

2.5 电功率的计算公式主要有：_____、_____;在纯电阻电路中,计算电功率的常用公式还有_____、_____。

2.6 一台电暖器的铭牌上标有"220 V，3.6 A"的字样,则这台电暖器的额定功率是_____;使用中发现电暖器两端电压为 200 V,此时通过电暖器的电流为_____,消耗的电功率为_____。

3. 本章学习中另一个重要知识点是焦耳定律：

3.1 电流通过导体产生的热量跟_____成正比,跟_____成正比,跟通电时间成正比。

3.2 焦耳定律揭示了电流通过导体时产生的_____,实质上是定量地表示了电能向_____转换的规律。

3.3 在纯电阻电路中,即电能全部转化为内能的用电器,计算焦耳定律的公式为_____、_____。

4. 在本章的学习中,我们还学习了小灯泡功率测定的实验：

4.1 伏安法测功率是利用_____和_____分别测出通过小灯泡的电流及其两端的电压,然后依据公式_____实现的。

4.2 实验需要的器材：_____。

4.3 画出实验电路图

4.4 实验中应注意：_____;
_____;
_____。

师：多数同学已经完成了问题的回答,现在发给各位同学的是一个本章知识结构图,但是不完整,请同学们根据前面的复习,完成下面的本章知识结构图。

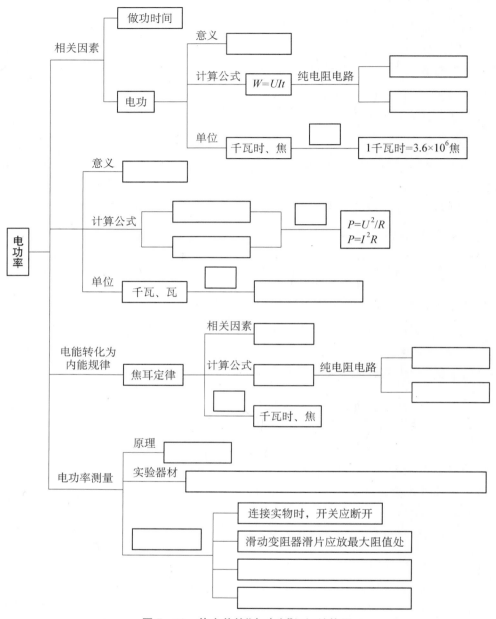

图 7 - 13 待完善的"电功率"知识结构图

三、拓展讨论

知识系统化学习的目标有两个：其一，系统化的物理知识；其二，组织知识的方法，如列表、结构图、逻辑关系以及综合运用等。

所以教师在这部分教学时，应清楚本节课教学的目标是单一的——只要将相应知识形成系统化即可，还是双重的——既要教系统化的知识，又要教组织知识的方法。

知识系统化学习，重要的一环是学生能够建立起知识间的联系及其缘由。本环节教学有不同的形式,简单表示如下:一是教师传授,陈述并组织知识。如样例一中带电粒子在匀强磁场与匀强电场中受力特征的比较。学生没有多少自主性。二是教师主导,引导学生回顾并回答所学内容,并建立知识间的联系。如样例一中梳理知识的环节一。学生有一些自主活动。三是以学生活动为主,运用一些方式,引导学生自己完成组织知识的活动。如样例二中所示。学生有较多的自主活动。四是完全由学生自己完成。对于已有一定组织知识的经历以及方法的学生,可以请他们自己来组织新知识。这是完全意义上的自主学习。

由于组织知识的方法相对比较单一,主要就是列表等方法,所以当学生有了一定的组织知识的经验并对方法有了一定认识时,完全可以由学生自己完成该任务。教师可以要求学生在课堂上交流,并根据组织好的知识是否满足"知识间的联系真实"、"知识间联系的关系清晰"这两条标准来评判即可。

思考与练习

(1)试阐述系统化知识学习的必要性。

(2)请结合具体的实例,阐述将物理概念和规律知识系统化可采用的方法。

(3)系统化知识学习后,请陈述可能有的学习结果以及学生的外显行为。

(4)结合具体实例,参照系统化知识教学的两个样例,设计出相应的教学案例。

第八章　物理学科问题解决的学习与教学

在学习了一定量的物理知识后,教师一般会安排复习课。复习课主要有两个教学任务:其一,对已学过的物理知识进行小结,帮助学生建立所学知识间的联系;其二,帮助学生解决一些复杂的物理习题。复习课中解决的习题,相比规律和概念"运用"时解决的习题,显然题型与难度都要复杂许多。本章重点讨论物理复杂习题学习的条件,并结合实际案例阐述相应的教学实施。

第一节　问题及问题解决的研究

在第六章提及,概念和规律的"运用"本质上也是通过解决问题体现的,其所要解决的问题一般来说主要应用所学的单一概念或规律就可以解决,与接下来讨论的问题解决存在一个显著的不同是:此处讨论的问题解决一般需要运用多个物理概念与规律来实现,也就是平常所谓的复杂问题解决。在中学物理教学中,复杂问题解决主要涉及领域是物理习题的解决。习题教学是中学物理教学中一个重要组成部分,通过习题的练习,可以帮助学生巩固、活化基础知识;在一定程度上帮助学生加深和扩展物理知识;帮助学生建立解决问题的思路,获得解决问题的正确方法;帮助学生将理论应用到实际,理解科学与技术的相互关系。正因为习题的练习对学生学习物理有这么多的益处,同时由于习题也是对学生物理学习结果测量和评价的主要方式,所以习题教学在中学物理教学中受到学生和教师的重视。那么如何实现物理习题的有效教学呢?学生求解较复杂的习题,本质上是解决问题的过程,本节首先讨论认知心理学对问题解决的一些基本认识,然后着重阐述物理复杂习题解决的过程以及条件,下一节提出有效教学物理习题解决的方法,并结合教学实例讨论该教学方法的运用。

一、问题及问题解决

(一) 问题

尽管对问题的表述不同,但多数心理学家认为,所有的问题都含有 3 个基本成分:[①]

(1) 给定:一组已知的关于问题条件的描述,即问题的起始状态;

(2) 目标:关于构成问题结论的描述,即问题要求的答案或目标状态;

---

① 王甦,等.认知心理学[M].北京:北京大学出版社,1992:276.

（3）障碍：正确的解决方法不是直接显见的，必须间接通过一定的思维活动才能找到答案，达到目标状态。

有些问题主要通过回忆来回答，不能算作心理学上界定的问题，比如有人问你："你叫什么名字？"回答这个问题只需要从头脑中提取信息直接作出回答，因而这不是心理学中所说的问题。

（二）问题的分类

问题可以从不同的角度进行划分，在心理学研究中，一般有如下两种分类：

1. 结构良好的问题与结构不良的问题

根据问题的结构特点，问题可以分为结构良好的问题与结构不良的问题。如果问题有一个明确定义的初始状态、目标状态及一系列可能被用来缩小和消除这两种状态之间差异的操作过程，那么这个问题就是结构良好的问题。如果问题在初始状态、目标状态和操作过程的一个方面或多个方面存在不同程度的模糊性和不确定性，这类问题就被称为结构不良的问题。

绝大多数物理习题都给出明确的已知条件，都有确定性的单一目标，尽管有些题可以有多种解法，但每一种解法的过程也都较为固定，因此习题主要属于结构良好的物理问题。而在研究性学习中，学生需要解决的问题（各类课题）如实践类课题"水火箭的制作"、调查类课题"彭越浦河闸北区段水质调查分析"等，一般没有固定的解决路径，也不存在唯一的答案，并且也没有严格意义上绝对优劣的区分，所以这部分课题中所包含的问题属于结构不良的物理问题。

结构良好的物理习题还可以依据其涉及的物理原理进一步归类，如：物体平衡问题、运动的连接体问题、天体运动问题、有关守恒的问题、静电场问题、电路计算问题、磁场与电磁感应问题、透镜成像问题等。

2. 知识贫乏的问题与知识丰富的问题

根据问题解决者的特点，将问题划分为知识贫乏的问题和知识丰富的问题。例如第一次解答一道高中物理力学题，对刚开始学习高一物理知识且没有经过多少习题训练的学生来说，这是一个知识贫乏的问题；但对一位从教多年，已经解了成百上千道物理习题的物理教师来说，这是一个知识丰富的问题。学习者在知识丰富领域解决问题是当前认知心理学的一个研究热点。

（三）问题解决的过程

这里说的问题解决过程是指问题解决的心理过程。100多年来，心理学家和教育家都关心问题解决心理过程的研究。

1. 心理学的研究

（1）杜威的问题解决过程模式。1910年，美国著名哲学家和教育家杜威提出问题解决要经历如下五步：第一，感受问题的存在，即主观上意识到面临的问题，进行初步的怀疑、推测,产生认知困惑;第二,确定和界定问题,即从问题情境中识别出问题,考虑它和其他问题的关系,明确问题的已知条件,以及要达到的目标;第三,形成假设,即在分析问题空间的基础上,使问题情境中的命题与认知结构联系起来,激活有关的背景观念和先前获得的解决问题方法,从而提出各种解决问题的可行方案;第四,检验假设,即对问题的各种假设进行经验的或实验的检验,推断出这些方法可能的结果,并对问题再做明确的阐述;第五,选择最佳方案,即找出经检验证明为解决某一问题的最佳途径的方法,并把这一成功的经验组合到认知结构中,以解决同类或新的问题。

(2)信息加工心理学的问题解决过程模式。现代信息加工心理学对问题解决的研究,把解决问题分为以下几个阶段:①

第一,问题表征。在这个起始阶段,问题解决者将任务领域转化为问题空间,实现对问题的表征和理解。问题空间也就是人对问题的内部表征。应当强调指出,问题空间不是作为现成的东西随着问题而提供给人的,问题解决者要利用问题所包含的信息和已贮存的信息主动地来构成它。人的知识经验影响问题空间的构成。对同一问题,不同的人可形成不同的问题空间。问题空间是否适宜,对问题解决有直接影响。

第二,确定问题的解决策略。算子是指能够将问题空间中的一种状态转化成另一种状态的操作行动,这种操作行动既可以是内部进行的认知思维操作,也可以是具体的动作操作。问题解决需应用一系列的操作,究竟选择哪些操作,将它们组成什么样的序列,这些都依赖于人采取哪种问题解决的方案或计划。问题解决的方案、计划或办法都称作问题解决的策略。它决定着问题解决的具体步骤,选择操作与确定问题解决策略密不可分。问题解决总是由一定的策略来引导搜索的,可以将选择操作阶段同时看作确定问题解决策略阶段。

第三,应用算子。即实际运用所选定的操作来改变问题的起始状态或当前的状态,使之逐渐接近并达到目标状态。这个阶段也即执行策略阶段。

第四,评价当前状态。这里包括对算子和策略是否适宜、当前状态是否接近目标、问题是否已得到解决等作出评估。在问题获得解决以前,对算子和策略有效性的评估起着重要作用。在一些情况下,经过评估可以更换算子和改变策略。有时甚至需要对问题的起始状态和目标状态重新进行表征,使问题空间发生剧烈的变化。

从这个角度来看,问题解决可以看作问题解决者在形成的问题空间中,运用一定策略,挑选出解决问题所需基本技能的过程。问题解决者能否解决问题,取决于问题解决者能不能形成正确的问题空间,能不能运用正确的方式搜索问题空间。

2. 物理习题解决的基本过程

第一,审题。

(1)弄懂题意,判定是属于什么范围、什么性质的问题;

(2)找出已知量和待求量。有些已知量隐含在题目的文字叙述中或物理现象、物理过程

① 皮连生,等. 现代教学设计[M]. 北京:首都师范大学出版社,2005:155.

中,要注意挖掘；

（3）明确研究对象,确定是何种理想模型。

第二,分析题。

（1）为了便于分析,一般要画出草图。草图有示意图、矢量图、波形图、状态变化图、电路图、光路图等。草图有形象化的特点,有助于形成清晰的物理图像；

（2）借助草图分析研究对象所处的物理状态及其条件；

（3）借助草图分析研究对象所进行的物理过程；

（4）在此基础上确定解题的思路和方法。

第三,建立有关方程。

（1）根据研究对象和物理过程的特点与条件,考虑解答计算上的方便,选用它所遵循的规律和公式；

（2）列出方程。（有时需要建立坐标系、规定方向或画出有关图像）

第四,求解。

（1）先进行必要的代数运算；

（2）统一单位后,代入数据进行计算,求得解答；

（3）必要时对结果进行验证。

在上述物理习题解决的过程表述中,不仅给出一般过程,还给出了提高特定阶段中认知活动效率的方法,比如在分析题环节中,指出"为了便于分析,一般要画出草图",草图可以抓住习题的主要因素、忽略较次要因素,并且可以较清晰地呈现各已知量之间的关系,是求解物理习题时有助于分析题的一个重要方法,但画草图这一方法在面对习题时,其使用的条件并不清楚,如何进行的步骤（也就是算子）也不清楚,所以画草图只是物理习题审题环节的弱方法。

同时,上述物理习题解决的过程表述中呈现的过程还具有明显的物理学科特征,有物理解题经验的人都可以理解,无论什么物理习题,就分析的内容来看,主要是分析清楚习题中的物理过程、物理状态,并结合正确的物理模型来求解。

研究表明,研究者对新颖问题的解决过程不是直线式的,而是经历了种种曲折。问题解决者要尝试运用各种假设,再评价其结果,由此逐渐积累信息。他常常进入死胡同,再退出来尝试其他路子。随着信息的积累,他可以进行更有效的推理。在每一个特定时刻,问题解决者有关问题的全部知识构成他此时的认识状态。他应用算子来改变此认识状态,达到另一个新的认识状态,即在问题空间进行搜索,最后达到问题的目标状态。

学生在解决一道新的物理题时也不会一帆风顺,要经历分析、形成对问题的认识、选择实际解决的策略,并在策略指引下选择解决问题所需要的定理等环节。在审题、分析题、选择适当方程、解方程等每个环节都可能遭遇到障碍,找不到解决问题的通路,此时学习者需要回顾梳理先前审题或分析题中是否有疏忽之处,通过对习题情境的细致分析,尝试找到解决问题的线索。

3. 两种解决过程的比较

我们可以将物理教学中概括出的习题解决过程，与心理学问题解决的一般描述做一个比较。尽管所用词语不同，实际上对解决问题过程的陈述还是相近的。在物理解题过程的陈述中添加了有助于物理习题解决的方法及其物理特征，如表 8-1 所示。

表 8-1　心理学对问题解决的描述与物理解决问题过程间的比较

心理学对解决问题过程的表述	物理学中对物理习题解决过程的表述	运用的策略或方法	布卢姆教育目标分类
问题表征，形成问题空间	审题及分析题中的步骤(1)—(3)	审题及分析题的方法作草图、列出分析的基本出发点、分析物理过程、物理状态	"分析"
确定策略	分析题中的步骤(4)——形成思路与方法		"综合"
运用算子	建立有关方程及求解中的步骤(1)、(2)	选择适当的物理概念和规律的方法	
评价当前状态	求解中的步骤(3)	求解方程的方法	

二、问题解决的结果——问题图式

心理学家在研究专家与新手解决问题的差异时，以新手与相对的专家解决同一问题的决策行为做了对比研究，研究发现在物理解决问题领域专家与新手主要存在如下差异。

(一) 专家具有与领域问题解决相适应的策略

如第四章所讨论的，解决同一类习题存在不同的解题方法，有些方法解决此类问题有较高效率，称为强方法，但有些方法则效率相对较低，称为解决此类习题的弱方法。在专家-新手研究中发现专家具有解决本领域问题的强方法，而新手则不具备足够的强方法，因此在解决习题时，只能采用弱方法，效率低且无法保证习题最终得到求解。

(二) 专家领域知识技能化

比如刚刚学习过动量守恒定律的新手在应用该定律解题时，一般会回忆出动量守恒定律的内容以及公式，并将题目中的条件与其对照，如"这道习题要运用动量守恒定律，……动量守恒是指在两个位置，动量之差等于受到的冲量，冲量等于物体所受力和时间的乘积……"

而经过一定数量同类习题训练的教师和学生则在这一方面不会有明显的回忆阶段，说明领域中的概念和原理已转化为技能，所以用时较少，解题效率较高。

(三) 专家有数量多而且形成大的组块的解题知识结构

对象棋大师与普通棋手在复现真实棋局的能力方面的研究发现，象棋大师在注视棋盘 5 秒后，在空棋盘上能准确复现 20 个以上的棋位，但新手在相同条件下只能复现 4—5 个。蔡斯和西蒙进一步研究表明：象棋大师是将棋盘上的棋子分成一定关联的组块来记忆的，并且大师记忆的组块较新手多,且组块中棋子数也多得多。[①]

此外蔡斯和西蒙还研究了象棋大师与新手在复现随机摆放的棋局的情况,发现原先存在于二者间复现棋盘棋子上的差异消失了。大师在恢复真实棋局和随机放置棋局上的差异表明:专家与新手相比,专家存储了丰富的、在本领域中实际会出现的某种关系或结构特征以及实例。个体具有的这种心理结构,在认知心理学研究中被称为图式。

在此基础上,有研究者提出问题图式。问题图式是围绕原理或基本概念而组织起来的,每个问题图式都包含陈述性知识、程序性知识以及典型的问题情境的特征要素。问题图式允许问题解决者根据问题解决的方式对问题进行分类,它是领域专门知识表征方式,是造成专家和新手问题解决技能差异的根本原因。[②]

所以,专家一定存储有大量的带有本领域特征的问题图式,并且问题图式不仅包含一类问题的本质结构特征,还与解决问题的策略联系在一起,一旦专家识别出题目类型,就可较快地运用与该问题解决相适应的策略。

比如第四章介绍的专家-新手研究中解决的一类物理习题,我们可以推测存在如下图式(表 8 - 2):

表 8 - 2 运动学与动力学结合类问题解决图式

本质结构特征	所需知识与技能	策略(强方法)
物体做直线运动、受恒定力的作用、已知部分运动学量求受力,或者已知受力求运动学量(速度、位移、时间等)	理解各种力的概念并会据此正确分析受力;理解并会运用匀变速直线运动的各种规律;理解并会运用牛顿定律等	以加速度为突破。通过加速度将运动学规律与牛顿第二定律联系起来求解,如图 4 - 1 所示

由于专家已形成该类习题的图式,依据题目呈现的特征能很快识别出题目属于运动学与动力学结合类的问题,又由于问题图式中有解决此类问题的特定策略,专家就可启动针对此类习题的策略(强方法)来求解,外显上可以表现出向前推理的解决问题方式,解决这一类习题的效率较高。

三、物理习题解决领域的策略

问题解决是问题解决者在一定策略的引导下,选择、组合解决问题所需技能的过程。在物理习题解决中,常用的策略如下。

(一) 解决问题的强方法

面对问题,解决者首先会尝试采用解决问题的强方法。如第四章第一节所述,强方法已经聚焦于解决一类问题所必需的技能以及先后间的序列,所以解决特定类型习题的效率

---

① 吴庆麟,等.认知教学心理学[M].上海:上海科学技术出版社,2000:196.
② 辛自强.问题解决与知识建构[M].北京:教育科学出版社,2005:36.

较高。

（二）解决物理习题的弱方法

当问题解决者没有解决习题的强方法时，就会采用领域中相对的弱方法来尝试解决，物理习题领域常见的弱方法类型有：

其一，解决物理习题的通用方法。如案例4-1中的策略一。

其二，解决物理某一子领域的方法。如案例4-1中的策略二——解决静力学习题的方法。此外还有解决运动学习题的方法、解决电学习题的方法等。如案例8-1所示。

其三，解决物理习题的一般方法。如案例8-2所示。

【案例8-1】

1. 运动学解题的基本方法、步骤

根据运动学的基本概念、规律，可知求解运动学问题的基本方法、步骤为：

（1）审题。弄清题意，画草图，明确已知量、未知量、待求量。

（2）明确研究对象。选择参考系、坐标系。

（3）分析有关的时间、位移、初末速度、加速度等。

（4）应用运动规律、几何关系等建立解题方程。

（5）解方程。

2. 电磁学习题求解方法

（1）关于研究对象。电场中的研究对象往往是电场中的某一点或某个电荷。电路的研究对象往往是某些元件（包括电源、用电器、电表等）或一段电路；

（2）关于受力分析。由于电场的参与，要多考虑一个电场力；

（3）关于物理过程。电场中主要研究静电平衡、带电粒子在电场中的运动（平衡、偏转、加速等）；电路中主要研究电路变化，如通过电键、转换开关、变阻器等变换电路的组成并引起电路中各个量的变化，为了便于认识电路，常常要先画出简化的等效电路；

（4）关于状态参量的分析。表征电场的状态量主要有场强、电势、电势能等，引起电路状态量变化的是电阻等。要抓住关键的物理量，如并联电路中电压相等、串联电路中电流相等、变化电路中电源的电动势和内阻不变、在全电路中能量守恒。

分析：上述方法，其适用范围相较通用方法小，但每一步还不可能聚焦必要技能，因此应用时还有分析-选择、判断等思维过程，无法保证物理习题一定得到解决，所以还是弱方法。

【案例8-2】

（1）守恒法：守恒法就是利用物理变化过程中存在的一些守恒关系来解物理习题的方法。

守恒总是针对某一系统而言的，因此在应用守恒定律解题时，首先要确定研究对象即系统；中学物理涉及的守恒有：质量守恒、电荷守恒、动量守恒、机械能守恒和能量守恒。

（2）几何法：几何法就是利用几何知识解决物理问题的方法。

任何物质的运动、一切物理过程的进行和物理规律,都可以用一定的几何图形简洁、形象地表示。几何中有点的概念,物理中有质点、点电荷、点光源;几何中有线的概念,物理中有电场线、磁感线、光线;几何中有面的概念,物理中有面电荷、等势面;几何中有球体的概念,物理中有分子球状模型、地球模型。

(3) 整体法:在研究物理问题时,把所研究的对象作为一个整体来处理的方法称为整体法。

在采用整体法时,不仅可以把几个物体作为整体,也可以把几个过程作为整体,在解答物理习题时,有时也可以把所求的几个未知量作为整体。

(4) 隔离法:把所研究的事物从整体或系统中隔离出来进行研究,最终得出结论的方法称为隔离法。

在采用隔离法解物理习题时,可以把整个物体隔离成几个部分分别处理,也可以把整个过程隔离成几个阶段分别处理,还可以对同一物体、同一过程中不同物理量的变化进行分别处理。

(5) 图像法:利用平面直角坐标系中的物理图像解题的方法叫作图像法。

图像法解题中两个重要手段是识图和作图。识图包括:图像表示哪两个物理量的关系、图像的形状(直线、正弦、余弦、抛物线、双曲线等)、把握图像的性质(起点、极值、斜率、交点等)、找出图像中所隐藏的其他物理量及变化。作图包括:利用物理公式与图像的对应关系、描点并连成曲线。

(6) 等效法:就是在保证某种效果(特性或关系)相同的前提下,将一种事物转化为另一种事物,把原先陌生、复杂的事物转化为熟悉、简单的事物,通过对研究对象的等效替代物来认识研究对象的一种方法。

(7) 对称法:利用事物的对称特性来分析问题和处理问题的方法称为对称法。事物的对称表现在结构对称、物理量对称、物理过程对称、运动轨迹对称等。

分析:此类方法应用的条件难以清晰化,如在何种条件下可以用对称法、在何种条件下可以用等效法等,因此此类方法可以为学习者解决物理习题提供尝试的途径,却无法保证学习者解决特定的物理习题,所以也是弱方法。

(三)最一般的弱方法

当问题解决者运用领域弱方法无法解决物理习题时,也会采用解决问题最一般的弱方法,比如手段-目标法、逆推法、尝试错误方法等。可参见第四章第一节。

此外,常用的解决问题的弱方法还有类推法,[1]即在问题情境中与个体熟悉的情境之间作出类推。认知心理学研究发现,记忆的存取是由表面线索水平的相似性来引导的,表面线索呈现给解决者的是问题的表面方面,它们可能包括诸如问题中的人或物的名字、问题所围绕的特定活动或地点成分,或者需要解决的问题特征等。

---

① John B. Best. 认知心理学[M]. 黄希庭,主译. 北京:中国轻工业出版社,2000:381.

第二节　复杂物理习题解决的教学

一、习题教学的目标

（一）问题解决的研究对习题教学的启示

复杂习题需要运用多个物理规律来解决，习题本质上属于结构良好的问题。

前一节中已指出专家拥有自己专长领域丰富的问题解决图式。因为具有大量的图式，在面对新问题时，如果能抽象出符合图式的结构特征，专家就可以启动强方法来解决问题，从而能够高效地解决本领域的常规新问题。

当专家面对无法归类的问题时，也需要运用弱方法来解决。常用的解决问题的弱方法有解决本领域问题的弱方法，若运用领域弱方法亦无法解决问题，专家同样需要采用解决问题最一般的方法，如手段-目标法、逆推法、尝试错误法，还有类推法等。

由此，为了帮助学生解决复杂物理习题，可以从下面几个方面入手：

第一，通过练习，帮助学生将概念和定理技能化。

第二，结合新问题的解决，引导学生经历物理习题解决领域弱方法的运用，体会并熟悉领域弱方法的适用条件以及相应的步骤。如案例8-3所示。

第三，精选物理习题领域具有典型特征的习题，加强学生对情境的把握能力，并逐步与解决问题的强方法联系起来，构成特定问题解决的图式。如案例8-4所示。

第四，按照某一主题组织习题，目的是帮助学生形成与该主题相关的、可解决问题的全面表征。当学生在面对新的物理问题时，能够根据其某方面的特征线索，运用类推法，与以往解决问题的经验相联系，启发思路。如果解决问题的经验是零散存储的，将不利于学生进行有效的提取。如教师依据航天飞行这一特征将相关问题汇总为"宇宙航行中的动量问题"进行呈现，综合介绍火箭推进器、光帆推进器、粒子推进器、弹弓效应等宇宙飞行器的动力方式，同时运用动量定理、动量守恒定律、机械能守恒定律、光子动量、喷射粒子束与电流及电荷量关系等知识解决相应问题。如此有序化地将航天运动的动量问题汇总后，有助于学生形成围绕该主题的整体表征，当学生遇到新的航天飞行问题时，就可能激活该主题，一旦匹配某种已有的解决问题的经历，问题就有可能因获得思路而得到求解。类似的问题主题还有很多，比如物理学科中的"物理极值问题"、"变质量气体问题"、"带电粒子在复合场中的运动问题"、"近似与估算问题"等。

（二）习题教学的目标

1. 针对学习者而言的新题，应以运用领域弱方法的经历为教学目标

学习者解决物理新习题，通常需要：

（1）运用"解决物理习题的通用方法"，最重要的是审题、分析题，其目的是形成对问题的全面认识,找出有助于解决问题的隐含的关键信息。

审题、分析题的主要工作包括：

① 审题：确定问题的主要范围；确定已知、待求；（从题设情境中,找出相关隐含因素）确定研究对象。

② 分析题：分析物理过程；分析物理状态。（从分析过程中,找出相关隐含因素）

（为了帮助分析,可以画草图,如示意图、矢量图、波形图、状态变化图、电路图等）

（2）当审题、分析题后,若不能看出从已知条件到目标的途径,可遵循逆推、向前推理、手段-目标、类推等解决问题的最一般方法,引导问题解决者进一步有序搜索可用于解决问题的隐含的关键信息。

在陈述对应的教学目标时,建议这样描述：经历……新题的解决,体会解决物理习题领域的弱方法（审题、分析题）,以及逆推等弱方法的运用。

2. 针对可清晰归类的习题,应以问题图式为教学目标

有一部分物理习题可以归为特定的类型,具有较为明确的物理对象、过程或状态等特征,且存在解决问题的强方法。对这类习题,教师应以解题方法、问题图式教学为目标。

在此类教学中,教学目标的层次如下：

（1）学习者能够选择正确的技能,依据正确的解决步骤,解决教学中的习题。（"知识与技能"目标）

（2）学习者理解解决一类习题的方法,并在新情境下正确运用。（"过程与方法"目标）

（3）学习者理解一类习题的题型特征,以及解决此类习题的方法,形成解决此类习题的图式。（"知识与技能"目标、"过程与方法"目标两者整合）

在陈述对应的教学目标时,建议这样描述：掌握……类物理习题的问题图式；能解释此类习题的题型特征、解决此类问题的强方法；能依据题型特征识别出同类习题,并遵循解决此类问题强方法的步骤,执行相应的必要技能解决同类习题。

3. 对大量不可归类的习题,应围绕某个主题来组织习题

对于更多的无法一一归类的物理习题,教师应尽可能围绕某一主题组织习题,如此有助于学生形成与该主题相关的可解决习题的整体表征。当学生在面对新习题时,能够根据其某方面特征,运用类推方式,与以往解题经验相联系,启发解决问题的思路。

在此类教学中,教学目标的层次如下：

（1）学习者能够选择正确的技能,依据正确的解决步骤,解决教学中的习题。（"知识与技能"目标）

（2）学习者理解围绕特定特征属性的习题求解案例。（"方法"目标）

在陈述对应的教学目标时,建议这样描述：理解……主题的物理习题；能解释此主题习题的特征以及解决过程。

二、复杂物理习题的教学样例分析

【案例 8-3】 新题教学

● 教学内容：运动、力、功能关系一道综合题的解决

● 教学目标

经历一道运动、力和功能关系综合题的解决过程,体会解决物理习题弱方法(审题、分析题)的运用,形成对问题的理解,体会运用逆推法搜索解决问题所需必要技能的过程。

● 教学任务分析

解决问题是学习者运用一定策略,选择、组合、排列解决问题所需技能的过程。学习者面对新问题,由于没有强方法,所以只能用弱方法来求解。

本题中,通过引导学生审题(梳理已知、待求,确定题设情境中的隐含条件)、分析题(分析物理过程、物理状态,结合草图完成)等,形成本题的问题空间,也就是理解问题,如教学环节一。然后结合已知或待求,运用逆推法,进一步搜索解决本题的关键点,如教学环节二。

经过这一教学过程,学习者经历运用"审题、分析题"形成对问题的理解,运用"逆推法"搜索解决问题所需必要技能或关键点的过程,体会解决物理习题领域中弱方法的运用。相信经过多次训练,学习者能够在运用弱方法解决新题方面受到潜移默化的积极影响。

● 教学过程

例题：在光滑的水平面上有一静止的物体,现以水平恒力 F_1 推这一物体,作用一段时间后,换成相反方向的水平恒力 F_2 推这一物体。当恒力 F_2 的作用时间与恒力 F_1 的作用时间相同时,物体恰好回到原处,此时物体的动能为 32 J。则在整个过程中,恒力 F_1 做功等于多少？恒力 F_2 做功等于多少？

教学环节一(审题、分析题)

1. 审题(确定问题的范围)

题目类型：物体受力运动、已知条件中有能量,是力学中涉及牛顿定律、能量变化及运动学等的综合题。

研究对象：单一对象,即物块。

已知：物体先受恒力 F_1,由静止开始运动;运动在水平面上;水平面光滑(没有摩擦力);然后受相反力恒力 F_2,回到原点;F_2 的作用时间与 F_1 的作用时间相同;回到原点时物块有动能,动能 $E_k = 32$ J。

求：F_1 做功多少？F_2 做功多少？

2. 分析题(分析过程和状态)

分析过程：有几个过程？

应该有两个过程。

哪两个过程?

物体受 F_1,由静止开始运动;物体受与 F_1 相反的力 F_2 作用,运动。

第一个过程是做什么运动?

做初速为零的匀加速直线运动。

能不能画出草图? 运动草图应如何画? 一般要标出什么物理量?

要确定坐标原点,正方向;通常需要标出速度、运动的距离等。

假设物体向右运动,从 A 点出发,向右为正方向。水平面光滑。(隐含条件 1:没有摩擦力)

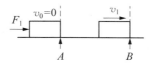

图 8‑1 草图一(设从 A 点出发,到 B 点撤去 F_1,施加 F_2)

第二个过程是做什么运动?

受与 F_1 相反的力 F_2 作用,做匀减速运动。

两个过程有什么联系?

受 F_1 运动的末速度,是第二阶段受 F_2 做匀减速运动的初速度。(隐含条件 2)

物体受 F_2 的作用回到原点 A,此时速度方向如何?

向左。

物体回到原点,说明什么?

说明物体在 F_2 作用下先向右做减速运动,速度减为 0,然后再向左做加速运动。(隐含条件 3)

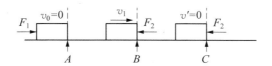

图 8‑2 草图二(假设到 C 点速度为零)

当物体重新回到 A 点,速度会为零吗?

不会,因为一直向左做加速运动,设回到 A 点时速度为 v_2。(隐含条件 4)

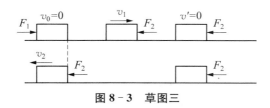

图 8‑3 草图三

教学环节二 （确定解题的思路或策略）

经过上述审题、分析题过程，仍不能直接看出从已知到达目标的途径，本题可遵循逆推法（由待求一直逆推进行分析），进一步搜索解决此问题所需的技能或关键点。

解题过程：

题目要求力 F_1 做的功。做功如何求？

根据做功的定义，可用力乘以距离求得；

根据动能定理，有 $F_1 S = E_{k2} - E_{k1}$。

如果用做功的定义求力 F_1 做的功，应如何求？

要知道运动距离和力的大小。

根据已知条件，可以求吗？

似乎两个条件都不知。

从已知条件（题设告知末动能），可以用哪个途径？

应该用动能定理。

如果从动能定理求该力做功可以吗？要知道动能的变化，需要求出什么？

需要求出撤去力 F_1 时物体的速度。（揭示出解决此问题中的一个关键点，就是当物体在 F_2 作用下回到 B 点时的速度。隐含条件5）

当物体在 F_2 作用回到 B 点时，速度有何关系？

大小还是 v_1，但方向相反。（隐含条件6）

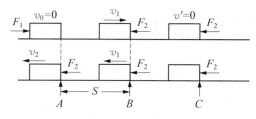

图 8-4 草图四

求出 v_1，或者 v_1 和 v_2 的关系。（搜索出解决本题的关键点，选择运动学相关公式求解）

第一个过程中，以 A 点为坐标原点，向右为正方向，有 $S = \dfrac{(v_1 + v_0)t}{2} = \dfrac{v_1 t}{2}$

第二个过程中，以 B 点为坐标原点，向右为正方向，有 $-S = \dfrac{(-v_2 + v_1)t}{2} \Rightarrow S = \dfrac{(v_2 - v_1)t}{2}$

解得 $v_2 = 2v_1$

（此处要运用根据已知条件和待求，选择适当的运动学公式的策略）

根据动能定理：$W_1 = mv_1^2/2 - mv_0^2/2$，$W_2 = mv_2^2/2 - mv_1^2/2$

结合 $v_2 = 2v_1$，$E_k = mv_2^2/2 = 32$ J

解得 $W_1 = 8$ J，$W_2 = 24$ J

【案例 8-4】物体受共点三力静平衡一类习题解决的教学

● 教学内容：物体受共点三力静平衡一类习题的解决

● 教学目标

理解共点三力静平衡一类习题的问题图式；能用自己的语言陈述问题图式的各成分；在有提示的场合，可运用该图式解决该类型习题。

● 教学任务分析

共点三力静平衡是静力学中一类具有典型特征的习题，具有求解的强方法，所以本案例的教学目标是帮助学生习得该类习题的问题图式（参见表 8-3）。

本教学案例中，各环节的作用如下：

教学环节一，教师引导学生运用解决静力学的弱方法解决该类习题，学生体会到用常规方法解题的困难。然后，教师引导学生分析习题的特征（受三力，三力首尾相连可构成三角形），尝试沿这一新的解决问题的途径解决此习题，学生不自觉地经历了正确解决该类问题的思路和方法。

教学环节二，习得解决此类问题的方法，即方法意义学习的教学阶段。教师引导学生回忆自己解决两道习题的过程，从中概括出解决此类习题的方法（含步骤），以及此类题型的特征，帮助学生形成解决此类习题的问题图式。

教学环节三，学生运用图式来解决属于同一类型但情境有一定差异的问题，即方法与图式的运用阶段，此环节与教学环节二构成完整的方法及图式教学。

● 教学过程

教学环节一　习题解决阶段

例1　如图 8-5 所示，绳 AB 栓结轻杆 BC，BC 通过光滑铰链固定在 C 点，其中 $AB = 2.4$ m，$AC = 1.6$ m，$BC = 3.2$ m，在 B 点挂一重物，$G = 500$ N，求绳 AB、杆 BC 所受的力。

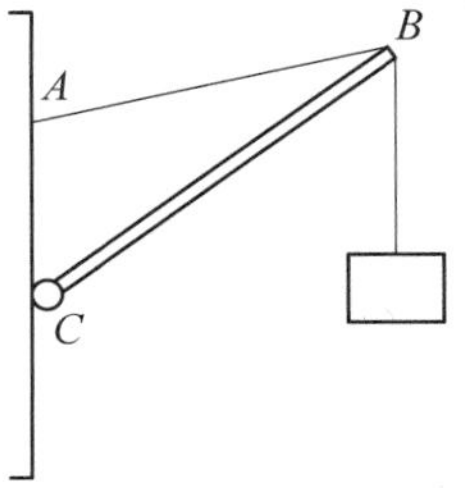

师：这是一道受力静平衡问题，要解静平衡问题，一般应怎么做？

生甲：选定研究对象，并分析其所受力。

生乙：将力用正交分解等适当方式分解。

生丙：列出特定方向力平衡方程，并求解。

图 8-5　例 1 题图一

师：要求的是绳 AB 段和杆 BC 对 B 点的作用力，哪个点是研究对象？

生：B 点。

师：请分析并画出 B 点所受力。

生：受重物的拉力 T_G、杆 BC 对 B 点的作用力 T_{BC}、绳 AB 段对 B 点的作用力 T_{AB}，方

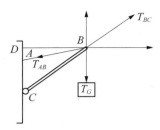

向分别如图 8-6 所示(根据作用效果做出判断)。

图 8-6 例1题图二

师：可选择什么方向将力分解?

生：可沿水平方向和竖直方向,分解如下:

$T_{BC/\!/} = T_{BC} \cos\angle CBD$;

$T_{BC\perp} = T_{BC} \sin\angle CBD$;

$T_{AB/\!/} = T_{AB} \cos\angle ABD$;

$T_{AB\perp} = T_{AB} \sin\angle ABD$ 。

师：列出平衡方程。

生：$T_{BC} \cos\angle CBD = T_{AB} \cos\angle ABD$;

$T_{BC} \sin\angle CBD = T_{AB} \sin\angle ABD + T_G$ 。

师：要解这个方程,需要知道什么?

生：$\angle CBD$、$\angle ABD$ 的正弦和余弦。

师：如何求?

生：因为知道三角形 ABC 的边长,可通过余弦定律求出 $\angle ABC$ 的余弦。

$$\cos\angle ABC = \frac{2.4^2 + 3.2^2 - 1.6^2}{2 \times 2.4 \times 3.2} = \frac{5.76 + 10.24 - 2.56}{2 \times 2.4 \times 3.2} = \frac{13.44}{2 \times 2.4 \times 3.2}$$

$$= \frac{21 \times 0.64}{2 \times 3 \times 0.8 \times 4 \times 0.8} = \frac{7}{8} ;$$

$$\sin\angle ABC = \sqrt{1 - \left(\frac{7}{8}\right)^2} = \frac{\sqrt{15}}{8} ;$$

$$\cos\angle ACB = \frac{3.2^2 + 1.6^2 - 2.4^2}{2 \times 1.6 \times 3.2} = \frac{11 \times 0.64}{2 \times 2 \times 0.8 \times 4 \times 0.8} = \frac{11}{16} ;$$

$$\sin\angle ACB = \sqrt{1 - \left(\frac{11}{16}\right)^2} = \frac{\sqrt{135}}{16} ;$$

$$AD = BC\cos\angle ACB - 1.6 = 3.2 \times \frac{11}{16} - 1.6 = 0.6 ;$$

$$\sin\angle ABD = \frac{0.6}{2.4} = \frac{1}{4} ;$$

$$\cos\angle ABD = \sqrt{1 - \left(\frac{1}{4}\right)^2} = \frac{\sqrt{15}}{4} ;$$

$$BD = 3.2\sin\angle ACB = 3.2\frac{\sqrt{135}}{16} ;$$

$$\sin\angle CBD = \frac{AC + AD}{BC} = \frac{1.6 + 0.6}{3.2} = \frac{2.2}{3.2} ;$$

$$\cos\angle CBD = \frac{BD}{BC} = \frac{3.2 \times \frac{\sqrt{135}}{16}}{3.2} = \frac{\sqrt{135}}{16} ;$$

$$\cos\angle CBD = \cos(90° - \angle ACB) = \sin\angle ACB = \frac{\sqrt{135}}{16};$$

$$\sin\angle CBD = \sin(90° - \angle ACB) = \cos\angle ACB = \frac{11}{16}。$$

师：可代入求解。

$$T_{BC}\cos\angle CBD = T_{AB}\cos\angle ABD \Rightarrow T_{BC} \times \frac{\sqrt{135}}{16} = T_{AB} \times \frac{\sqrt{15}}{4};$$

$$T_{BC}\sin\angle CBD = T_{AB}\sin\angle ABD + T_G;$$

$$T_{AB}\frac{16 \times \sqrt{15}}{4 \times \sqrt{135}} \times \frac{2.2}{3.2} = T_{AB}\frac{1}{4} + T_G;$$

$$T_{AB}4 \times \sqrt{\frac{1}{9}} \times \frac{2.2}{3.2} - T_{AB}\frac{1}{4} = T_G;$$

$$T_{AB}\frac{11}{12} - T_{AB}\frac{1}{4} = T_G;$$

$$T_{AB}\frac{8}{12} = T_G \Rightarrow T_{AB} = \frac{3}{2}T_G = 750 \text{ N}。$$

同理可得，$T_{BC} = 1\,000$ N。

师：从前面解题过程可以看出，本题数学计算量较大，要用到余弦公式、直角三角形中边角关系，那么能否找到相对简单的解题途径呢？

（学生思考。一般来说学生难以完成，有些见识过此类习题求解的学生可能会回答出。如果学生能回答，就可请学生相对完整地求解；如果没有学生回答，教师可引导学生关注力的矢量三角形）

师：在静力学解题中，通常需要对力进行处理，处理的方法主要有哪些？

生：平行四边形法则、三角形法则、正交分解法。

师：本题运用正交分解求解过程太复杂，是否可用三角形法则试一试？我们已经知道，如果物体受多个力且保持静止，那么这些力首尾相连，应构成什么？

生：闭合的多边形。

师：如果受三力而平衡，那么构成什么形状呢？

生：构成三角形。

（教师请学生作出本题中力的矢量三角形。亦可请一位同学在黑板上画出）

师：观察力的矢量三角形形状，和图中哪个图形相像？

生：和三角形 ABC 相像。

师：它们有什么关系呢？

生：相似。

师：理由呢？

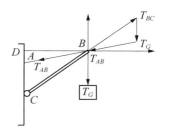

图 8 - 7　例 1 题图三

（学生陈述理由）

师：既然两个三角形相似，得出其中什么关系？

生：对应边成比例。

师：请列出方程。

$$\frac{AB}{T_{AB}} = \frac{BC}{T_{BC}} = \frac{AC}{T_G}$$

师：三角形 ABC 的边长是否已知？

生：已知。

师：由上式可否求出 T_{AB}、T_{BC}？

生：可以。

师：比较两种解法，第二种要简单一些。

（学生练习求解例2，进行巩固）

例2　如图8-8所示，在半径为 R 的光滑半球面上高 h 处悬挂一定滑轮，重力为 G 的小球用绕过滑轮的绳子被站在地面上的人拉住，滑轮光滑且大小可忽略不计，人拉动绳子，在与球面相切的某点缓缓运动到接近顶点的过程中，试分析小球对半球的压力和绳子拉力如何变化。

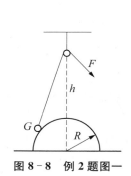

图8-8　例2题图一

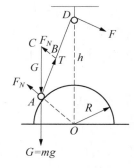

图8-9　例2题图二

解析：小球缓慢向球面体顶端移动时，处于动态平衡中，受力分析如图8-9所示，小球受重力 mg，半球面对小球的支持力 F_N，绳的拉力 T，设绳长为 L，由于 $\triangle AOD \backsim \triangle ABC$，其对应边成比例，

则

$$\frac{mg}{h+R} = \frac{F_N}{R} = \frac{T}{L}$$

故

$$F_N = \frac{R}{R+h}mg$$

由于球面体半径和高 h 不变，所以 F_N 在球移动过程中大小不变。

又因为

$$T = \frac{L}{h+R}mg$$

故当小球向上缓慢移动时,AD 段绳长 L 不断减小,因而 T 不断减小。

教学环节二　学习三力静平衡的问题图式

1. 学习解决此类问题的方法

师：刚才我们求解了两道习题,在求解中有什么与前面不同的解决思路吗？

生：通过相似三角形。

师：哪些三角形相似？

生：力的矢量三角形,杆、绳、球半径等构成的几何三角形。

师：解决步骤是什么？

生甲：要进行受力分析,要画出力的示意图。

生乙：要作出力的矢量三角形。

生丙：要寻找与力的矢量三角形相似的几何三角形。

(教师总结梳理)

2. 分析此类问题的本质结构特征

师：上面我们分析了解决上述两道习题的方法,那么这两道习题有什么共性特征吗？

(学生思考、讨论、分析)

生甲：都是受三个力,且平衡。

生乙：受力多是弹力,且沿绳或杆或球半径等。

(教师将几位同学的回答综合起来,形成比较全面的问题特征)

3. 学习并形成"三力静平衡类习题"的问题图式

教师分析概括,并清晰板书。

表 8 - 3　三力静平衡类习题的问题图式

问题结构特征	解题所需知识与技能	策略
对象：一个物体 状态：物体受三力平衡,且受力为沿绳、沿圆周半径、沿杆等方向 过程：物体静止或动态平衡。已知通常为绳、杆、圆周半径等,待求通常为各力的大小或变化等	受力分析、力的示意图、力的矢量三角形、相似三角形的关系、三角形边角关系	1. 先分析出三力,并画出力的示意图； 2. 画出力的矢量三角形； 3. 运用三角形边角关系和已知条件求解,或寻找与力的矢量三角形相似的由绳、杆、球面等构成的几何三角形,运用相似三角形求解。

教学环节三　图式的运用

(学生解答下面两个问题)

例 3　如图 8-10 所示,小圆环重 G,固定的竖直大环的半径为 R。轻弹簧原长为 $L(L<2R)$,其劲度系数为 k,接触面光滑,求小环静止时弹簧与竖直方向的夹角 φ 是多少？

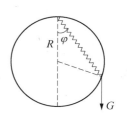

图 8 - 10　例 3 题图

例 4 如图 8－11 所示，竖直杆 CB 顶端有光滑轻质滑轮，轻质杆 OA 自重不计，可绕 O 点自由转动，$OA = OB$。当绳缓慢放下，使 $\angle AOB$ 由 $0°$ 逐渐增大到 $180°$ 的过程中（不包括 $0°$ 和 $180°$），下列说法正确的是（　　）

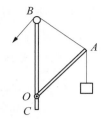

图 8－11 例 4 题图

A. 绳上的拉力先逐渐增大，后逐渐减小

B. 杆上的压力先逐渐减小，后逐渐增大

C. 绳上的拉力越来越大，但不超过 $2G$

D. 杆上的压力大小始终等于 G

【案例 8－5】动能定理常见一类习题解决的教学①

● 教学目标：了解动能定理运用的情境，能陈述常见动能定理问题的实例及解决方案。

● 教学任务分析

动能定理及其运用的情境相对较多，通常也是命题的热点。但这些习题并没有明确的特征可以将其归类，所以设计一节专题教学课，采用一题多变的拓展方法，通过"母题"进行不同专题物理模型的关联组合，不但培养学生的建模能力，帮助学生熟悉各种常见的物理模型，而且可以让他们更广泛地加强不同知识间的联系、渗透和迁移。学生形成围绕该主题的整体表征，当学生遇到类似情境的问题时，就可能激活该主题，一旦匹配某种已有经历，问题就有可能获得求解。

● 教学流程

（一）课堂引入

练习：光滑斜面与粗糙水平面平滑相接，一质量为 m 的物体从斜面上高为 h 处由静止释放，若已知物体与水平面的滑动摩擦系数为 μ，求物体能在水平面上滑行的距离。（斜面与水平面的夹角为 θ，重力加速度为 g）

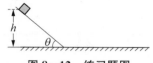

图 8－12 练习题图

解：对物体从开始运动到静止的过程，由动能定理得：$mgh - \mu mgs = 0 - 0$

可得：$s = h/\mu$

设计意图：通过一道简单题，了解学生掌握知识的情况，同时让学生知道动能定理的重要性，引入本课教学。

教学要求：请学生分析从动力学角度和能量角度的解题可行性及其优缺点，并且让全体学生从能量角度进行解答，观察学生的答题情况，适当点评。

（二）基础知识梳理

1. 动能表达式 $E_k = $_____；动能是_____（标、矢）量，动能的值不能够_____（$>$、$<$、$=$）0。

---

① 本例在《中学物理》2015 年 15 期"母题"拓展应用一文基础上编制.

2. 动能定理：外力对物体做的＿＿＿＿＿＿等于物体＿＿＿＿＿＿的变化量；

表达式：＿＿＿＿＿＿＿＿＿＿＿＿＿＿＿＿＿＿＿＿＿＿＿＿＿＿＿＿。

3. 动能定理的适用情况：

① 从对象的运动轨迹看，既适用＿＿＿＿＿＿运动，又适用＿＿＿＿＿＿运动；

② 从对象的受力变化看，既适用＿＿＿＿＿＿做功，又适用＿＿＿＿＿＿做功；

③ 从对象各力做功的同时性看，各力既可以＿＿＿＿＿＿做功，也可＿＿＿＿＿＿做功。

4. 应用动能定理解题步骤：

① 定——确定对象和运动过程；

② 力——对研究对象进行受力分析；

③ 功——确定对象的总功和初末状态的动能；

④ 解——依据动能定理列方程，结合其他条件求解。

设计意图：让学生回顾相关知识，同时让教师掌握学生的学习情况。

教学要求：请学生回答，注意学生的答题情况，适当点评和鼓励。

（三）母题变换

在母题的基础上拓展了与不同专题内容相对应的几种重要物理模型的变化：

变换一：(如图 8-13)若将此轨道放于高为 H 的桌面上，且缩短水平轨道，情况如何？（可引入平抛知识）

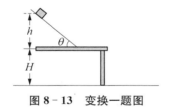

图 8-13　变换一题图

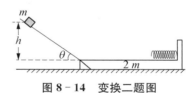

图 8-14　变换二题图

变换二：（如图 8-14)若在水平轨道右端固定一轻质弹簧，情况如何？（可引入弹簧模型）

变换三：（如图 8-15)若将基本模型水平轨道右端接上光滑圆弧轨道，情况如何？（可引入圆周运动知识）

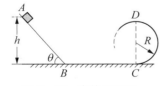

图 8-15　变换三题图一

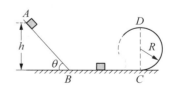

图 8-16　变换四题图

变换四：（如图 8-16)若在水平轨道上放置另一静止的物体，情况如何？（可引入动量知识）

变换五：（如图 8-17)在轨道上方加上匀强电场，同时使物体带上电荷量，而轨道绝缘，情况如何？（可引入电场知识）

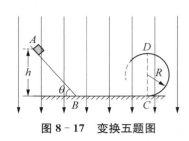

图 8-17 变换五题图

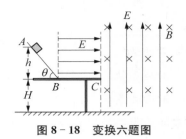

图 8-18 变换六题图

变换六：(如图 8-18)在轨道加复合场,情况如何?(可引入磁场知识)

设计意图：本教学环节的重点是让学生建立母题的变换意识,定性地引导学生去回顾相关的不同物理模型,如何进行恰当变换,以达到加强各板块知识间的联系,使学生关于各知识的联系、渗透和迁移能力得到加强。

教学要求：在变换过程中要引导好学生参与,多创设机会让学生思考和回答,根据学生的答题情况适当给予点评和鼓励。

(四)课堂训练

在课堂上,教师对每种变换都给定具体的物理情境,给出具体的条件,设计出相应的题目让学生训练,开阔学生的眼界,巩固学生的知识,加强学生对物理模型的应用能力。每种变换的具体题目如下：

变换一练习：如图 8-13,一质量为 m 的物体从光滑斜面上高为 h 处由静止释放,问物体落地点距光滑桌面右边缘的水平距离是多少?(物体从斜面过渡到水平桌面的过程中无机械能损失)

解：对物体从开始位置到桌面右边缘过程,由动能定理得：$mgh = \frac{1}{2}mv^2 - 0$

物体做平抛运动,则：水平方向 $s_x = vt$,竖直方向 $H = \frac{1}{2}gt^2$

联立以上各式得：$s_x = 2\sqrt{hH}$

在学生解答、教师点评以后,提出思考问题：若水平桌面是粗糙的,且滑动摩擦系数为 μ,求出水平射程还需要什么条件?

变换二练习：如图 8-14,质量为 $2m$ 的木板,与固定的光滑斜面轨道紧靠着放在光滑的水平面上(木板的厚度与斜面底座等高),木板右侧固定着一根轻质弹簧。一个质量为 m 的小木块从光滑斜面上高为 h 处静止释放,小木块平滑地滑上木板的左端并沿木板向右滑行,最终回到木板左端,刚好不从木板左端滑出,设木板与木块间的动摩擦系数为 μ,求在木块压缩弹簧的过程中(一直在弹性限度内)弹簧所具有的最大弹性势能。(重力加速度为 g)

解：对小木块,从静止释放到刚滑上木块过程,由动能定理得：$mgh = \frac{1}{2}mv^2 - 0$

对木板、弹簧及小木块系统,从小木块滑上木板到弹簧压缩到最短的过程,设弹簧的最

大弹性势能为 E,摩擦力做功产生的内能为 Q,由动量守恒定律得:$mv_0 = (m+2m)v_1$

此过程由能量关系得:$\dfrac{1}{2}mv_0^2 = \dfrac{1}{2} \times 3mv_1^2 + Q + E$

同理,对木板、弹簧及小木块系统,从小木块滑上木板到返回木板左端的过程,由动量守恒定律得:$mv_0 = (m+2m)v_2$

此过程由能量关系得:$\dfrac{1}{2}mv_0^2 = \dfrac{1}{2} \times 3mv_2^2 + 2Q$

联立以上各式得:$E = mgh/3$

变换三练习:如图 8-15,倾角为 θ 的光滑斜面放置于光滑的水平面上(二者圆滑相接),在水平轨道右端有一半径为 R 的光滑圆形轨道,与其相接于 C 点,D 点是圆弧位置最高点。一质量为 m、可视为质点的物体从斜面上高为 h 的 A 处由静止释放,要使物体能在圆弧上做完整的圆周运动,h 至少为多高?(重力加速度为 g)

解:物体从 A 到 D 全过程,由动能定理得:$mg(h-2R) = \dfrac{1}{2}mv_D^2 - 0$

在 D 点,由牛顿第二定律得:$F_{DN} + mg = m\dfrac{v_D^2}{R}$

物体做完整的圆周运动的临界条件为:$F_{DN} = 0$

联立以上各式得:$h = \dfrac{5}{2}R$

在学生解答、教师点评以后,提出思考问题:如果把 D 点左侧的轨道变为半径为 $2R$ 的一段弧(如图 8-19),如何求解?

变换四练习:如图 8-16,倾角为 θ 的斜面、水平面和半径为 R 的圆弧圆滑连接,且不计摩擦,D 点是圆弧的最高点。一质量为 m 的小物体从斜面上高为 h 的 A 处由静止释放,与静止在水平轨道的另一小物体(质量为 m)发生完全非弹性碰撞,要使物体能在圆弧上做完整的圆周运动,h 至少为多高?(重力加速度为 g)

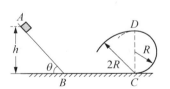

图 8-19 变换三题图二

解:物体从 A 到 B 过程,由动能定理得:$mgh = \dfrac{1}{2}mv^2 - 0$

物体间发生完全非弹性碰撞,有:$mv = 2mv_1$

恰好通过 D 点,由牛顿第二定律得:$2mg = 2m\dfrac{v_D^2}{R}$

物体从 C 到 D 的过程,由动能定理得:$-2mg \times 2R = \dfrac{1}{2} \times 2mv_D^2 - \dfrac{1}{2} \times 2mv_1^2$

联立以上各式得:$h = 10R$

在学生解答、教师点评以后,提出思考问题:本题能够选择 A 到 D 全过程使用动能定理吗?

变换五练习:如图 8-17,放置在竖直平面内的光滑绝缘轨道,处于竖直向下的匀强电场中,一带正电荷的小球从高为 h 的 A 处由静止开始下滑。已知小球所受到的电场力是其重力的 3/4,圆环半径为 R,斜面倾角为 θ,D 点是圆弧轨道位置的最高点,若使小球在圆弧内能做圆周运动,h 至少为多少?

解:物体从 A 到 D 全过程,由动能定理得:$mg(h-2R)+F(h-2R)=\dfrac{1}{2}mv_D^2-0$

在 D 点,由牛顿第二定律得:$F_N+mg+F=m\dfrac{v_D^2}{R}$,$F=3mg/4$

物体做完整圆周运动的临界条件为:$F_N=0$

联立以上各式得:$h=\dfrac{5}{2}R$

在学生解答、教师点评以后,提出思考问题:如果把电场变为水平向右,如何求解?

变换六练习:如图 8-18,一带正电的小球,从斜面上高为 h 的 A 处静止释放,经水平轨道 BC 进入电磁场区域(BC 距离为 L,之间有水平向右的有界匀强电场,电场强度为 E,C 点右侧有垂直于纸面向里的匀强磁场和竖直向上的匀强电场,磁感应强度为 B,电场强度也为 E),过 C 点后恰好做匀速圆周运动,求小球运动的轨道半径?(重力加速度为 g)

解:对小球,从 A 点开始到 C 点的过程,由动能定理得:$mgh+EqL=\dfrac{1}{2}mv_C^2-0$

小球过 C 点恰好开始做匀速圆周运动,即:$mg=Eq$,$Bqv_C=m\dfrac{v_C^2}{R}$

联立以上各式得:$R=\dfrac{E}{Bg}\sqrt{2g(h+L)}$

设计意图:让学生进一步从定量方面去熟悉物理模型的特点和规律,同时提高学生进行限时训练的意识和能力。

教学要求:训练过程引导好学生积极参与,多创设机会让学生展示和回答,根据学生的答题情况,适当给予点评和鼓励。

习题解决教学是物理教学中的一个重要组成,在没有把握有效的问题解决教学的本质时,教师只能借助于学生的多做多练进而领悟其中的方法,但教学效率低,学生往往沉浸于题海之中。认知心理学的研究揭示出领域专家具有的心理结构上的特征,为教师培养学生的解决物理问题的能力指明了方向,具有可操作性。有效习题教学的关键在于教师能够分析出特定类型的问题图式。由于并非每一道物理问题都可以明确的方式归为某一特定的类型,因此在问题解决教学中,教师也不应每一次都追求实现特定图式这样的目标,但一般可以帮助学生学习解决问题的策略或者方法,这一点是教师应该清醒认识到的。

思考与练习

(1)"解决问题是个体运用一定的策略或方法,在认知结构中选择、排列、组合解决问题所需要的技能的过程"。请以一个问题的解决过程为例,分析解决此问题的基本技能是什么,并阐述选择、排列这些技能的思路或方法。

(2) 请结合具体的习题解决案例,陈述学生解决问题后的结果及外显行为是什么。

(3) 请选择一类习题,并明确该类习题解决的问题图式,参考图式类习题教学的案例,设计针对该类习题的教学。

(4) 选择一道需要综合运用多规则解决的新题,参考新题教学的案例,设计相应的习题教学,注意应突出遵循弱方法解决该习题的过程。

(5) 请选择一个主题,整理该主题的习题,并梳理出一条习题链的主线,完成一节习题课的教学设计。

第九章 物理课程"态度"目标的实质与培养

基础教育课程改革的重要理念是促进学生的全面发展。为此,在课程目标的制定上,除了知识能力一类传统的目标外,还提出了科学态度和社会责任的培养目标。从学习心理学的视角看,科学态度与社会责任均属于"态度"这一类学习结果。本章依据学习心理学关于态度学习的基本机制,对如何培养学习者的科学态度素养作出初步的回答。

第一节 态度的实质和学习条件

21世纪初的课程改革,在知识一类学习目标外,课程标准还提出了"情感态度与价值观"目标。由于没有清楚地阐述情感、态度、价值观三者之间的关系是什么,可习得的结果是什么,习得结果的层次是什么等问题,导致了一线课堂教学中这一目标的虚无化。

2018年颁布的高中课程标准,提出培养学习者的学科核心素养的目标,包含"科学态度与社会责任"素养,即在认识科学本质,理解科学、技术、社会、环境关系的基础上,逐渐形成探索自然的内在动力,严谨认真、实事求是和持之以恒的科学态度,以及遵守道德规范、保护环境并推动可持续发展的社会责任感。

学习心理学家加涅将个体后天习得的学习结果分为言语信息、智慧技能、认知策略、动作技能和态度等五类。显然,科学态度属于"态度"这一学习结果。社会责任感需要个体表现出"愿意"承担的倾向,比如,当遇到涉及科学领域公众问题的讨论,如核电站建设、转基因作物应用、人工智能技术推广等,个体可以发表自己的意见,亦可选择不参与讨论。当个体表现出根据自己所学以及科学、技术和社会关系的知识,愿意以合理方式积极参与讨论的倾向时,这种内部倾向就是个体具有一定的"社会责任感",本质上它也属于"态度"。

本章将结合态度学习的相关理论,阐述科学态度与社会责任素养的实质及其培养方式。

一、情感与态度

(一) 情绪与情感

1. 情绪与情感的分类[①]

情感和情绪作为人反映客观世界的一种形式,是人的心理的重要组成部分。有研究者将情绪和情感分为:

---

① 叶奕乾,等.普通心理学(修订二版)[M].上海:华东师范大学出版社,2004:248—250.

（1）基本情绪：

快乐——达到盼望目标后紧张解除时个体产生的心理上的愉快和舒适；

愤怒——愿望得不到实现而引起的紧张积累所产生的情绪体验；

恐惧——个体企图摆脱、逃避某种情境时所产生的情绪体验；

悲哀——个体失去某种他所重视和追求的事物时所产生的情绪体验。

（2）与接近事物有关的情绪和情感：惊奇和兴趣、厌恶。

（3）与他人有关的情感体验：爱、恨。

（4）与自我评价有关的情绪和情感。

2. 情感和情绪的两极性

情感和情绪在快感度、紧张度和强度上都表现出互相对立的两极，即每一种情感和情绪都能找到与之对立的情感和情绪。

在快感度方面，两极为愉快-不愉快，当情绪和情感由积极向消极变化时就伴随快感度对立两极的反映，如快乐和悲哀、敬仰和轻蔑等；

在激动水平方面，两极为激动-平静，激动水平在很大程度上反映个体技能状态，激动和平静两极反映过度兴奋和过度抑制；

在强度方面，两极为强-弱，如怒由弱到强可划分为：微愠、愤怒、大怒、暴怒和狂怒，喜欢从弱到强可划分为：好感、喜欢、爱慕、热爱和酷爱。

情绪伴随着个体生理状况而变化，消极情绪通常会带来难受、疼痛、恶心、出冷汗等短期身体不适，这种不适会随着情绪强度的增高而增大，甚至达到个体难以承受的程度。长期负面情绪的积累会带来胃肠、心血管、心理等疾病。个体总是趋向获得积极情绪的行为，而避免带来消极情绪的行为。

（二）需要

人的情绪和情感不可能独立出现，总是与个人对他人、对事、对物的态度相联系而表现出来。有研究者指出，情绪和情感是人对客观事物的态度的体验，是人的需要是否获得满足的反映。

心理学家马斯洛把人类需要由低到高排列为七类（图 9 - 1）：

（1）基本生理需要：如吃、喝、睡、性等方面的需要；

（2）安全需要：如躲避危险、防御侵袭、排除不安定因素等方面的需要；

（3）归属与爱的需要：如交友、爱情、母爱、子恋、从属某一团体等方面的需要；

（4）自尊需要：如希望有实力、有成就、有信心

图 9 - 1 马斯洛的需要层次

及要求独立和自由、渴望名誉、威信、受赏识、受重视等方面的需要；

（5）认知需要：如知道、了解及探究事物方面的需要；

（6）审美需要：如追求事物对称、秩序及美等方面的需要；

（7）自我实现的需要：如充分发挥自己的潜能、发现自我满足方式等方面的需要。

个体对上述每一种需要都会有一定的期望目标。当期望目标实现，需要得到满足时，个体都会体验到快乐情绪。当上述每一种需要没有得到满足，个体就会有愤怒的情绪体验，所以快乐和愤怒是最常体验到的基本情绪。此外当个体安全需要得不到满足，如个体身处陌生的森林深处，不知如何走出时，或个体身处一个对自己不友好的社会环境中，就会产生恐惧情绪体验。

情绪和情感都是对需要的满足状况的心理反应，是属于同一类而不同层次的心理体验。情绪更多是与生理需要满足与否相联系的心理活动，而情感则是与社会性需要满足与否相联系的心理活动。

（三）态度

个体对不同类型需要的满足所制定的目标是不同的，有人看重自己的生理需要，有人看重自己的归属与爱的需要（小爱——爱家人，大爱——爱人民、爱国家，如邓小平深情地说过"我是中国人民的儿子"），有人看重自己的自尊需要（在面对人身羞辱攻击，傅雷宁为玉碎，和爱人一起自杀），有人看重自己追求真知的需要（史学家陈寅恪倡导学术研究中不畏权威，要有"独立之精神、自由之思想"），还有人看重对美好世界的追求（人类一切美好的追求，包含对社会伦理、社会秩序等的追求）。

个体对不同需要的满足所具有价值大小的自我判断，也就是更看重什么，本质上体现出个体具有的态度。

当满足个体不同需要的行为发生冲突时，个体就要作出选择。比如公交车上让座给老人——满足个体对生活环境中人际和谐关系的要求，也就是满足个体的安全需要；不让座——满足个体对自己舒适生活的追求，也就是满足自己的生理需要。当一个人在面对这一情境时，基本上选择让座给老人，同时自己会有平和快乐的情绪体验，而不让座，就会有不安、焦虑等负面的情绪体验。我们推测个体内部存在影响其作出行为选择的内部倾向，显然这一内部倾向是个体在社会环境中与人交往过程中形成的，也就是后天习得的一类学习结果，我们称之为态度。

态度是通过学习形成的，是影响个体行为选择的内部状态。[①] 这一定义表明，态度是一种内部状态，不是实际行动。有了态度，说明个体有了某种内部的预备状态，而这种内部状态的存在，在一定的条件下，可以导致某种特定行为的出现。[②]

[①] 皮连生. 学与教的心理学（修订版）[M]. 上海：华东师范大学出版社，1997：186.

[②] 此处"态度"一词，是指存在于个体内部，可以影响行为选择的倾向，不是指人的举止神情，如耍态度、态度蛮横、态度大方等，应注意区分。

二、态度与价值观

（一）态度的成分

心理学家一般认为,态度是由认知因素、情感因素和行为倾向因素构成的。态度的认知成分是指个体对态度对象所具有的带有评价意义的观念,这些观念通过赞成或反对的方式表现出来;态度的情感成分是指个体对态度对象在认识基础上进行一定的评价而产生的内心体验,如喜欢、厌恶、哀怨、愤怒、热爱等等;行为倾向成分是指个人对态度对象准备作出某种反应的倾向,即行为的准备状态而非实际的行为。

【案例 9－1】

邓稼先(1924—1986)是中国核武器研制工作的开拓者和奠基者。

邓稼先于 1941 年考入西南联合大学物理系。1948 年至 1950 年,他在美国普渡大学留学,仅用一年多的时间就获得了博士学位。此时他只有 26 岁,毕业当年,他就毅然回国。到了北京,他就同他的老师王淦昌教授以及彭桓武教授投入中国近代物理研究所的建设,开创了中国原子核物理理论研究工作的崭新局面。

1958 年秋,二机部副部长刘杰找到邓稼先,说国家要放一个"大炮仗",征询他是否愿意参加这项必须严格保密的工作。邓稼先义无反顾地同意,回家对妻子只说自己"要调动工作",不能再照顾家和孩子,通信也困难。妻子表示支持。从此,邓稼先的名字便在刊物和对外联络中消失了。

为了祖国的强盛,为了中国国防科研事业的发展,邓稼先甘当无名英雄,默默无闻地奋斗了数十年。

分析：

从以上材料可以看出,当博士毕业时,邓稼先可以选择在美国从事研究工作,美国生活待遇优厚,科研环境完善,更有可能实现个人的成名成家;他也可以选择回到自己的祖国,为祖国的建设贡献力量。祖国刚经历战争,生活上一穷二白,科研环境亦比较恶劣,邓稼先做出什么样的选择? 邓稼先选择回国,为国家发展努力贡献力量。

1958 年,在国家计划发展核武器时,他可以选择参加,从此远离自己感兴趣的科学前沿,不再有高质量的科研成果,意味着科学发展史上不会再留下些许声名;他也可以选择不参加,继续从事自己喜欢的科研工作,一方面研究成果的发表可能会给他带来科学界的声誉,另一方面不用离家,也可以照顾家庭,享受天伦之乐。当邓稼先面对这种情境时,他做了什么选择? 他选择为国家核武器发展而工作,放弃自己在科学研究中的声誉。

从上面这个例子可以看出,当邓稼先面对个人学术声誉或安乐享受,与国家利益发生冲突时,总是且毫不犹豫地选择有助于国家利益的行为,也就是通常所称的将国家利益置于个体利益之上,具有爱国主义精神。

如果我们称一个人具有"爱国主义精神"的态度,就意味着在认知、行为倾向和情感方面他会有表9-1中的表现。

表9-1 "爱国主义精神"态度成分

认知成分	行为倾向成分	情感成分
赞同"苟利国家生死以,岂因祸福避趋之"、"国而忘家、公而忘私"、"常思奋不顾身,而殉国家之急"等论断;反对"人不为己,天诛地灭"、"拔一毛而利天下,不为也"等论断	面对个人利益与国家需求发生冲突时,有选择有利于国家利益的行为倾向	当自己或他人的行为符合爱国主义精神要求时,个体有欢娱、快乐的情感体验;当自己或他人的行为不符合爱国主义精神行为要求时,个体有自责、内疚的情感体验

(二) 态度习得的阶段

克拉斯沃尔和布卢姆在《教育目标分类学:情感的领域》中提出,态度是在一个连续体上加以安排的,而这个连续体的排列体现了态度从轻微持有到极其重视以至于性格化的不断增加的内化程度,经历有五种水平:接受、反应、价值评价、组织、由价值复合体形成的性格化。

【案例9-2】

对"求实务实"态度的习得会经历如下阶段:

(1)如果向学生宣讲做科学实验应以实验事实为依据,不能为了满足其他目的而篡改数据,学生愿意听,说明学生处于该态度的"接受"阶段。

(2)如果学生依照该态度的要求作出反应,在一次实验中表现出来,说明学生处于该态度的"反应"阶段。

(3)如果某学生观察到其他学生由于篡改数据而受到处罚,并由此认为自己没有造假的行为是值得的,即赋予自己行为以一定的价值,说明该学生处于该态度的"价值评价"阶段。

(4)在实验项目竞赛中,出现实验数据与预期不同的情况,不篡改数据将无法在规定时间内完成,个体就会面临两种不同态度——对"名誉"的态度和对"求实务实"态度——之间的冲突,个体将会依据不同行为对自己的价值大小作出行为选择,那么该学生将处于该态度的"组织"阶段。

(5)如果个体在与"求实务实"态度要求相冲突的任何情况下(无论后果是影响其在群体中的地位、重要论文发表甚至与领导的关系等),都能选择"求实务实"态度所要求的行为,说明他达到该态度的"性格化"阶段。

当特定态度内化达到"性格化"水平时,个体对态度认知成分的价值将持有更确定和深信的判定,行动上在有其他行为选择的情况下,态度倾向性行为出现得越稳定清晰(即通常所称养成了习惯),主体没有按照态度倾向性行为行动时所引发的负面情感体验更深刻,也就是这种行为倾向对个体来说具有最大价值,这时所形成的稳定态度又可称为主体具有价值观。由此可见，态度和价值观涉及的是同一性质的问题，所不同的只是内化的程度不同。

在不同的习得阶段，态度三成分有不同的表现，如表 9 - 2 所示。

表 9 - 2　态度三成分随习得阶段的变化

习得阶段	认知因素的确信程度	行为出现的稳定度	情绪体验的深刻性
接受	认可	不稳定	基本无情绪体验
反应	↓	↓	↓
评价或价值化	相信	较稳定	轻微情绪体验
组织	↓	↓	↓
性格化	确信（个体信仰体系的一部分，价值观）	极端稳定	深刻情绪体验

（三）情感、态度、价值观之间的关系

态度是可以习得的一类学习结果；情感是个体需要得到满足的心理体验，是态度的一种成分，是影响态度形成的重要因素，不是学习的结果；个体价值观是个体对某事、某物的态度内化到性格化阶段的表现形式，是态度习得的一个阶段。

三、态度的习得机制

在目前解释态度习得的多种理论中，美国心理学家班杜拉（Albert Bandura）的社会学习论是最有影响的。班杜拉在其理论中，阐述了态度习得的两种基本方式：观察学习与亲历学习。

（一）观察学习

观察学习有时也被称为替代学习，是指通过观察环境中他人的行为及其后果而发生的学习。班杜拉说："很多社会学习都是通过观察他人的实际表现及其带来的相应后果而获得的。"

例如，在班杜拉的一个经典实验研究中，将 3—6 岁的儿童分成三组，先让他们观看一个成年男子（榜样人物）对一个像成人大小的充气娃娃作出种种侵犯行为，如大声吼叫和拳打脚踢。然后，让一组儿童看到这个"榜样人物"受到另一成年人的表扬和奖励（果汁与糖果）；让另一组儿童看到这个"榜样人物"受到另一成年人的责打（打一耳光）和训斥（斥之为暴徒）；第三组控制组只看到"榜样人物"的侵犯行为。然后把这些儿童一个个单独领到一个房间里去。房间里放着各种玩具，其中包括洋娃娃。在 10 分钟里，观察并记录他们的行为。结果表明，看到"榜样人物"的侵犯行为受惩罚的一组儿童，同控制组儿童相比，在他们玩洋娃娃时，侵犯行为显著减少。反之，看到"榜样人物"的侵犯行为受到奖励的一组儿童，在自由玩洋娃娃时模仿侵犯行为的现象相当严重。班杜拉用替代强化来解释这一现象：观察者因看到别人（榜样）的行为受到奖励，他本人间接引起相应行为的增强；观察者看到别人的行为

受到惩罚,则会产生替代性惩罚作用,抑制相应的行为。

根据观察的内容不同,观察学习又可分为两类:示范学习和替代学习。

1. 示范学习

示范是通过观察榜样的行为而导致观察者行为的变化。这大致相当于我们平常所理解的模仿学习。对榜样的模仿主要包括三种类型:一是直接模仿,学生依照榜样发生的行为直接学习到一定的态度,在学校中,教师常常是学生模仿的对象。从教师的言行方式,到其穿着打扮,到其待人接物的方式,都为学生所观察模仿;二是象征模仿,学生通过广播、电视、电影和小说等象征性媒介物所显示的榜样态度来学习;三是创造模仿,学生将各种榜样的态度和行为方式综合成全新的态度体系来模仿。

2. 替代学习

替代学习是指通过观察他人的行为后果而进行的学习。他人在某一情境中表现出了一定的行为,而后因这一行为受到了相应的强化或惩罚,这时,在旁边观察的学习者也会因他人的奖惩而从中习得一些东西。在这种学习中,他人的行为受到了强化或惩罚,就相当于观察者也受到了奖惩,因而这种奖惩又叫替代性的强化或替代性的惩罚。和直接的强化与惩罚一样,观察者看到他人行为受到强化与惩罚,会对自己如果采用榜样的行为所产生的后果有一个思考和判断的过程,最终形成对自己行为后果的预期。这种预期(或行为的准备状态)会作为态度而影响学生的行为。比如看到别人拾到失物交给老师受到了表扬,旁观的学生会从中形成预期:自己拾到东西交给老师也会受到表扬。形成这种预期后,在捡到失物时,他就更有可能送交老师处理。又比如一学生因作业潦草、不整洁而受到老师批评,其他同学会从中认识到,如若自己作业马虎,也同样会受到批评。

(二) 亲历学习

班杜拉将通过反应结果获得的学习称为亲历学习,即亲历学习是指个体通过直接体验其行为后果而进行的学习。与传统行为注意根本不同的是,社会认知论强调认知等主体因素在亲历学习过程中的作用,而前者则否认认知因素的存在,认为反应结果是对行为的塑造,是一个自动作用的过程。班杜拉认为,反应结果之所以能够引起学习,取决于人们对反应结果的功能性价值的认识。

第一,反应结果对反应主体是具有信息价值的。由反应结果引起的学习,实际上是一个持续不断的双向作用过程:个体从反应结果中得出结果与反应之间关系的认识,从而不断改善和提高个体的行为技能,所以亲历学习也是一个信息加工过程,可以被看作是观察学习的一个特例。只是观察对象从他人的行为转化成自己的行为结构和环境事件的信息。第二,反应结果对反应主体还具有动机的功能。个体在行动之前,会预期行为的未来结果,这种预期表征于个体当前的认知表象中,就可以转化为当前行为的动机。

在亲历学习中,个体要表现出一定的行为,而后个体因为自己采取的行为而受到相应的强化或惩罚。在学校情境中,学生要进行许多亲历学习。如上课迟到(行为)受到老师批评

（惩罚），那么下次上课就有可能按时。又如帮助后进学生学习（行为）受到了被辅导同学的感激和老师的表扬，以后就会更经常地帮助其他同学。这些情境中，学生进行的都是亲历学习。

四、态度学习的条件

根据班杜拉的社会学习理论，可以将态度学习的条件概括如下。

（一）榜样人物及其特征

在班杜拉的社会学习理论中，"modeling"是一个重要的术语，可以译为示范或模仿，有提供榜样和进行模仿之意。班杜拉把被模仿的榜样人物和事件分成两类：一类是学习者直接接触的人与事，另一类是符号化的人与事。大众媒体和电脑网络传播的人与事属于后一类。随着电视媒体和电脑网络媒体的发展，符号化（或虚拟）的榜样人物或事件对青少年态度和品德的影响越来越大。

观察学习是根据他人的展示来改变自己的行为倾向。因此榜样自身和被示范行为活动的特征都影响观察学习的效率和水平。其中被示范行为活动的显著性、复杂性、情感效应等因素决定着学生观察什么，并获得什么信息。此外学生的态度不仅受被示范行为的影响，也受榜样吸引力的制约。那些缺乏吸引力的榜样即使他们能够完美地表现出所示范的行为，观察者也经常忽视该行为。学生的态度更容易受那些他们自愿崇拜的榜样的影响。

那么，哪些人会成为个体的学习榜样呢？哪些人的行为和态度会为个体所模仿呢？班杜拉认为，儿童喜欢模仿的榜样具有如下特征：

（1）儿童心目中重要的人。如关爱自己的父母、关心自己的老师等。

（2）同性别的人。

（3）曾经获得重要荣誉、成就、具有重要影响的人。

（4）成就水平高于自己的同伴。

（5）行为受到尊敬的人。

就教师而言，学生仰慕和模仿的教师，通常是那些知识渊博、兴趣广泛、课讲得好、耐心、亲切、体谅学生的困难、乐于帮助学生的教师。而如果教师希望通过模仿来培养学生的科学精神，那么教师首先就应具有科学精神，在学习和教学中体现出科学精神的行为才有可能实现。

（二）强化与惩罚

1. 强化与惩罚的类型

社会心理学家班杜拉提出，与态度相关行为的养成主要是由外在的强化决定的。强化被定义为伴随于行为之后并有助于新行为出现的概率增加的事件；惩罚被定义为伴随于行为之后并降低行为出现概率的事件。

表9-3 强化与惩罚

	满意的刺激	讨厌的刺激
刺激相依于反应而呈现	正强化 例如,工人因提出能改善公司业绩的建议而得到奖金(反应得到增强)	惩罚 例如,海员因工作期间打架而被禁闭(反应受到削弱)
刺激相依于反应而移去	强化移去 例如,汽车司机因在禁止停车的地方停车而必须支付高额罚金(反应受到削弱)	负强化 例如,学生因每天的家庭作业都完成得很好而被免除每周的测验(反应得到增加)

简单地说,正强化就是给你想要的来增加你某一行为出现的概率,负强化是将你不想要的去除来增加你某一行为出现的概率。惩罚是通过给你不想要的来减少你某一行为出现的概率,强化移去是通过将你想要的去除来降低你某一行为出现的概率。

强化和惩罚既可以来自个体外部环境,也可以来自个体内部的评价,如自我赞赏起正强化作用,产生积极影响,自我批评会产生消极影响,属负强化作用。

2. 强化与惩罚在态度习得过程中的作用

强化与惩罚本质上都是会引起个体情绪反应的。个体总是趋向获得积极情绪的行为,而避免带来消极情绪的行为。

在亲历学习中,个体采取一定的行为并受到了强化或惩罚,这种奖惩虽然直接针对具体的行为,但不直接影响行为。个体受到奖惩后,会在头脑中对自己所受到的强化与惩罚进行思考,对自己以后如采取同样行为会导致什么结果作出判断和预测,从而期望以后采取这种行为仍会受到奖励或惩罚。当以后真的遇到类似情境,个体就会在这种预期或者行为的准备状态驱使下表现出具体的行为。学生所形成的这种行为的准备状态,就是他们从学习中习得的态度。

【案例9-3】 *最痛莫过如此*

是十四岁那年暑假,我和同村的同龄女孩们天天疯玩,有时夜不归宿。终于,我母亲看不下去了。一天晚餐桌上,她狠狠数落了我一顿。之后,她指望我父亲跟在后面大发雷霆。但是,父亲只幽幽地说了一句:"随她,我早已不管她了。"

父亲的声音低低的,却犹如惊雷席卷了我整个的身心。

我的泪一下子盈满了眼眶,我把脸几乎埋进了饭碗里。我在心里绝望地喊:父亲,你怎么可以不管我了呢? 我要你管,要你管啊。

那晚过后,假期余下的时间里,我像变了一个人。我把新学期的课本借回来,开始提前预习。我再不稀罕外面的玩乐了——比起这,我更在乎亲人的爱,我要挽回父亲的话,他会管我的,因为他还爱着我。

读罢纸条,忽然看到十四岁的那个女孩,为了相同的一句话,是怎样的恐慌不已、伤心欲绝!

最痛莫过如此啊!

爱的同时,是愿意对你使用管辖权。而它的反面就是,不爱,不管,被弃。

"我不管你了！"——如果有一天，当你信赖的人对你说出这句话，那么实在是件糟糕透顶的事情了。

（摘自《青年文摘》2013年第11期，作者白海燕。有删节）

分析：

（1）情感、情绪是个体的需要得到满足与否的体验。

听到父亲带着失望说"随她，我早已不管她了"，小姑娘"的泪一下子盈满了眼眶"，"把脸几乎埋进了饭碗里"。她体验到非常悲伤的情绪。她父亲一句"不管她"，为什么会给她带来这样大的悲伤？

她需要她父亲管，"管"的本质即是爱，"不管"即不爱。

小姑娘需要爱，父亲"不管她"表明不爱她了，每个人都有被爱的需要，当这种需要失去时，个体就会感受到痛苦。

所以说，情感、情绪是个体的需要得到满足与否的体验。

（2）通过对具体行为的强化和惩罚来增加或降低某一行为出现的概率。

她的父亲希望她外出疯玩的行为可以降低，她父亲采用的是"将她想要的移去"的方式（强化移去），降低她此种行为出现的概率。

每一个人的需要都是不同的，有的"归属与爱"的需要多一点，有的"自尊"的需要多一点，有些贫困山区的孩子可能吃喝的"基本生理"需要多一点，所以，教师可以结合马斯洛的需要层次，思考每个学生满足不同需要的特征，制定出针对不同学生的强化和惩罚的具体方案，以塑造个体特定态度的行为。

亲历学习与观察学习是习得态度的两种方式。比较而言，观察学习是学习态度的更常见的方法。但在实际学习中，这两种方式也不是孤立的，而是互相联系、相互协调的。在亲历学习中形成了对行为结果的预期，如果在观察学习中能够得到证实，即他人表现出与自己相同的行为，受到了相同的强化或惩罚，则学生习得的态度就倾向于增强。在观察学习中形成的预期，如果能在亲历学习中得到验证，即学生依据从观察学习中习得的规范行事并得到预期的强化或惩罚时，则这种态度也倾向于增强。亲历学习与观察学习可用来习得同一种态度，这两种方式协同发挥作用，不能彼此矛盾，否则会削弱学习效果。

第二节　科学精神的培养

一、科学精神概述

（一）科学活动中科学家遵从的集体的价值观——科学精神

科学研究活动的认知主体是科学家，今天科学家的研究工作已经职业化，科学家凭借从事的科学研究活动领取薪金。也就是说，科学研究活动已经变成一种社会职业。

科学像所有有组织的社会活动一样,都需要文化精神的参与。也就是说,科学研究活动不能仅仅被看作是一种技术性的和理论性的操作活动的集合,同时还必须被看作是一种献身于既定精神价值和受伦理标准约束的社会文化活动。这种特定的、合理的精神价值和伦理标准,常常通过科学家们在科学研究活动中的某些高尚卓越的气质、风格、意志、态度和修养体现出来。人们把它们的总和称为科学精神。

"科学精神"在未被个体习得之前,作为独立于个体外在的规范体系,也是社会所倡导、尊崇的价值认知和行为准则,可以称为"社会价值观"。当上述价值认知和行为准则被个体习得后,即成为个体习得学习结果的一种"态度"。如果上述价值认知被个体视为对自己具有最大价值,成为个体信念,且表现出稳定一致的行为选择时,也可称之为上述态度达到"个体价值观"。

因此,作为"社会价值观"的科学精神要被个体习得成为"个体价值观",其培养方式显然应依据态度学习的机制来实现。

科学态度与科学精神是同质的,故以下讨论不再做区分。

(二)科学精神的内涵以及外显行为

关于科学精神,一般认为应包括如下内容:

1. 求真精神

(1) 具有为探求规律、追求真理而学习和生活的志向,甚至具有为科学而献身,把追求真理放在第一位,把由此而带来的荣誉、地位及物质待遇放在第二位的无私品格。

(2) 热爱自然,对自然现象具有强烈的好奇心,兴趣广泛、持久、深入,具有多问为什么的习惯,即具有对各种现象善于质疑和对问题敏感的素养,有强烈的求知欲等。

2. 理性精神

所谓理性精神,常常表现为科学家在科学研究活动中:

(1) 具有坚持自然界的运动变化是有规律的信念;

(2) 具有坚持自然规律是可认识的信念;

(3) 能正确对待别人的研究成果,不盲从,能独立思考,具有合理的怀疑精神等。

3. 求实务实精神

科学家在探究自然规律时是最讲究求实务实的。求实务实是一类重要的科学精神。所谓求实务实精神,常常表现为科学家在科学研究活动中:

(1) 具有"实事求是"的态度;

(2) 具有"实践是检验真理的最高标准"的观念。即认为评价一个理论的对错与否,不能以提出这个理论的人的学术威望、社会地位的高低为标准,而只能以经验事实为标准,看它是否与经验事实一致,看它是否经得起经验事实的检验。

4. 创新精神

所谓创新精神,常常表现为科学家在科学研究活动中:

（1）敢于批判，在新的经验事实面前，合理地对陈旧理论进行质疑；

（2）刻意革新，力求超越前人，独立思考地提出自己的新见解；

（3）刻意求新，乐于研究新问题，积极地探讨新情况，乐于接受新事物和新观点。

除此之外，通过对许多著名科学家的抽样调查和统计分析，科学家的个性、情感、态度中还会闪烁着如下一些值得人们弘扬的科学精神：有事业心；甘于奉献，攀登高峰，为祖国为人民贡献一切智慧和力量；对社会、集体和他人具有责任心；勤奋、实干；知难而进；团队精神；不怕失败，具有坚忍不拔、百折不挠的意志等。

一位具有理性精神的人，会坚信客观世界是可以被人所认识的，坚信人是通过概念、判断、推理、分析、综合、归纳、演绎等逻辑性的思维活动来认识未知世界的。

面对"有人宣称在三年业余时间内完成了 1 200 万字的著作"的宣传时，具有理性精神的人不会轻信，他可能会依据自己的理解来分析：按每天 6 小时休息、2 小时吃饭、8 小时工作、余下 8 小时写作来计算，每天要完成 1 万字左右的写作，并且每天坚持。凡是从事文字工作的人都知道，这是一个天文数字。因此他就不会相信这样的宣传，除非有真实可信的科学证据。

对于各种类似"包治百病"或"包治各种正规医院无法治疗的疑难杂症"的宣传，各种"超自然现象诸如外星人建造了埃及金字塔、百慕大之迷"等的宣传，我们都应该保持理性的认识，思想上不轻信，行动上不带神秘主义地传信，直待获得有科学界验证的可靠的证据。

（三）科学精神对社会稳定的重要价值

科学精神是一种重要的文化精神，也是民众科学素养的重要组成部分。美国面向 21 世纪人才培养的"2061 计划"在《面向全体美国人的科学》一书中，就将"科学需要证据；科学是逻辑和想象的融合；科学不仰仗权威"作为美国基础教育中科学世界观的构成要素。我国正在进行的新一轮高中课程改革，也明确将科学态度与科学精神列为科学教育的重要目标。其目的就是要使科学教育超越公式与符号，使学生成为真正具有科学素养的人。因此，科学精神与科学知识、科学方法一样，是构成科学素养不可缺少的要素，也是当前科学教育最缺少、人们最需要的素养。

科学认识的过程和对象十分复杂，单凭直观、感觉是不能把握事物的本质和发展规律的。人们必须仰仗理性思维才能超越此岸世界并最终达到彼岸世界。提倡科学的理性，就要反对盲从和迷信。崇尚理性思考，绝非简单拒绝或否认人们的非理性的精神世界。人们具有丰富的精神世界，不仅追求理性和真，而且追求情感、信仰，追求美和善、意义和价值。但是，如果失却了健全理性的导引或调节，人们就容易迷失方向，就会陷入迷茫，就会产生思想和行动的盲目性、自发性。

科学精神是在科学研究活动中由科学家体现出来的，物理学长期的发展为我们提供了丰富的、闪烁着科学精神的素材，同时学生在学习尤其在实践性活动中必然要或多或少地体验、经历科学精神的某些行为，因而中学物理教学是培养学生科学精神的重要阵地。

二、科学精神的培养

物理教学中的科学精神培养,应渗透在学习的活动中,而不是抛开学科教育的内容,游离于其外而进行纯粹的思想教育。

根据前面的分析,无论亲历学习还是替代学习,对态度的习得一般需要:面对冲突的行为情境—特定行为受到强化或惩罚—个体识别出强化或惩罚所对应行为—个体对特定行为给予价值评价(价值化阶段)或对冲突行为按对自己价值大小作出排序(组织阶段)。

所以,态度的培养应呈现相冲突的行为,通过强化或惩罚特定行为,帮助学生对特定态度价值化或在不同态度间进行组织。

实际教学中,可通过替代和亲历学习的方式,帮助学生形成科学态度。[①]

(一) 替代学习方式

方式一:教师传授。结合知识内容的学习,教师选取适当的材料,通过讲授,对学生进行态度和价值观的培养。这是一种比较传统的态度与品德教育方式。

学生学习态度的方式:替代学习方式。

有效教学的条件:教师应通过呈现丰富的实例,凝练出主体身上反映所学科学精神的行为以及相应的奖惩后果,奖惩后果的呈现能够为学习者对特定行为做出"价值评价"提供可能。在此基础上,教师应引导学生归纳并明确陈述所要学习的科学精神的认知内容。

【案例 9-4】以居里夫妇的研究经历为素材,培养学生的科学态度

1. 呈现素材[②]

案例 1:参见案例 1-2。皮埃尔·居里不顾危险,用自己的手臂试验镭的作用。

案例 2:1910 年居里夫人又从纯氯化镭中分离出纯金属状态的镭,它有极强的放射性,在成为研究核物理和放射化学的重要放射源的同时,它也为放射医学打开了大门。一些商家看到制镭工业有大利可图的前景,询问居里夫人是愿意无条件公开她的制镭技术还是要申请商业性的专利从中牟利,居里夫人毫不犹豫选择了前者,她说:"物理学家总是把研究成果全部发表,不能因为我们的发现偶有商业前途而从中牟利,特别是,镭有治疗的功效……我们不能申请专利,这违背科学精神。"

案例 3:"这是一个没有用的棚屋,玻璃屋顶残缺漏雨,以前医学系用它作解剖室,但是很久以来人们认为这个地方连搁死尸都不合用,里面没有地板,一层沥青盖着土地,家具只有几张破旧的炊事用桌,一块没有人知道为什么放在那里的黑板,一个旧的铸铁火炉,安着生了锈的烟筒。""在夏天,因为顶棚是玻璃的,屋里燥热得像温室,在冬天,简直不知道是应该希望下霜还是下雨……连人都冻僵了,那个炉子即便是烧到炽热的程度,走到差不多可以碰到它的地方,才能感受到一点暖意,可离开一步,立刻就回到寒带去了。""没有把有害气体放

① 陈刚. 物理教学设计[M]. 上海:华东师范大学出版社,2009:155—158.
② 艾芙·居里. 居里夫人传[M]. 左明彻,译. 北京:商务印书馆,1984:267—280.

出去的通风罩,大部分炼制工作必须在院子的露天地里进行,每逢骤雨猝至,这两个物理学家就匆忙把设备搬进棚屋,大开门窗让空气流通,以便继续工作,而不至于被烟窒息。""在这种分工中,玛丽选择了'男子的职务',在院子中穿着满是灰尘和酸迹的旧工作服,头发被吹得飘起来,周围的烟刺激着眼睛和喉咙,有时候整天用差不多和玛丽一般高的铁条,搅动一大堆沸腾的东西,到了晚上,简直精疲力竭。"

2. 教师剖析案例中的冲突行为以及反映科学精神的行为

案例 1 中,皮埃尔在探究新元素的性质的行为和避免对自己身体造成伤害的行为之间,选择了探究的行为,表明皮埃尔对未知世界具有强烈的探究愿望,体现了皮埃尔具有"求真精神"。

案例 2 中,居里夫人在可以为自己带来更多财富的行为和可以为更多人带来福音的行为之间,选择了后者,体现了科学家以追求真知为目标,重视科学发现对人类美好生活的价值,轻视个人享受的"求真精神"。

案例 3 显示,科学研究有时不仅要面对智力上的困扰,也需要付出艰苦的体力劳动,居里夫妇在探究自然真相的行为和不劳累自己的体力和精力的行为之间,选择了前者,表明居里夫妇具有极强"求真精神"。同时,居里夫妇付出努力的动力是追寻自然界的奥秘,这也表明他们坚信自然界现象是有规律的、可以解释的,这正是"理性精神"要求的行为。

3. 对科学精神行为进行强化,帮助学生将科学态度行为价值化

优秀科学家的行为是诸多科学精神的体现,教师可呈现科学家体现科学精神的行为,并通过科学家自己、科学家群体、社会的评价等方式,显示该行为是值得做的,帮助学生将所学科学精神的行为"价值化"。

(1)自我评价:居里夫妇认为自己的行为是值得的。

"在这样的设备条件下,我们开始了令任何人都会疲乏不堪的工作,然而,就是在这陈旧不堪的棚子里,我们度过了一生中最美好和幸福的年月……我们的一大乐趣就是在夜里走进工作室,在那里我们会看到装着我们成果的瓶子、器皿,在各个角度微微发光,那可爱的景象,使我们感到无限激动和快乐。"

(2)社会评价:社会对科学家表达崇高的敬意,对居里夫人的行为表示肯定。

爱因斯坦曾经做出评价:"她一生中最伟大的科学功绩——证明放射性元素的存在并把它们分离出来——所以能取得,不仅靠大胆的直觉,而且也靠难以想象的极端困难情况下工作的热诚和顽强。这样的困难,在实验科学的历史上是罕见的,居里夫人的品德力量和热忱,哪怕只有一小部分存在于欧洲的知识分子中间,欧洲就会面临一个比较光明的未来。""在我认识的所有著名人物里面,居里夫人是唯一不为盛名所颠倒的人。"

方式二:学生自主学习。学生自己收集材料,分析榜样对特定对象的态度、把握相应态度行为以及行为引起的后果(获得的奖励或受到的惩罚)。

学生学习态度的方式:替代学习。通过学习,一般可处于态度习得的接受、反应及组织等层次。

【案例 9-5】

一位教师为了培养学生"求真"的科学态度,提出一个研究性课题供学生研究。

师:古希腊著名哲学家亚里士多德曾经说过这样一句话:"吾爱吾师,但尤爱真理",这句话反映出科学家尊重前人的工作,但科学家更为重要的科学品质是求真。请同学们自己研究论证这一态度对科学进步的意义所在。

在课题研究中,可思考如下一些问题:

(1) 亚里士多德的科学贡献是什么? 亚里士多德对科学研究方法的贡献是什么?

(2) 亚里士多德的科学精神体现在哪些地方?

(3) 亚里士多德的学说为何流行很长时间?

(4) 从方法论角度来看,伽利略为什么可以判断亚里士多德学说的合理性?

(5) 在物理学发展历史上,还有哪些理论是不盲从权威,尊重事实而建立的?

(6) 你认为有哪些因素推动科学研究的进步? 这些因素中最重要的是哪些? 请列出三项,并阐述理由。

(7) "求真"对科学进步的意义是什么?

分析:在上面这个教学案例中,教师通过设置一个对"师长"的态度和对"科学创新"的态度之间相冲突的情境,要求学生根据自己收集到的资料,对这两种态度行为做出自己的价值判断,并排列它们之间的层次,这样可以通过替代学习的方式,帮助学生达到特定态度的"组织"或"性格化"等较高阶段。

(二) 亲历学习方式

从影响学生态度的行动倾向因素入手,帮助学生形成态度及行为。

在学生参与物理学科学习活动的过程中,存在许多适合对学生进行态度方面教育的时机,教师要善于把握,对学生的行为进行直接强化或惩罚,这对行为人来说是通过亲历学习,对其他学生来说则是通过观察学习来形成科学态度与精神。

1. 在课堂学习活动中,对学生的言行直接进行强化或惩罚

【案例 9-6】

在"测定小灯泡功率"实验中,有一个小组在测定第三组实验时,由于操作不慎,将小灯泡烧坏了。他们重新领取了同规格的一个小灯泡,准备完成实验。

王沁澜同学建议补做最后一组实验就行了,张小顺同学却不同意,坚持三次实验都要重新做,两人争执不下。老师将这个问题交给全班讨论,结果支持王沁澜的同学居多。

张小顺坚持自己的意见,他说:"树上没有两片相同的树叶,也不会有完全相同的两个灯泡,换了灯泡应重新做实验才对。"为了证实他的想法,他请实验老师拿来万用表,测量两个同一规格的小灯泡,结果发现一个灯泡的电阻是 4 Ω,另一个灯泡的电阻是 3.8 Ω。老师鼓掌,全班顿时掌声雷动。[1]

————————————————

[1] 上海市中小学(幼儿园)课程改革委员会.上海市物理课程标准解读[M].上海:上海教育出版社,2005:143.

分析：科学务实精神要求在研究和学习中解决问题应"坚持以事实为依据"，而有的同学为了省事(少做或减轻自己的工作量)，想当然地认为换个等规格的灯泡做实验是完全一样的。当行为发生冲突时，张小顺表现出实事求是的态度所要求的行为，同学的鼓掌、教师的鼓励实际上是对此行为的正面强化，使得张小顺认为自己的行为是值得的。这对张小顺来说是亲历学习，对其他同学来说是替代学习。

2. 研究性学习是帮助学生通过亲历学习习得态度的重要场合

在研究性学习，尤其是在科技作品、实验研究类具有物理研究特点的课题研究中，有着更加丰富的科学精神的实践和体验，教师应通过亲历学习或替代学习方式，帮助学生通过情感体验这一中介，逐渐形成科学精神。

(1) 研究性学习中，学生要经历、体验科学精神。

在研究性学习中，学生自己解决特定的问题，必然要经过一般的解决问题的过程。研究表明，研究者对新颖问题的解决过程不是直线式的，而是经历了种种曲折。问题解决者要尝试运用各种假设，再评价其结果，由此逐渐积累信息。他常常进入死胡同，再退出来，尝试其他路子。随着信息的积累，他可以进行更有效的推理。在每一特定时刻，问题解决者有关问题的全部知识构成他此时的认识状态。他应用算子来改变这一认识状态，达到另一个新的认识状态，即问题空间进行搜索，最后达到问题的目标状态。这个问题解决过程将总的问题分解为一些较简单的子问题或小的子目标，逐一解决这些子问题，体现出解决问题的一定计划、方案或策略。

在真正解决问题的过程中，学生必然需要自学一些新知识，必然会遇到一些解决不好的问题，必然会面对解决不了问题时困惑的心理体验，没有求真精神(具有为探求规律、追求真理而学习和生活的志向；对自然现象具有强烈的好奇心，对问题有强烈的求知欲)、没有奉献精神(比如，学生就不会通过牺牲自己的休息时间来完成课题)，学生就必然无法解决课题中的问题。

【案例 9-7】

学生在研制"水火箭"的课题研究中，得出如下体会：

我们经过了几个月的探索和研究，并动手制作和实验，一直致力于将水火箭做到最好，虽然最后完成的作品外形欠美观，但是它的确包含了我们不少的心血，也让我们得到了不少的收获。通过这一阶段的实验和研究，我们认识到了简单的事物里面却蕴藏着很深刻的道理。只有当我们认真地去观察、探索和研究，才发现它里面有着不少鲜为人知的道理。"水火箭"的研究在很多人看来是很枯燥甚至是无聊的。但庆幸的是，我们一直坚持完成了我们的探索和研究，查找了不少资料，让我们学到了许多课外知识，我们的确发现了"水火箭"里面包含着很多的物理知识。而且让我们学到了课本上学不到的科学探索和科学研究方法，这让我们增强了勇气和意志去克服学习上的困难。更重要的是，我们学到了怎样学习的方法，这就更加坚定了我们的决心和信心。我们一定要，也一定能学好物理知识。[1]

---

① 康良溪.指导学生研制"水火箭"的做法[J].物理教学，2003(8)：9—11.

在物理实验研究类及科技作品类课题完成过程中,学生必然会遇到与自己期望不同的结果,如果没有求实务实的精神(具有"实事求是"的态度,具有"实践是检验真理的最高标准"的观念),要想合乎实际地真正完成课题是不可想象的。

此外,真正解决了问题,探究出课题完成背后规律性的东西,学生对自然界存在着规律、这种规律是可以认识的理性精神会有切身的体会。

同时,完成课题,即便没有真正意义上的创新,但最起码对研究者个人来说多少会有所创新,学生对创新精神将会有直接的体验。对于完成课题往往需要借助集体的智慧,学生也会体验到这种合作精神。

这样,学生完成一次课题,特别是完成理科研究类课题,就必然会不同程度地体验到科学精神,这就为教师进行培养提供了机会。

(2)教师应通过适当的方式,帮助学生习得科学精神。

态度的形成需要学生将强化和惩罚与态度行为之间形成联系,因此为了帮助学生习得态度,第一,需要教师通过适当的方式,让学生意识到在研究性学习中自己能够表现出具有科学精神的行为。

尽管学生在实践活动中会表现出科学精神,但往往处于盲目状态,教师可以通过观察学生来把握其具有科学精神的行为,并通过日常师生交流、课题汇报点评等时机引导学生意识到自己对科学精神的运用。

教师也可以设计出研究性活动记录表,让学生自己反思获得符合科学态度的行为。要求学生认真填写课题实施记录表,帮助学生将自己不自觉地运用科学精神提升到意识层面。

表 9 - 4 研究过程记录表   日期:

课题名称		地点	
所用时间		活动序号	
参加人员		主持人	
研究活动过程	研究主题: 活动方式: 研究过程(包括遇到什么困难,怎么解决;提出什么新问题,解决的对策;研究取得的成果等):		
	下次活动的任务与准备:		
自我评价	(活动的收获、感受等) 填表人		

第二,教师应通过适当的方式,将强化和惩罚与行为之间建立联系。

教师应利用师生个别交流、课题组汇报等时机,帮助学生分析研究过程中科学精神对开展研究活动的贡献。可以通过课题评奖或对特别具有科学精神的个人或小组设立奖项来强化；对不具有科学精神的小组实行个别交流或采取不点名批评的形式进行惩罚。

对行为人来说是通过亲历学习来学习态度，对其他学生来说就是替代学习。教师应细致观察和分析，及时把握学生表现出的科学精神的行为。

（三）模仿学习

在观察学习中，模仿学习也是习得态度的重要方式。研究性学习中，课题组一般会配备指导教师，在课题完成过程中，指导教师将会与学生一起共同学习、面对困难并努力加以克服。学生与指导教师的关系更加密切，因此指导教师的行为必然会对学生产生影响，教师也往往成为学生模仿的对象。

【案例 9 - 8】

一位参加"霍尔效应集成电路的特性和应用"研究课题的同学在完成课题后说："曾听过大学教授给我们举办的系列讲座，那时教授远远地站在讲台上，除了知道他学识渊博外，其余便一无所知。然而在与导师的亲密接触中，我们感受到了导师的另一面。平时指导大学生的导师在面对我们这样的中学生时一点也没觉得不耐烦，他十分细致地为我们讲解。在做实验时几乎所有的仪器、设备我们都是第一次见到，大多数都不会用，只得让导师一样样地教。有时我们都觉得不好意思再问了，但导师还是主动地对我们说不要有什么疑虑。整个过程使我们更多地了解了导师，他们不但有聪明的头脑，更重要的是他们有严谨治学的态度，有对教学和学生发自内心的热爱。"①

分析： 指导教师应在工作中努力提升自己的科学素养，基本形成一种结合具体的态度的科学精神，以利于学生通过模仿学习，习得正确的科学精神和态度。

三、态度的研究对科学态度与社会责任素养培养的启示

（一）对态度的认识可以从成分和阶段两个方面来把握

教师可以从态度三成分的角度来全面理解态度。对于需要培养的态度，教师应明确其认知内容（即可用命题清晰呈现的论断）有哪些，该态度所对应的倾向性行为有哪些。要避免笼统和含糊地认识态度。

教师可以根据学生的外显行为来确定学生处于特定态度的哪一个阶段。

对于实事求是的态度，其行为倾向为：当面对与自己预期不同的结果时，选择尊重经验事实，无论如何，不篡改实验数据。

比如，一位学生在学习活动中遇到与自己预期不同的结果，如果他有其他可选择的行为和条件（如为了准时下课，为了写作形式上的流畅等），并且选择了不符合实事求是态度所要求的行为（如修改实验数据），十次选择时有半数如此，那么这位学生就基本处于"实事求是"

---

① 上海市教委教研室编.高中研究型课程实施案例选编[M].上海：上海科技教育出版社，2000：73.

态度的接受、反应等初级阶段。

另一位学生在学习活动中面对同样的情况时，无论在什么条件下，均选择实事求是态度要求的行为，那么这位学生就基本处于"实事求是"态度的组织或性格化阶段，也就是形成了所谓的价值观。

（二）科学态度和社会责任培养目标的制定应理性、适度

从以上讨论可知，对于科学态度的培养，需要学生经历与科学态度所要求行为存在冲突的情境，并在冲突中选择符合态度要求的行为，同时又有来自外界或个体内部的强化和惩罚，以增加态度要求行为出现的概率。作为教育工作者，我们需要认真思考，在中学科学课程学习中的以下问题：

（1）学习者能够经历到的与科学态度要求行为相冲突的场合究竟会有多少？是不是每一位学习者都会面临足够多的与科学态度所要求行为相冲突的场合？

（2）当学习者面对与科学态度所要求行为相冲突的场合，学习者选择符合科学态度要求的行为，是否一定会伴随有益于其行为概率增加的强化？当学习者没有选择表现出科学态度所要求的行为，是否一定会伴随有相应的惩罚？

比如，对于一位实事求是态度尚处于反应或价值化阶段的学生，当他对实验测量结果不满意，特地重做了实验，是否一定会得到教师对其行为的肯定或其他学生的尊重（强化）？如果他选择修改数据蒙混过关，是否一定会得到相应的惩罚？

（3）对于受到单一强化的个体，对相应行为赋予价值是否亦会不断增加？

比如，上面说的那位学生因重做实验受到教师表扬，当他下次为了追求实验准确再次重做实验，那么来自教师的肯定对其所起的强化作用还会像第一次给他带来满足感具有同等的程度吗？

（4）愿意付出自己休息时间重做实验的学生，愿意放弃观看自己喜爱的球赛或与友人聚会的机会来重做实验吗？

也就是说，与特定科学态度所要求行为相冲突的情况还有很多，那么个体表现出科学态度要求的行为对自己所具有的价值大小就会有所不同，所以说个体在更多时候是处于不同态度的价值组织阶段。

（5）在成长的不同阶段表现出态度要求的行为时，对个体具有的价值是一样的吗？即便是一位在中学就达到实事求是"性格化"阶段的个体，当其走上工作岗位时，能保证他还是不会造假吗？或者说，在学习阶段造假行为带来的价值，与工作时造假可能给个体带来的价值会相同吗？

答案当然是否定的，在中学阶段即使对科学态度达到"性格化"阶段，个体到工作环境中仍然需要重新进行价值化的排列。

所以，只要认真思考上述问题，我们就可以得出比较理性的结论。对最普遍的学习者来说，对于科学态度的培养，在中学阶段多数应处于价值化的相对初级阶段，也就是从认知上认可它是有价值的。当出现与科学态度冲突的场合,学习者或多或少能中等概率地做出科学态度所要求的行为就应该达到目标了,因此对中学阶段学习者在科学态度和社会责任素养方面可能达到的层次应有理性认识。

以上我们介绍了心理学关于态度学习的理论,并依据这些理论对物理学科教学中科学精神的培养提出了一些建议。无论从经验还是理论研究来看,态度和价值观目标具有不易达成的特点,因此更需要教师熟悉态度习得的方式和过程,提高识别学生特定态度所处阶段的能力,通过适当的方式促进学生形成科学态度,为学生的全面发展提供帮助。

思考与练习

(1) 请从态度的三成分角度分析某种具体的态度,并陈述态度在不同习得阶段的行为表现。

(2) 请陈述亲历学习和观察学习的特点,并举出适当的例子加以说明。

(3) 请依据态度形成的方式,规划一种科学精神的学习方案。

(4) 课堂教学中,如何结合学科知识的学习对学生进行科学精神的培养?请与同学讨论,并举例说明。

第三编
物理教学设计理论

第十章 物理学科教学目标的实质与陈述

现代教学设计理论把教学过程看成是师生借助目标进行互动,并用目标来调节自己行为的一个信息反馈过程。因此,教师的教学设计应从目标的制定出发,通过一系列师生活动,最后将学生学习后的行为变化与预设目标的行为相对照,以判定教学目标是否实现。如果目标未实现,应进行必要的补救教学。因此,教学专家通常都非常重视教学目标,提出目标应该起到"导教、导学、导测评"。教学目标是对学习者可以习得的素养,也就是加涅学习分类中的后天习得学习结果的描述。就一次具体的课堂教学来说,学习结果存在不同类型,其内在表征和外显行为表现也不同,所以,应该首先提出综合学习内容、学习内部表征与相应外显行为为一体的物理学科领域的学习分类体系。基于该学习分类体系,教师能够撰写出结合特定类型学习结果的内在习得状态和外显行为的具体明确的教学目标。

第一节 物理学科学习的分类

多数学习心理学都认可,将个体可以习得的学习结果分为三个领域:认知领域、动作技能领域、态度领域。与中学教学最直接相关的是认知领域。在第二章中我们介绍了不同学习分类理论,本节将论述各分类理论之间的关系,并提出物理学科认知领域的学习分类。

一、认知领域学习分类理论的联系

就学校环境中的学习而言,它一般包含学习内容(人类知识)、学习内部过程、内部表征方式、外显行为等方面,第二章中各分类理论所讨论的对象基本相同,都涉及概念和规律的学习、问题解决的学习等。只是每一理论的目的不同,如布卢姆主要是为了解决教育测量中的知识和能力问题,加涅是为了解决如何教授知识和技能问题。因此,对学习进行观察的视角存在不同,但实质上各分类理论之间存在着联系。

【案例 10－1】
● 学习内容:(影响电阻大小的因素)研究表明,导体电阻的大小跟导线长度、横截面积和材料种类、温度有关。
● 各学习分类理论间的关系
(1)学生经过奥苏贝尔学习理论中的"机械学习",能完成如下问题:
例 大量实验表明,导体电阻的大小主要与_____、_____、_____和_____

有关。

即学生能够按原先学习环境相同的方式复述学习内容，达到布卢姆教育目标分类中的"识记"层次，或者说习得了加涅分类中的学习结果——"言语信息"。

（2）学生经过奥苏贝尔学习理论中的有意义学习（命题学习），能够完成如下问题：

例1　本节课学习后，关于影响导体电阻大小的主要因素，你认为有哪些，请写出来＿＿＿＿＿＿＿＿＿＿＿＿，并举出例子。

例2　张晓同学说，导体的横截面积越大，则导体电阻越大。你认为这种说法是否正确，并陈述理由＿＿＿＿＿＿＿＿＿＿＿＿。

例3　下列哪一个因素与导体电阻大小无关（　　）。

A. 导体的体积　　B. 导体的截面积　　C. 导体的表面积　　D. 导体的长度

即学生能够按与原先学习环境不同的方式呈现所学内容，因问题仍然只涉及所学规律本身，所以达到布卢姆教育目标分类中的"领会"层次，或者说习得了加涅分类中的学习结果——"言语信息"，也可以说习得以命题网络方式存储的陈述性知识。

（3）学生经过奥苏贝尔学习理论中的知识应用，能完成如下问题：

例　有一个标有"2.5 V, 0.3 A"的小电珠，李燕计算它的灯丝电阻是8.3 Ω，但用欧姆表（测量电阻的仪表）测得的结果是2.5 Ω，关于这种差异，最合理的解释是：金属的电阻随＿＿＿＿＿＿而改变。

问题情境涉及所学知识以外的事物，若学生能解决，就达到了布卢姆教育目标分类中的"应用"层次，或者说个体出现受所学规则支配的行为，习得了加涅分类中的学习结果——"规则"，也就是习得以产生式方式存储的程序性知识。

● 学习内容（解决问题）

例　一个塑料球在水面上时，有2/5体积露出水面，将它放入另一种液体中静止，有3/4的体积没入液体中，这种液体的密度有多大？

学习者阅读习题后了解如下信息：

已知：同一个物体，一次漂浮在水面上，一次漂浮在未知液体中。

静止在水面时，露出水面的体积占总体积的2/5。

静止在未知液体时，在液体内的体积占总体积的3/4。

求：未知液体的密度。

学生要解决这个问题，需要分离出该问题情境中的物理要素及各要素间的关系，即需要布卢姆教育目标分类中的"分析"。

如何从自己的认知结构中挑选出求解该习题所需的物理规律，并先用哪个物理规律、后用哪个物理规律做有序排列？ 这就需要学习者具有相应的解决方法（认知策略）。

解决此类习题的方法：①分别列出每次的漂浮方程；②然后结合阿基米德定律、$G_{物} = \rho_{物} g V_{物}$、$V_{总} = V_{露} + V_{浸}$ 求解。

学习者第一次将不同的物理规律结合起来解决这个问题，即需要布卢姆教育目标分类中的"综合"。从结果上看,学习者形成了不同规律的连结,即达到加涅学习结果分类中的"高级规则"。所谓高级规则是指个体第一次联系在一起加以运用的规则系统,这种规则系统通常通过真正的问题解决来实现。当形成的高级规则一旦运用于相似问题的解决中,它也就不是高级规则了。

也就是说,在奥苏贝尔的"问题解决和创造"学习过程中,学习者要运用已有的知识背景分解问题中的各相关要素(布卢姆教育目标中的"分析"),在一定的方法(加涅分类中的"认知策略")引导下挑选必要的物理规律并有序排列(布卢姆教育目标中的"综合")解决问题,从学习结果上称为习得高级规则(加涅分类),或习得以产生式系统存储的程序性知识。

二、物理学科认知领域学习分类

(一) 认知领域学习分类的新思路

以上讨论为认知领域学习分类提供了一些新的思路:

第一,就学科知识的学习来说,有具体的学科知识内容,学习者经历内部的加工过程,也会有一定的内部表征及相应外显行为的变化等方面要素,学习分类应能综合体现以上诸要素为宜。

第二,学科教学的直接目标是学科知识,故应从学习内容角度对学习进行分类。

第三,问题解决的有关研究表明,系统化的知识对问题解决,特别是对知识丰富领域的问题解决有帮助。且系统化知识具有相对应的内部表征:命题网络、图式等,故应将系统化的知识作为一项独立的学习内容。

第四,认知策略的运用总是伴随特定学科知识目标实现的,学习分类也应揭示出不同类型学习过程中可能运用的策略。

第四章中指出,认知策略是用于提高解决问题效率的技能,是引导学习者解决问题的思考方向,以选择、组合、排列解决问题所需技能的技能。认知策略的操作对象是个体已习得的、存储于自己认知结构中的,用于解决当前问题所需的必要技能,所以认知策略是对内操作的技能。

认知策略有适用条件即适用于解决哪类问题,有可执行的步骤。解决一个具体问题有强方法和弱方法。强方法不仅解决问题的步骤是具体的,且每一步都聚焦到解决该问题所需的必要技能,所以效率高。弱方法由于适用范围宽泛,每一步都需学习者经历另一个子问题解决,故对具体的问题解决效率较低。个体在解决具体问题时,总是先尝试使用有效的强方法,若没强方法,再退而求其次采用相对强的方法,实在没有强方法可用,只有使用相对弱的方法。

第五章中指出,对物理概念和规律的学习,主要经历的学习途径有实验归纳途径、理论分析途径等。学习途径不同,学习者经历的子环节就不同,要解决的子问题的类型也不同,因而所需的解决策略就不同。具体参见表 5-17、表 5-18 所示。

教师应遵循各环节中相应方法的指引，帮助学生选择解决子问题的技能，从而解决问题、习得所学知识。这样的教学才是有效的教学。

（二）物理课程认知领域学习分类

鉴于此，物理课程认知领域学习划分为如下类型：

1. 物理课程事实性知识意义的学习

此类学习内容有两方面：其一是符号的学习，如学生学习用符号"F"表示力、用"E"表示电场强度等；其二是事实性知识学习，如学生学习"赫兹发现了电磁波"，"爱因斯坦于 1915 年创立了广义相对论"，"一个标准大气压大小约为 1.013×10^5 帕斯卡"等。

此类学习主要涉及记忆知识的方法，如组块记忆法、推理记忆法、联想记忆法等。

2. 物理概念和规律意义的学习

学生学习物理概念和原理，学习后能用自己的语言解释物理概念和原理的实质，并举例说明，即达到"领会"层次。

此类学习过程中涉及的认知策略主要有：模型法、理想实验、转换、等效替代、归纳、演绎等方法，各策略应用的环节见第五章第二节相关内容的讨论。

3. 物理概念和规律应用的学习

学生在学习后，能表现出物理概念和原理中蕴含规则所支配的行为，达到"应用"层次。

此环节所需解决的问题主要是用所学物理概念和原理就可解决的，也就是单一规律的应用，所涉及的方法主要是演绎推理。

4. 物理课程系统化知识的学习

与系统化知识学习相关的策略有：列表法、层级图法、逻辑关系法等。

5. 物理课程问题解决的学习

此类学习包含解决问题的策略学习。

对于较为复杂的物理习题，其求解一般需要多个物理定理与概念的运用。由于物理课程习题的解决目标、解决条件、解决途径均是明确的，因此属于结构良好的问题。对于结构良好的问题，一般存在针对特定类型问题有效的解决方法（强方法），如物理学科中，解决三力平衡问题的"相似三角形"法、动态电路变化问题的"并同串反"法等。习题解决领域也存在一般方法（弱方法），如适用于解决物理课程填空题的方法：直接法、赋值法、图像法、极端假设法等。

对于结构不良的学科问题，如研究性学习中的问题，其解决主要用手段-目标法、逆推法、子目标等弱方法以及领域中的弱方法来完成。

物理课程认知领域的学习分类如表 10-1 所示。

表 10-1 物理课程学习分类(认知领域)

课型	学习内容	学习类型	学习内部过程	内部表征	外显行为	教学目标
新授课	物理课程事实性知识	事实性知识意义学习	已有意义下位同化,运用组块记忆等方法	命题、命题网络表征	能用自己的语言陈述命题的内容	知识与技能目标
	物理概念和规律	物理概念和规律意义的学习	(1)实验归纳途径运用归纳、演绎、类比推理等思维方法建立概念间的联系;运用转换、等效替代、理想实验等方法解决学习途径中各子问题 (2)理论分析途径运用模型法抽象研究对象,运用直接或间接证明(含反证法)演绎获得新知识	命题、命题网络表征(物理概念、规律)	能用自己的语言陈述命题的内容,并举出符合概念、规律的例子	知识与技能目标
	归纳、演绎、类比、转换、等效替代、理想实验等方法			命题表征(转换等方法)	能用自己的语言陈述方法适用的条件、应用步骤及应用实例	方法目标
				产生式	在可以运用方法解决问题的场合正确运用方法	
应用课	定理、概念等的运用	物理知识应用的学习	主要是演绎推理的运用	产生式	能用特定物理概念或原理解决主要运用该定理、概念即可解决的问题	知识与技能目标
复习课	组织好的物理课程知识	系统化知识的学习	运用列表、层级图等方法建立不同知识间的联系	命题网络或图式	学生能用自己的语言阐述网络中的联系单元以及其中的关系	知识与技能目标
	列表、知识结构图、层级图以及逻辑关系图等组织知识的方法			命题表征(列表等方法)	能说出所用列表等方法适用的条件、步骤及应用实例	方法目标
				产生式	在需要的场合,能运用列表等方法形成相应知识的系统化	
	物理课程问题	问题解决的学习	运用强方法或弱方法挑选解决问题的必要技能	产生式系统	能运用所需技能正确解决特定问题	知识与技能目标
	解决问题的强方法(针对结构良好的问题)、弱方法(适用结构不良问题)	问题解决强的学习		命题表征(强、弱方法等)	能说出解决问题所用方法的适用条件、基本步骤	方法目标
				产生式	在需要运用该方法解决问题的场合能正确加以运用	

（三）该学习分类的特点及其对教学的启示

第一，该分类在学习类型与学习内容、学习内部过程、学习外显行为之间建立联系。教师可以依据学习内部过程合理安排教学事件，促进教学效果；可以依据学习外显行为制定测量项目，对教学目标实现与否进行检验，从而帮助教师有依据地完成教学设计工作。

第二，该分类将认知策略与具体的学习活动建立联系。研究表明认知策略都是与具体认知活动相伴的，这就为结合具体学科内容学习进行策略教学提供了可能。

以上所提出的学习分类，将不同类型学习活动与其中可能运用的具体策略之间建立起联系，这就要求教师不仅要明了学科知识的教学目标，同时也应关注其中会运用到的那些策略或方法以及适用条件，在适当的时机帮助学生达到"方法"学习的目标，在教学中做到既教知识，又教方法。

经过近一个世纪的发展，学习心理学关于人类学习内部过程、学习后内部表征及外显行为表现等方面的研究成果，已经能够初步解释人类的学习机制，这就为教师根据学生"学"的规律来规划教学活动，真正实现将教学建立在学生学习基础之上提供了可能性。新的学习分类有助于教师依据学习过程合理安排教学事件，依据外显行为规划适当的测试项目，一定程度上减少物理教学的盲目性。

第二节　物理课堂教学目标的陈述

一、物理概念和规律教学目标陈述

（一）物理概念和规律学习后的外显行为

当前国际上公认的教育学目标分类框架是布卢姆等人于 20 世纪五六十年代提出的目标分类框架，称为教育目标分类学，将教育目标分为认知、动作和情感三个领域，其中认知领域的教育目标分为识记、领会、应用、分析、综合、评价六个水平层次。布卢姆教育目标分类依据学习者表现出的外显行为做出习得能力水平的推断。

"领会"是最简单的理解，是指把握知识意义的能力。当学生能够用与原先学习情境不同的方式或能以自己的方式呈现所学的内容，说明学生达到了该内容学习的"领会"层次。在我国教学理论领域，"领会"通常用"理解"一词表示（以下我们将不做区分）。领会的外显行为表现主要有解释、转化、推断。

解释——所谓解释，实际上是指学生能够用自己的语言来陈述概念、原理或方法的意义，而不拘泥于原文的呈现方式。

转化——将材料从一种形式变成另一种等价的表达方式，包括将文字转化为图表、图表转化为文字、变化文字表述方式等。

推断——根据交流中描述的条件，在超出既定资料之外的情况下延伸各种趋向或趋势。

【案例 10 - 2】

对同一知识点,能够反映学生达到"领会"层次的问题在形式上也很多样,例如:

① 请解释牛顿第二定律的内容及依据,并列举符合牛顿第二定律的实例。(解释行为)

② 假定一个物体的加速度等于零,这是否意味着物体没有受到力的作用? 试举例说明。(解释行为,对牛顿第二定律及其中受力性质的理解)

③ 请用作图的方式,表示一个物体受外力 F 作用时,其加速度的大小与方向。(转化行为)

④ 从牛顿第二定律知道,无论怎样小的力都可以使物体产生加速度,可我们用力提一个很重的物体时却提不动,这与牛顿第二定律有矛盾吗? 为什么?(推断行为)

⑤ 一个物体的速度发生变化,则物体(选填"一定"或"不一定")_____受力。对同一个物体,如果它受到的合外力加倍,则物体的加速度为原先的_____倍。(推断行为)

"应用"是指把所学知识应用于新情境的能力,它包括概念、原理、规律、方法、理论的应用。它与"领会"的区别在于是否涉及这一项知识以外的事物。"领会"仅限于本身条件、结论的理解。"应用"则需有背景材料,构成问题情境,而且是在没有说明问题解决模式的情况下,正确地运算、操作、使用等。

【案例 10 - 3】

例 篮球运动员运球时,球会落到地板上再弹起,使球弹起需要力的作用吗?

此问题需要学习者以牛顿第二定律为大前提,通过演绎推理解决,结构如下:

物体受力不为零,则物体有加速度(大前提)

篮球从地上弹起,速度大小和方向发生变化,即存在加速度(小前提)

则篮球从地面弹起需要力的作用(结论)

学习者需要从题设中,识别出"从地上弹起的篮球,速度发生改变,即存在加速度"这一信息,因此需要牛顿第二定律以外的知识,但这个问题主要还是要用牛顿第二定律来解决,所以,学生如果能完成该例,说明学习者达到了"应用"层次。

"应用"本质上是学生以所学概念和规律为大前提,以问题情境的相关信息为小前提,内部经历的是演绎推理的过程。

(二) 物理概念和规律学习后的内部表征

1. 命题网络

学习者通过内部的学习过程,识别出必要的信息,加工形成对个体而言新的联系,存储在长时记忆中,以"命题网络"的内部表征形式加以存储。

【案例 10 - 4】

牛顿第二定律:物体的加速度跟所受作用力成正比,跟物体的质量成反比。

显然,如果经学习后学习者内部出现命题网络表征,那么学习者就不会表现出"逐字逐句地、与原文呈现方式相同的方式陈述学习内容"的行为(奥苏贝尔学习理论所述机械学习

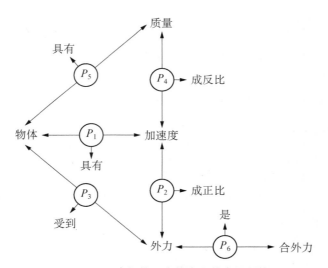

图 10-1　牛顿第二定律意义的命题网络

后学生表现出的行为),而是能以相互关联的方式逐个意义单元地陈述学习内容,即"能用等值的语言陈述学习内容"(奥苏贝尔有意义学习界定的行为),在布卢姆教育目标分类中,称这种用自己的语言正确陈述、说明、解释学习内容的行为达到了"领会"层次。

2. 图式

陈述性知识的表征方式还有图式,物理学科学习中有物理概念图式、物理规律图式(参见第二章第四节所述)。物理规律图式在结构上往往包含物理意义、物理性质、性质形成过程、数学表达式、适用条件、典型实例等方面。学习具体物理规律后,学习者可将相关信息逐一"填入"图式的槽道中,形成一种整体性的表征。

【案例 10-5】

牛顿第二定律的规律图式如表 10-2 所示。

表 10-2　牛顿第二定律的图式

物理意义			描述物体的加速度与受力、质量之间的定量关系
内容			物体的加速度跟所受作用力成正比,跟物体的质量成反比
物理性质	物理对象、过程、状态		一定质量的物体(可视为质点);物体受到合外力;物体速度变化快慢
	存在规律	定性	物体的加速度与物体受力有关,与物体质量有关
		定量	在质量相同时,物体速度变化快慢(加速度)与物体所受合力成正比; 在受力相同时,物体速度变化快慢(加速度)与物体质量成反比。
	规律形成的依据		实验中,质量不变,改变受力大小,测出每次加速度,作出受力和加速度的图像为一条直线,故加速度与受力成正比。 受力不变,改变物体质量大小,测出每次加速度,作出加速度和质量倒数的图像为一条直线,故加速度与质量倒数成正比(即与质量成反比)。
	特征		矢量性、瞬时性、因果性

数学表达式	$F = ma$
定律适用条件	低速、宏观
与其他物理概念、规律间的关系	力的单位、动量定理等

围绕特定物理概念和规律学习相关内容,个体将形成图式的表征方式。

对物理概念和规律,经过有意义的学习(即符合个体内部学习途径和加工机制),可以形成对个体而言新的联系,可称为习得意义,内部出现命题网络,外显可以有解释、转换、推断等行为(行为都是针对学习内容本身)。

在物理概念或规律的意义学习后,物理公式、物理量单位的有意义学习通常称为符号表征学习,即用特定符号表示对象或对象的属性。

小孩子能将碗从餐具中识别出来,我们称为孩子习得"碗"的意义,到学校学习是用汉字"碗"或者英文"bowl"指称这一对象,就是习得符号的意义,也称为符号学习;学习后,学生能用正确的符号表示相对应的概念。

3. 产生式或产生式系统

现代认知心理学提出,表征程序性知识最小的单位是产生式。产生式这个术语来自计算机科学。计算机之所以能完成各种运算和解决问题,是因为它存储了一系列以"如果/则"形式编码的规则的缘故。认知心理学家认为,人经过学习,同样可以在头脑中存储一系列"如果/则"形式的规则,这种规则是一个由条件和动作组成的指令(C-A 规则),其中的 C 不是外部刺激,而是处于短时记忆中的信息,A 也不仅是外显的反应,还包括内在的心理活动。

例1　如果一个气体系统体积不变(条件),则判定该气体的压强与温度成正比(行动)。

例2　如果一个物体受两个力且物体静止(条件),则判定该物体所受两个力是一对平衡力(行动)。

(三) 物理概念和规律学习的教学目标陈述

(1) 物理概念和规律意义学习后的内部表征:对于物理概念和规律的学习,经过学习者内部的学习过程,学习者应该习得"图式"这一学习结果。其中每一子项都有具体的内容,其物理意义及性质等可以形成命题网络的表征方式。

(2) 物理概念和规律意义学习后的外显行为:根据布卢姆教育目标分类,其对应的外显行为主要有三种:解释、推断、转换,称为"领会"。

图式中每一子项都可能会表现出解释、转化、推断的行为,从学习内容结合行为表现,可有十余种陈述,如果再加上许多未做清晰界定的行为动词,对目标的描述就会产生"百花齐放"的状况。

（3）物理概念和规律"意义学习"教学目标的陈述。

"领会"一个物理规律的意义,其最基本的外显行为是"能用自己的语言陈述规律的内容及形成过程",即"解释"的行为;既然能用自己的语言陈述规律的内容,也就表明学习者能够依据规律反映的本质特征对该规律的不同表述作出判断,即具有"转换"行为;学习者也就能够依据规律,对发展变化做出推测,也就是"推断"的行为。建议在陈述教学目标时,对"领会"层次的教学目标统一采用"解释"性行为陈述。

为此,可较为全面地写出图式中每一子项的教学目标,例如:

【案例 10 - 6】 理解牛顿第二定律

理解牛顿第二定律的物理性质:能解释牛顿第二定律物理量间的相互关系以及关系成立的依据。

理解牛顿第二定律的数学表达式:能解释表达式中各符号的表示对象及相互间的运算关系。

理解牛顿第二定律的特征:能解释牛顿第二定律的特征(瞬时性、矢量性、因果性)。

理解力的单位建立:能解释力的单位建立的依据和过程。

了解牛顿第二定律的适用条件:能陈述牛顿第二定律适用的条件。(要求"解释"其适用条件,学习者要能够列举出牛顿第二定律在微观、高速条件下不适用的实例,而这部分内容学生要在大学普通物理课程才能学习,所以这部分内容在中学阶段只要求学习者记住即可,达到"识记"层次。)

当然,今后待教师补充学习心理学的相关知识,我们对教学目标的撰写即可简单一些。

如果我们将教学中所称的"学习物理概念和规律"的学习结果视为"习得物理概念和规律的图式",将物理概念和规律图式中最核心的内容即物理性质作为代表,同时以解释这种体现"领会"最核心的行为作为陈述,那么对案例 10 - 6 中概念和规律教学的目标可简化为:理解牛顿第二定律;能用自己的语言解释牛顿第二定律的物理意义、物理性质及其建立的依据。

（4）物理概念和规律"应用"学习教学目标的陈述。

学习结果:该类型学习后,学生可以解决一些主要运用所学特定的概念和规律就可以解决的问题,外显表现出的行为是"执行"规则的行为。

内部过程:学习者能以所学概念和规律所蕴含的规则做大前提,运用演绎推理解决问题。

内部表征为:产生式或产生式系统。

对牛顿第二定律"应用"层次目标的陈述:应用牛顿第二定律;在能够运用牛顿第二定律的场合,可执行牛顿第二定律的规则解决问题。

二、认知策略教学目标陈述

由第二编各章讨论可知:

（1）在物理概念和规律学习过程中，需要遵循符合科学性要求的方法进行；最基本的研究方法，也是学习方法主要有实验归纳法、理论演绎法。

无论实验归纳法还是理论演绎法，它们都有一些子环节，其每一子环节也涉及子问题的解决，也需要相应的解决策略。

（2）方法的应用往往具有潜在性，个体通常不会意识到。

（3）教学中对"方法"学习的处理有两种，其一是将学习过程中具体的方法，包括适用条件、步骤以及具体实例显性化地呈现给学生，这样的教学后，学生能陈述方法的名称、适用条件、步骤并能举例，也就是达到方法的"领会"或者说"理解"层次。

还有一种对学习中学生经历的方法不做显性化，学生只是无意识地有运用方法的经验（为今后该方法的显性化教学提供实例），一般学生不会自动地概括出方法的步骤和适用条件。

因此，对认知策略或者说"方法"教学目标的陈述也应分两种情况：

对于不做显性化教学的方法，如需撰写教学目标，建议采用"经历运用（方法）解决问题的场合，体验或感受（方法）使用"的格式。如：经历运用转换法确定测量加速度方案的场合，体验转换法的应用。

如果在教学中有显性化的教学环节，"方法"的教学目标与物理概念和规律教学目标陈述相似，如可陈述为：理解转换法；能举例解释转换法的适用条件和步骤。应用转换法；在提示可用转换法的场合，能执行其步骤，沿其指导的方向思考。

三、问题解决目标陈述

问题解决是在一定策略的引导下，选择解决问题所需必要技能的过程。按解决特定问题的效率，解决问题的策略或者说方法可分为强方法和弱方法。强方法只适用于解决特定类型的问题，由于强方法每一步都聚焦于解决一类习题所必要的技能，因而解决此类习题的效率就高。当学习者面临的问题无法运用强方法时，常常会采用逆推法、子目标分析法等方法，尝试从学习者自己的认知结构中选择出解决当前问题所需的必要技能，这类方法的适用范围很广，但难以帮助学习者直接找到所需技能，因而解决问题的效率相对就低。中学阶段最主要的问题解决领域就是物理习题解决。

1. 可归类物理习题的教学目标陈述

复杂习题通常需要运用多个物理规律来解决，习题本质上属于结构良好的问题。研究表明，结构良好的习题通常具有典型的内在结构特征、用于解决问题所需的技能清晰、各技能执行先后的次序明确（也就是说强方法），由此可以形成针对此类习题的综合性的表征形式，称为问题图式。[①] 例如，人-船模型一类习题的图式如表 10－3 所示。

---

① 陈刚. 物理教学设计［M］. 上海：华东师范大学出版社，2009：15.

表 10-3 "人-船模型"问题的图式

问题结构特征	解题所需知识与技能	策略
呈现情境： 1. 两个物体； 2. 初始状态静止； 3. 两个物体沿相反方向运动； 4. 在该方向上不受外力。 待求：两物体移动距离间的关系	理解质量、长度、运动、运动距离、摩擦力的概念； 会运用摩擦力、动量守恒定律，会运用运动物体距离间的关系。	1. 由动量守恒定律，建立两物体移动距离之间的关系； 2. 然后根据两物体移动距离与相互运动距离间几何关系，联立求解。

专家之所以能高效地解决本领域问题，就是因为专家拥有自己专长领域丰富的问题解决图式。因为具有大量的图式，在面对新问题时，如果抽象出的结构特征符合自己认知结构中已有图式的特征成分，专家就可以启动相应的强方法加以解决，从而能够高效地解决本领域的常规新问题。

因此，对于可以归为特定类型的物理习题，因其具有较为明确的物理特征，且存在解决问题的强方法，教师应以问题图式教学为目标。

例如，教学目标可陈述如下：

掌握人-船一类物理习题的图式；能解释该类习题的典型特征、解决过程中的步骤；能遵循解决此类习题方法的引导，选择解决该问题所需的必要知识和技能解决该类习题。

掌握动态电路类型问题图式；能解释该类习题的典型特征、解决过程中的步骤；能遵循解决此类习题方法的引导，选择解决该问题所需的必要知识和技能解决该类习题。

2. 难以归类物理习题的教学目标

对于无法用强方法或问题图式解决的习题，学习者只能运用弱方法求解。

在物理习题解决领域，适用范围较大的一些解决习题的方法，如解决物理习题的一般方法、解决运动学的方法、解决静力学习题的方法等，由于范围较广，无法直接聚焦解决某一具体问题解决的所需技能，在运用过程的每一步对学习者来说，可能又构成一个个子问题，如有研究者提出解决物理习题的最一般方法为审题、分析题、列方程、求解，同时指出在"分析题"环节，应画草图、分析物理过程和物理状态，当学习者面对不熟悉的问题时，如何审题、如何分析题（像如何画草图，如何分析物理过程等）又会构成一个个子问题，因此这些方法在应用时都不可能自动化，是弱方法。

此外，物理习题解决领域还存在一些具有学科领域特征的弱方法，如守恒法、等效法、图像法等。以上方法确实有助于学习者解决问题，但很难梳理其运用所需的条件，即习题满足何种特征就可采用该方法，因此也不可能聚焦到解决问题的必要技能，同样属于弱方法。

对于一时无法归类的物理习题，教学显然应以问题解决中所涉及的弱方法为目标。如前所述，弱方法在应用时不能自发地选择出解决当前问题所需的技能，因此对弱方法的教学，通常达不到掌握的层次，但可帮助学生达到理解的层次，例如陈述如下：

理解解决静力学习题的方法；能举例解释该方法的步骤。

理解解决物理习题的守恒法；能举例解释守恒法运用的场合。

四、认知领域教学目标陈述技术

（一）教学目标陈述技术概述

既然学习都有具体的内容，且对应有内部的学习过程和内部表征的变化，也会导致个体外显行为的变化，因此对于教学后预期学习者习得的学习结果，教学目标的表述建议采用内部状态变化与外显行为相结合的方式，即提倡采用"描述心理状态变化的词语＋具体学习内容；对应的最基本的外显行为"的格式。对认知领域，描述心理变化的词语及所对应的最基本的外显行为如表 10－4 所示。

表 10－4　物理学科概念和规律教学目标陈述格式

学习内容	教学目标的陈述	
	描述心理变化的词语	最基本的外显行为
物理事实性知识（含符号、物理事实等）、物理概念、物理规律、科学方法（学习物理概念和规律中所用）等	了解	能与原呈现一致的方式复述所学知识（物理概念、规律、方法等）的内容
	理解	能用自己的语言解释所学知识（物理概念、规律、方法等）的内容和依据，并举出自己的实例
	应用	在提示可用物理概念和规律的条件下，能正确解决物理问题（解决单一规则的问题）
	掌握	"理解"＋"应用"的行为（主要对物理概念、规律的学习）
物理系统化知识	了解	能与原呈现一致的方式复述物理知识间的联系以及形成联系的关系
	理解	能用自己的语言解释物理知识间的联系以及形成联系的关系
物理复杂习题	掌握（对特定物理习题的问题图式）；理解（对解决物理习题的弱方法）	能解释一类习题的特征、解决步骤；能遵循解决此类习题强方法的引导，选择解决习题所需的必要技能；能举例说明特定弱方法的应用步骤或场合

（二）经验性教学目标陈述的不足

1. 经验性教学目标陈述样例

教学实践中，教学目标所起的作用可能远未达到"导学、导教、导测评"这样要求。虽然教师对每一节课都会写出教学目标，但撰写出的教学目标各异，比如案例 10－7 中牛顿第二定律的教学目标（此处主要是"知识与技能"、"方法"目标）。

【案例 10-7】

案例一：[①]

知识与技能

（1）理解物体运动状态的变化快慢，即加速度的大小与力有关，也与质量有关。

（2）通过实验探究加速度与力的定量关系。

（3）培养学生的动手操作能力。

案例二：[②]

教学目标

（1）知道国际单位制中力的单位是怎样定义的。

（2）知道牛顿第二定律表达式的确切含义，深入理解牛顿第二定律的内容。

（3）能用牛顿第二定律分析和处理简单的问题，初步体会牛顿第二定律在认识自然过程中的有效性和价值。

案例三：[③]

教学目标

（1）通过实验研究，理解加速度与力的关系，理解加速度与质量的关系。

（2）掌握牛顿第二定律的内容及数学表达式，能用它进行简单计算。

（3）知道在国际单位制中，力的单位是如何定义的。

（4）体验用实验探索物理规律的方法，包括控制变量、猜想、用图线寻找物理量之间函数关系等物理方法。

以上写出来的教学目标似乎都挺不错，也没有什么特别不正确的地方，当然每一位教师或多或少可能会提出一些改进的建议。可见在教学实践中，课时的教学目标似乎没有形成相对统一的要求，这显示出在教学目标的认识上大家未取得共识，这样缺乏一致性的教学目标事实上难以起到导学、导测评的作用。

2. 经验性教学目标撰写的不足

案例一中，目标1对应物理性质中的定性关系，目标2对应物理性质的定量关系，目标3对应综合性的能力目标。

案例二中，目标1对应牛顿第二定律与其他概念和规律的关系，目标2对应定律的表达式和物理性质，目标3对应定律的"运用"以及"STS"目标。

案例三中，目标1对应物理性质中的定量关系，目标2对应定律的表达式及应用，目标3对应定律与其他概念和规律的关系，目标4对应方法目标。

像上述三个案例中陈述的目标，都部分涉及牛顿第二定律图式的不同侧面，所以都有一

---

① 韩叙虹. 牛顿第二定律教学设计[J]. 物理教学探讨，2009，11（上半月）：28.

② 吴畅. 牛顿第二定律教学设计[J]. 物理教学探讨，2010，6（上半月）：77.

③ 王耀村. 高中物理课堂教学优化设计[M]. 上海：文汇出版社，2004：35.

定的合理性,但这种依据经验撰写的教学目标,在基于科学心理学的教学理论看来,多数是不合格的。基于科学心理学的教学理论认为教学目标应可以起到"导学、导教、导测评"的作用,故教学目标的撰写应满足:

(1) 行为主体应是学生。教学目标应陈述学生学习后在知识、技能、学习方法和态度等方面的变化,而不应描述教师应该做什么,否则,教师如果这样做了,是不是就达到教学目标呢? 显然不能这样,像案例一中目标3的主体是教师,因此是不合适的。

(2) 教学目标需对应具体的学习内容。陈述的目标应有具体的内容,而不宜是综合能力的描述。像案例一中目标3,上好这节课后,如何检测学生的"动手操作能力"是否得到培养呢? 这种无法检测的结果,作不作为教学目标都可以。比如设计实验能力不是一节课的教学就可以达成的,这种综合能力的检测是需要专门设计一组测试项目来测试的。

(3) 教学目标应采用可观察、可测量的行为动词。如案例二中目标1"知道"、目标2"深入理解"只是描述达到的水平(或者是描述心理状态变化的词),未采用对应此内部变化的外显行为的动词,未给出相应的外显行为标准,因此是不合适的。建议用布卢姆教育目标或修订中阐述的行为动词,因为这些行为动词都经过相对清楚的界定,有助于教师对其表现行为有相对统一的认识,这样就能做到在一个语系中讨论问题,避免用同一个词,但每个人想象的行为表现却不一致所带来的模糊性。比如"理解安培力",一个人可能认为"理解"就是口头说出安培力的内容,另一个人可能认为是举例说明,第三个人认为是能用安培力的数学表达式求解。这样,含糊的术语很难准确地传达教学目标的内容和要求,显然会造成各说各话。

五、态度目标的陈述

(一) 态度的成分和习得层次

科学精神是物理学科态度学习领域主要的学习内容。科学作为一项探索真理的事业,在它长期发展的过程中形成了一套行之有效的认识规范,主要包括"求实、理性和有条理的怀疑"。这种认识规范一方面约束着科学家的科学行为,另一方面在他们的科学实践中被内化、积淀、凝聚、提升为一种自觉的科学意识和普遍的信仰体系,这就形成了科学精神。科学精神主要有求真精神、理性精神、求实精神等。

"科学精神"在未被个体习得之前,作为独立于个体外在的规范体系,也是社会倡导、尊崇的价值认知和行为准则,可以称为"社会价值观"。

当上述价值认知和行为准则被个体习得后,即成为个体习得学习结果的一种即"态度",当上述价值认知被个体视为对自己具有最大价值,成为个体信念,且表现出稳定一致的行为选择时,也可称为上述态度达到了"个体价值观"。因此,作为"社会价值观"的科学精神要被个体习得成为"个体价值观",其培养方式显然应依据态度学习的机制来实现。

态度有三成分、五个习得阶段。由于态度的习得不是一两节课的教学就可以形成的,并且态度的形成与社会环境、家庭环境和学校班级环境的相互作用和关系都难以一一被分离出来,一般也不可能达到价值观的程度,因此在教学中,对态度学习的教学目标陈述既要具体也要适度。

(二)态度目标的陈述

一般物理教学中,学生都要从存在的问题情境入手,因此有希望了解未知现象的意愿,也就是说学生会经历并表现出一定的"求真精神"的行为体验;在教师的引导下,学生遵循研究物理问题的过程,经历证据严密的求证而获得物理真知,学生经历并表现出一定的"理性精神"的行为体验;对相互矛盾的物理理论进行分析,学生经历并表现出一定的"求实务实精神"的行为体验。

也就是说,在实际课堂学习中,学生会出现符合特定科学精神的行为,而且往往是不自觉的行为;因此一般课堂教学中,对于无显性化的态度目标,如需陈述,一般可将目标陈述为:

经历研究具体物理问题时面对未知现象、面对与经验事实相冲突的情况的行为体验,感受理性、求实务实或创新等科学精神。

这样的目标陈述一般来说适用于任何物理课堂教学。

实际课堂教学中,教师常常需要对科学家特定的科学精神做讲解,也就是说进行"显性化"的态度教学。依据态度学习的基本方式,此类教学应包含如下要素:呈现蕴含特定科学精神的实例,提炼出科学家体现科学精神的行为以及面临与之相冲突的行为;科学家面临冲突行为时的选择;科学家本人对自身行为的评价以及社会包括科学共同体中其他科学家的评价等;(对特定行为的"价值评价"阶段)还应尽可能概括出该科学精神的主要行为特征及基本认知内容。

如第九章案例 9-4 所示,经过此环节的教学,学生能够较为清晰地回答居里夫妇在研究中体现科学精神的行为,能从居里夫妇的自我评价和其他伟大科学家对居里夫妇表现出的行为的敬意,感受满足自尊等需要时获得积极的情感,从而对此类行为赋予是"有价值"做的,即价值化,但一般在课堂教学中不会要求把学生明显地表现出科学精神的行为作为检测。所以,课堂中态度的教学,较多是达到价值化阶段。

因此对此类具有显性化教学的目标,可做如下陈述:

"理解理性、求真的科学精神。结合居里夫妇放射性研究中冲突行为的选择,陈述其中体现理性、求真精神的行为特征以及认知内容。"

"理解求实务实精神。结合伽利略对亚里士多德关于运动一些观点的分析行为,能陈述求真务实精神的认知内容和行为特征,并能举例说明。"

六、学科核心素养视角下教学目标的陈述

物理学科核心素养为物理观念、科学思维、科学探究、科学态度与社会责任,在第一章以及第二部分的阐述中可知,从学习结果类型看,其对应的学习结果仍然是智慧技能和言语信息、认知策略、态度等几类。

- 物理观念目标的陈述

物理观念是"物理概念和规律的提炼和升华",因此每一次具体的物理概念和规律的学习,本质上是增添特定物理观念的核心构成要素。

建议目标陈述:在本节一、(三)中所述目标陈述的基础上,陈述"增加'……观念'的构成成分"。

例如:理解牛顿第二定律。能有依据地解释牛顿第二定律的内涵,并举出符合牛顿第二定律的实例。增加相互作用与运动观的核心构成成分。

- 科学探究、科学思维目标的陈述

科学探究素养包含问题、证据、解释、交流等要素;科学思维素养包含模型建构、科学论证、科学思维、质疑创新等,如第二部分讨论,各要素本质上都是运用相应科学方法解决问题体现出来的,如模型建构本质上就是运用模型法抽象待研究对象的过程(如案例 11-2 所示)。再如牛顿第二定律的学习是通过实验归纳途径实现的,因此,学习过程中主要涉及到科学探究素养的培养,其学习过程中需要运用共变法进行"猜测"、运用控制变量法"规划方案"、运用设计实验通用方法"设计实验"、运用图像法"处理数据"等,显然此部分学习可对应于科学探究中问题提出、证据获得等要素。

建议目标陈述:在本节二、中所述目标陈述的基础上,陈述"增加科学探究(或思维)素养'……'要素实施的经验"。

例如:经历实验探究力、加速度与质量关系的过程,体会猜测中的共变法、规划方案中的控制变量法、设计实验中的设计实验通用策略以及处理数据图像法的运用。增加科学探究中形成问题、获取合理证据等要素实施的经验。

经历单摆模型抽象的过程,体会模型法的运用。增加科学思维中模型构建要素实施的经验。

- 科学态度和社会责任素养目标的陈述

在物理课程学习中,学生必然需要表现出合理猜测形成问题的意愿和行为(理性精神)、追求问题解决获得新知的意愿和行为(求真精神)、基于事实证据判断所获信息合理性的意愿和行为(事实求实精神),因而在每一次物理课程的学习中,都可以陈述学生上述精神的行为体验,由于态度的性格化层次的不宜达成性,所以在科学态度的目标陈述应适度。

建议目标陈述:在本节五、中所述目标陈述的基础上,陈述"增添科学态度(或科学本质、或社会责任)素养的范例"。

例如:经历伽利略运用归谬法论证落体下落快慢影响因素的过程,感受伽利略面对亚里斯多德等权威论断,表现出勇于质疑,有据论证的行为,体会理性、创新等科学精神。增加科学态度素养的范例。

以学习心理学取向教学论为基础的教学设计中,教学目标是教学工作的出发点。良好设置与陈述的教学目标具有指导学生学习、教师教学、测量与评价的功能,并具有交流功能。为了克服教学目标的含糊性,教师应从学习内容、学习内部表征以及相应外显行为等方面整体性地把握教学对象,并以经过心理学界定的描述心理状态的名词和描述相应外显表现的动词相结合进行描述。

思考与练习

（1）试举例说明认知领域学习分类理论之间的联系。

（2）试举例解释物理学科学习分类中各类别学习的内部过程、内部表征以及相应的外显行为。

（3）试举例解释物理学科各类学习结果教学目标的陈述。

（4）关于"杠杆"一节课的教学目标,有教师撰写如下:

① 知道什么是杠杆,理解支点、阻力、阻力臂、动力、动力臂,能根据实物画出杠杆的示意图;

② 知道杠杆的的平衡条件,会利用杠杆的平衡条件解决一些问题;

③ 培养学生的实验操作能力和归纳概括能力;

④ 利用组合媒体,创设教学情境,激发学生的学习兴趣,提高学习效率。

试依据教学目标撰写的基本要求,分析其存在的不足并加以改写。

第十一章　物理课堂教学规划

教学目标明确后,教师应分析确定教学中的重难点、选择适当的教学方法,此为教学规划环节中的两项基本工作。学习是信息加工过程,学习过程中,学生可以从教师的陈述中获取必要信息,也可以在教师的引导下,通过一定的思维活动获取必要信息,还可以主要通过自己的思维活动获取必要信息。教师和学生之间信息传递的方式,体现了不同的教学方法。教学难点实质是学习的难点,通常是由于学习者未具备学习中解决问题的策略或所需必要技能引起的,也可能是由于用于信息加工所需信息不完备或信息加工逻辑复杂引起的。本章前两节讨论启发式教学和探究式教学的实质及其相应的实施方案。最后一节讨论教学难点的实质以及相应的突破思路。

第一节　物理课堂启发式教学方法及设计

一、教学方法的实质

学习是学生运用一定策略解决各环节子问题、习得相应学习结果的过程。学校环境下的学习,需要教师规划教学事件,引导和帮助学生的学习过程,也就是与学习过程对应的教学过程。教学任务分析已揭示出学生习得该学习结果经历的途径和各子环节问题解决的策略,那么教学就是教师遵循各环节中相应策略的引导,帮助学生选择解决子问题的技能,从而解决问题、习得所学知识的过程。教学方式主要有三种:

(1) 传授式教学:教师遵循相应方法的结构,自己选择解决问题所需的知识和技能,并解决问题。

(2) 启发式教学:教师遵循相应方法的结构,引导学生获取解决问题所需的知识和技能,逐步有序地解决问题。

(3) 探究式教学:教师提供问题情境,由学生自己遵循相应方法结构的引导,选择解决问题所需的技能解决相应问题。

二、启发式教学与传授式教学

教学要有逻辑性是物理学科教学的一个基本要求,那么教学逻辑性由何而来? 教师如何做才能在教学中体现逻辑性?

讲授法教学是指教师通过语言连贯系统地向学生传授知识的方法,这是中学教学中最常采用的教学方法。运用讲授法时,要求教师努力激发学生的求知欲和学习兴趣,引导学生积极开展思维活动,主动获得知识,即应采用启发式教学方式,避免不顾学生学习兴趣和理解能力,一味灌输的注入式教学方式。那么启发式教学和注入式教学究竟有什么不同？怎样的教学才是符合启发式教学的要求呢？

对于第五章第三节讨论的"曲线运动条件"的教学,另有一位教师的教学过程如案例11-1所示。

【案例11-1】

师:我们来做演示实验一,让静止小球从斜面上滚下,并将磁铁沿小球运动方向放置,我们可以看到小球在桌面上做直线运动。(如图5-12甲)

师:接下来,将小球从同样的斜面上滚下,将磁铁放置在小球运动方向的侧面,请同学们仔细观察。

(做实验,如图5-12乙)

师:刚才的实验,我们可以看到,当我放开手让小球滚下后,在接近磁铁的地方,小球偏离了原先的运动方向,转向磁铁做曲线运动。两次实验中,一次做直线运动,一次做曲线运动,那么小球做曲线运动的条件是什么呢？

师:两次实验中,小球都受到重力、支持力,这两个竖直方向的力相互平衡,同时还受到摩擦力和磁铁吸引力,但两次实验中磁铁对小球作用力的方向不同,一次是沿小球运动方向,此时小球做直线运动,另一次与小球运动方向不相同,此时小球做曲线运动,因此物体做曲线运动需要一个条件,即物体所受合力与原先运动方向不在同一条直线上。

案例讨论:

(1)教学活动的过程都遵循了信息加工机制——差异法的结构。

如第五章第三节"曲线运动条件"教学后评析可知,本结论是运用差异法获得的,教学中应遵循差异法的结构,帮助学习者识别实验中差异的结果、差异的条件以及不变条件,帮助学习者形成新的联系:"曲线运动"与"合力与运动不同线"之间存在因果联系。

在第五章第三节中,教师教学遵循了差异法的逻辑结构。在本节的教学中,教师自己分析两次实验中差异的结果。分析两次实验中相同的条件、差异的条件,并最终获得结论,显然教师的教学也遵循差异法的结构。

教学中,信息加工遵循相应逻辑机制的要求,教学中教师对结论获得的前因后果交代得清楚,学生就可以合理地得出相应结论,教学体现出逻辑性。如果教学中教师没有遵循获得结论的逻辑过程,学生就不能合理地得出结论,因而就可能会对结论进行机械记忆,这样的教学往往就是"注入式"的教学。

教学的逻辑本质上是教师的教学行为符合获得特定结论的逻辑结构。

(2)教学中信息加工主体不同。

教学方式一(第五章第三节"曲线运动条件"教学)中,在教师引导下,由学生自己从实验情境中识别出条件和结果的变化情况,并运用相应的信息加工机制——逻辑推理——建立相关概念间的联系,这种教学过程符合"启发式教学",即教师努力激发学生的求知欲和学习兴趣,引导学生积极开展思维活动,学生主动获得知识的这一基本要求,因而体现出一定的"启发性"。

教学方式二(如案例11-1)中,教师遵循信息加工机制的要求,自己呈现必要的信息并加工完成,即为传授式教学。

因此,选择信息在师生间传送的不同方式,就体现出不同的教学方法。

三、启发式教学设计

启发式教学中需要教师遵循相应环节问题解决策略的步骤,引导学生选择解决问题的必要技能,习得需要学习的结果。所以,分析出教学中各子环节问题解决所用的策略,是合理选择教学方式的最基本条件。

在物理概念和规律的学习过程中,不同学习途径各子问题解决所需要的通常是科学方法,包括模型法、控制变量法、设计实验通用方法、转换法、等效法、理想实验法等(参见第五章第二节所述),教师只有明了各科学方法运用的条件以及相应的步骤,才有可能遵循方法的步骤,引导学生思考选择解决问题的必要技能,即采用启发式教学。

(一)科学方法的常见界定及其不足

当前对于物理教学中涉及的一些具体科学方法,有如下描述。[①]

1. 模型法

现实中的事物都是错综复杂的,在用科学规律对事物进行研究时,常常需要对它们进行必要的简化,忽略次要因素,以突出主要矛盾。用这种理想化的方法将现实中的事物进行简化,便得到一系列的科学模型。建立模型可以帮助人们透过现象,忽略次要因素,从本质认识和处理问题;建立模型还可以帮助人们显示复杂的事物及过程,帮助人们研究不易甚至无法直接观察的现象。

物理对象模型化:质点、光线等。

2. 控制变量法

研究物理问题时,若某一物理量受到几个不同因素的影响,为了确定不同因素之间的关系,可将除了某个因素以外的其他因素人为地控制起来,使其保持不变,再比较、研究该物理量与该因素之间的关系,得出分步结论,然后再综合起来得出规律。

3. 转换法

科学中对于一些看不见、摸不着的现象或不易直接测量的物理量,通常从一些非常直观的现象间接去认识,或用易测量的物理量作间接测量,这种研究问题的方法叫转换法。

评析:如第四章所述,方法或策略是用于提高解决问题效率的技能,是选择、排列、组合解决问题所需技能的技能。提及方法或策略,应确定其解决问题的范围,即方法或策略的适

---

① 张宪魁,等.物理科学方法教育[M].青岛:中国海洋大学出版社,2015:26~50.

用条件。

同时,方法或策略是选择、组合解决问题必要技能的技能,故其也必然会表现一定的步骤。所以,对于策略与方法的界定,应明确其适用解决问题的范围,以及运用时可遵循的步骤。

目前比较常见的科学方法界定缺少其适用条件,没有可遵循的步骤,所以这种描述性的界定并不能让学习者真正理解科学方法用在何处以及如何运用。

(二) 科学方法界定的建议

科学方法的界定,通常应体现出其适用解决问题的范围,以及相应执行的步骤。如下几例。

模型法:在从具体情境中抽象出待研究的对象或问题时,常采用模型法。其基本步骤为,若需抽象物理模型,则:

(1) 从具体情境中初步确定待研究现象;

(2) 确定待研究对象及其属性;

(3) 分析待研究属性出现的必要条件;

(4) 分析待研究属性的次要因素;

(5) 概括待研究的物理模型。

控制变量法:在实验归纳学习途径中的规划方案环节,当已猜测出被研究现象存在多个可能的影响因素,且因素间基本满足一一对应关系,在安排实验研究方案时,可运用控制变量法,其基本步骤为:

(1) 确定被研究现象 A,以及 A 的可能影响因素 B、C 等;

(2) 分别研究 A 与 B、A 与 C 等之间的关系;

① 研究 A 与 B 的关系;保持 C 等因素不变,只改变 B 因素,确定 A 变化情况如何;

② 研究 A 与 C 的关系;保持 B 等因素不变,只改变 C 因素,确定 A 变化情况如何;

……

转换法:在实验归纳学习途径中的设计实验环节,当所需研究的物理量(或物理对象)无法直接获得时,常采用转换法,其基本步骤为:

(1) 确定待测量;

(2) 分析与待测量相关的其他物理量及其满足的规律;

(3) 分析与待测量相关的其他物理量是否可以测量;

(4) 若可以实现,则依据两者间满足的规律,将待测量转化为对该相关物理量的测量。

此处对具体科学方法的界定,明确了其适用于解决问题的范围,是运用于提出问题环节,还是规划方案环节,抑或是设计实验环节等,可以使学习者明了其使用条件,即知道科学方法"何时用";同时,相对清晰化其运用的步骤,可以引导学习者思考的方向,即知道科学方法"如何用"。

(三) 启发式教学设计样例

启发式教学是指教师遵循相应策略的引导,选择解决问题所需必要技能的教学过程,在

第五章第三节"曲线运动条件"的规划方案环节中,教师遵循差异法的结构引导学生完成研究方案的规划;在设计实验环节中,教师遵循设计实验通用策略引导,确定研究对象、确定研究过程、确定需要测量的物理量等,一步步引导学生完成实验的设计,采用的都是启发式教学。

【案例 11－2】单摆模型启发式教学设计

● 教学内容:单摆概念

● 学习类型:物理概念和规律意义的学习

● 教学任务分析

在"单摆"一节教学中,需要从日常生活的摆动现象中抽象出单摆模型。

图 11－1　从摆动现象中抽象出单摆模型

所谓物理模型,是人们为了研究物理问题的方便和探讨物理事物本身而对研究对象所作的一种简化描述,是以观察和实验为基础,采用理想化的办法所创造的,能再现事物本质和内在特性的一种简化模型。

从真实情境中抽象出物理模型也是解决问题的过程,同样需要运用一定的方法,通常称为模型法,模型法的界定如前页所述。

在模型法步骤 2 中,通常采用求同法,概括出其待研究的对象及其核心属性;在模型法步骤 3 中,通常采用差异法等确定其必要条件,如"单摆模型与绳不具有弹性有关"。

表 11－1　结论"单摆模型与绳不具有弹性有关"得出的逻辑过程

场合	先行情况	被研究的现象
1	绳子无弹性	重物在绳牵引下围绕最低点往复运动(待研究现象出现)
2	绳子有弹性	重物在绳牵引下无固定点的往复运动(待研究现象不出现)
重物在绳牵引下围绕最低点往复运动需要绳子没有弹性		

在模型法步骤 4 中,要排除研究对象的无关属性,主要运用排除因果联系的演绎推理。此处,要研究对象及属性与形状无关,其推理过程如下:

$$如果\ A\ 和\ B\ 存在因果联系,则\ A\ 变化了,B\ 也应变化$$
$$\frac{物体形状发生改变(怀表、小砝码等),但重物围绕最低点的往复运动不变}{故,重物围绕最低点往复运动与重物形状无关}$$

● 教学方法选择:启发式教学

- 教学流程

表 11-2 "单摆"一节教学流程

教学活动	教学活动说明
呈现情境：秋千的摆动,(用于催眠的)怀表的摆动、钟摆。 **图 11-2 常见的摆动** 师：这种运动有什么特征? 生：物体在绳的牵引下,往复摆动。	呈现包含待研究问题的生活情境,引导学生初步概括出待研究的现象
师：研究的是哪个对象运动? 这种运动有什么特点? 生：研究重物的运动。重物是栓结在绳的一端,绳的另一端固定。重物在绳的牵引下,在竖直平面、围绕一个最低点的往复运动。	引导学生确定待研究对象的核心属性
接下来研究,此种运动需要满足哪些条件。 师：(情形 1)如果绳有弹性,比如用橡皮筋悬挂重物的运动,此运动是否符合我们要研究的运动? 生：不满足,虽然物体的运动是往复摆动,但没有围绕固定的最低点。 师：(情形 2)若悬挂的物体较轻,像小纸团等,摆动时是不是我们要研究的运动? 生：不满足,往往摆动不了一个完整的往复运动。 师：(情形 3)如果一根很粗的绳,悬挂一个较轻小球,摆动时是不是我们要研究的运动? 生：绳受阻力和重力,其运动对小球摆动的影响可能很大,小球摆动可能规律性不明显。 概括：待研究的运动,需要绳不具有弹性,且重物质量要大(或重物质量远大于绳的质量)。	引导学生分析产生核心属性需要的条件,即分析主要因素
师：要悬挂重物,重物是什么形状,比如绳下面用怀表、砝码或者小钢球等,对我们需要研究的运动有影响吗? 生：应该对运动影响不大,重物做往复运动的特征没有实质变化。 师：悬挂的重物是什么材质的,对需要研究的运动有影响吗? 生：应该影响不大,重物做往复运动的特征没有实质变化。 概括：所以只要是重物,其形状、材质对研究对象来说是次要因素。	引导学生分析核心属性的次要因素
师：依据前面的分析,我们可以抽象出待研究的运动,应满足什么条件? 生：不计质量的轻绳,一端固定,另一端悬挂重物;绳不具有弹性;重物在此绳牵引下,在竖直平面,围绕固定最低点往复运动;此种运动形式,即为单摆。	根据以上内容分析出：待研究的运动;影响待研究运动的主要和次要因素;引导学生概括出待研究的物理模型

经过此段教学,学生抽象出单摆模型,学习过程显然遵循了模型法的引导,但学生不会

自动概括出模型法运用的条件以及步骤,只是增加一次运用模型法抽象物理问题的经历,所以这一教学过程中,对于模型法而言,学生只是处于隐性学习的阶段。

科学方法属于解决问题的弱方法,个体面对待解决的新问题时,弱方法的运用可以指引我们搜寻解决问题所需技能的思考方向,但不能保证我们一定就能找到所需的必要技能,如模型法并不能保证我们能正确识别出影响研究对象的可能因素,也不能保证我们一定分析出可能因素中的不可缺少的因素(主要因素)以及次要因素。认知心理学研究表明,弱方法在特定领域中运用的有效性取决于"人是否已经具备了特定领域的相应知识","像一般推理方法这样的思维技能,即使经过有系统的传授与学习,也很难迁移到其他领域。人的思维技能的发挥更多地取决于人在特定领域的知识"[①]。如果没有在特定领域知识的积累,解决问题的弱方法就是无源之水。所以,科学教育实践中,教师应重视科学方法在教学中的正确运用,对于具体学习每一阶段遇到的问题解决,都能遵循解决问题的科学方法的引导,帮助学习者选择出解决问题所需的必要技能,在学习者积累一定科学方法的运用经验后,以适当的方式显性化具体科学方法的适用条件以及操作步骤,以便学习者踏上工作岗位,在努力学习并掌握工作领域中的大量知识后,通过有效地运用科学方法,提高解决自己工作领域问题的效率。切不可将弱方法的价值视为高于学科知识的学习价值。

第二节　物理课堂探究式教学方法及设计

"新课程把转变学生的学习方式作为重要的着眼点,要求在所有学科领域的教学中渗透'研究性学习方式',研究性学习是一种自主、合作、探究的学习方式",[②]由此,新课程提出改变传授式教学方法,倡导自主、合作、探究等教学方式。物理课程不仅将探究式教学视作一种重要理念,更将科学探究列入内容目标中,显然是将科学探究视作为必须实现目标的内容。采用探究式教学,其目的是希望通过学生自己解决问题来习得学科知识及解决问题的方法,形成相应的科学态度。就学生学习的内在过程来看,自主、合作、探究式本质上就是问题解决的过程,而要能够达到研究性学习所期望的目标,需要学生在学习中真正经历问题解决的过程。那么,真正解决问题需要满足哪些条件? 在课堂环境中,能否保证每位学习者都经历真正的问题解决来学习? 如何在课堂中实施探究式教学? 本节将结合问题解决的相关研究对此做出解释。

一、问题解决的研究

(一) 问题及问题解决

1. 问题的构成

不管具体的内容及复杂程度如何,所有的问题都有三个成分: 初始状态、目标状态、障碍

---

① 吴庆麟. 认知教学心理学[M]. 上海:上海科技出版社,2000:208.
② 钟启泉. 课程的逻辑[M]. 上海:华东师范大学出版社,2008:12.

构成；从初始状态达到目标状态不是简单地通过知觉或回忆就能实现的，其间存在障碍，需要通过一定思维活动来完成。[①] 也就是说，面对教师教学中提出的问题，如果学生不假思索、直接提取就可以回答，对学生来说，经历的就不是真正的问题解决。

学习者用强方法解决习题，因为对问题解决者来说不构成障碍，因此这种"解题"的过程就不是真正意义上的解决问题，也就不能真正提高学习者解决问题的能力。

2. 问题解决过程

现代信息加工心理学把解决问题分为以下几个阶段：形成问题空间、确定问题的解决策略、应用算子、评价当前状态。[②]

算子是指能够将问题空间中的一种状态转化成另一种状态的操作行动，在物理课程问题解决中，算子就是解决问题所必需的物理概念、定律、原理等。问题解决需应用一系列的算子，究竟选择哪些算子，将它们组成什么样的序列，都依赖于人采取哪种问题解决的方案或计划。问题解决的方案、计划或办法都称作问题解决的策略，它决定着问题解决的具体步骤。

由以上分析，问题解决可以看作：问题解决者在形成的问题空间中，运用一定策略，挑选、排列、组合解决问题所需基本技能的过程。问题解决总是由一定策略或者说方法来引导搜索的，不同个体在解决同一问题时可采用不同的策略。[③]

3. 问题解决策略的类型

有研究者提出，问题解决的策略一般有两种类型，即强方法和弱方法。如第四章第一节的讨论，强方法不仅给出解决特定问题的步骤，同时每一步都聚焦于解决该类问题所必需的技能，学习者搜寻必要技能的范围就小，所以解决问题的效率较高。弱方法只能起到引导学习者的思考方向，去选择解决问题必要的技能，但不能保证个体一定能选出必要的技能，所以解决具体问题的效率较低。

由此可知，强方法在解决某类特定问题时效率高，但强方法适用范围窄。弱方法适用范围相对广，相较专门领域的强方法，解决问题的效率较低。物理学科解决问题的弱方法诸如极端推理法、赋值法、排除法等方法，这些方法在解决一些物理习题时可用，在解决一些化学、生物的习题时也可用，但不能保证问题的求解。

还有适用范围更广，更一般的解决问题的弱方法，如手段-目标法、假设检验、爬山法、逆推法等，它们不仅可用在学科问题解决中，在日常生活中也常常得到运用。

4. 问题解决的结果

问题解决的最终结果是出现新的思维产品。学习者经历了问题解决过程，形成新的事实性知识、掌握科学概念和规律，从加涅学习结果分类来看，可以称为习得言语信息、智慧技

---

① 王甦，等. 认知心理学[M]. 北京：北京大学出版社，1992：277.
② 王甦，等. 认知心理学[M]. 北京：北京大学出版社，1992：288.
③ 陈刚. 问题图式在物理问题解决教学中的应用[J]. 课程·教材·教法，2009(7)：57.

能中的概念和规则以及高级规则,此为课程标准中"知识与技能"目标;同时,在解决问题过程中学习者也增加了运用特定方法解决问题的经历,进而为习得方法提供了可能,方法属于加涅学习结果分类中的认知策略。通过引导学习者运用元认知,反省自己解决问题的过程,还可以概括出其中所运用认知策略的条件和步骤,从而在实现"知识与技能"目标的同时,帮助学生达到"方法"目标。只有经历问题无法解决的困惑,并一直付诸心智努力,学生才能经历坚忍不拔等态度的行为体验,因而也就有可能养成或者说习得坚忍不拔的态度,即加涅学习结果分类中的"态度",也就有可能达到"科学态度"目标。

(二)问题解决的特征

从以上讨论可知,真正的问题解决应具有如下特征:

1. 要经历"分析"、"综合"的思维过程

解决问题需要个体依据已习得的知识理解问题题设条件的意义、各条件之间的关系等,从而形成相应的问题空间,这需要学生具有布卢姆教育目标分类中"分析"层次的能力。

真正解决问题,又需要个体在策略的引导下,从认知结构中挑选出解决当前问题所需的基本知识和技能,并组合、排列才能实现,这需要学习者达到布卢姆教育目标分类中"综合"或"创造"层次这一能力,尽管个体在解决不同问题中"创造"的程度可能存在较大差异。

所以,真正的问题解决,个体应经历分析、综合等复杂思维活动。

2. 用弱方法解决问题,并有新的学习结果出现

学习者用强方法解决问题,思维是直线型的,没有"分析"、"综合"等复杂思维活动,也不会出现对学习者而言新的学习结果,因此不是真正意义上的解决问题。

学习者用弱方法解决问题,就会将原先没有组合过的技能加以组合、排列,从而形成技能新的组合,即加涅学习分类中的高级规则;也可能通过反省此类问题解决的过程而抽象概括出解决此类问题的方法,所以只有用弱方法解决问题,才会出现对个体而言新的学习结果,才可能是真正意义上的问题解决。

3. 解决同一问题存在个体各异性

在解决同一问题时,不同个体运用的弱方法可能不同,表现为选择解决的途径或步骤次序都有所不同,尝试挑选出用于当前问题解决的技能亦存在不同。不同个体遭遇到的障碍各异,由于思维定势的影响,个体突破定势的方式和时机不会一致,突破定势找出正确解决方案所需时间肯定也存在很大差异,比如,学生在考试中未能当场解决问题,或许在考后回顾时找出解决方案,也可能会经历几天甚至更长时间酝酿思考才能领会出解决方案。因此,不同个体真正解决同一问题一定会表现出差异性。

4. 需要解决者具有较强的动机

学习者真正解决问题时,要尝试提出各种自己已知的、可能解决方案的假设,并加以检验,常常会进入死胡同,他需要先退出来,再尝试其他途径,所以真正解决问题,其思维过程

一定是经历种种曲折，需要解决者付出大量的心智努力，既费"神"也费力，如果缺少强烈的、想要了解的动机，学习者将无法在一个较长时间内维持自己解决问题的行为。

二、课堂教学的特点

（一）从学生动机来看

学生在学习活动中激发的主要是认知需要。

马斯洛将人的需要分为基本生理需要、安全需要、归属与爱的需要、自尊需要、认知需要、审美需要和自我实现需要。前四级属于缺失需要，当这些需要尚未满足前，它们一直推动人们去从事满足这些需要的行为。其推动作用是持续产生，所以个体追求前四级需要满足的动机就强。认知需要是个体希望了解、理解和分析自身和周围世界中未知对象本质或属性的需要。认知需要指向被认知对象本身，它并不是缺失性需要，缺少了认知需要的满足，比如，不理解"铅球做斜抛运动的距离与哪些因素有关、有什么样关系"、不理解"光在界面上折射满足什么规律"，并不会产生一直推动每个人去分析上述研究对象并最终理解对象的行为。而缺乏强烈的动机，学生在遇到困难时就难以维持他们的努力，很有可能放弃继续思考，因此问题解决式教学中更需要教师提供及时的帮助。

在阐述问题解决式教学能够实施的前提中，大多强调解决问题是人类的本能，如强调"儿童是天生的'探究者'，探究作为一种天生的本能，学生具有自发探究的能力"等。[①] 实际上儿童对周围世界的物、人与其关系的探究倾向，主要还是满足其生理性需要以及理解其生存环境的安全性、归属性的需要。比如，儿童常常会表现出拆卸玩具如小闹钟等行为，主要目的是想看看拆开后会不会产生对自己好的或不好的结果，主要满足对其生活的周围环境安全性的需要，并不是要了解小闹钟由几部分构成，其各个齿轮如何配合保证指针的运动等认知需要。

因此，学科教学中提出的问题，都是需要学科知识背景来解决的，要求学生对所学知识产生很强的认知动机是不现实的，更不要说全体同学都产生积极的解决动机。这也是在实际教学中，提出问题后，真正投入思考的学生很少的原因。

（二）从解决问题所需要的技能和方法来看

同一学习环境中，不同学习者遇到的障碍存在差异，难以保证全体学生各自都已具备解决自己面临问题的策略及技能。

《科学课程标准》中给出科学探究的七个基本要素：提出问题、猜想和假设、制定探究方案、设计实验和方案、执行方案与收集证据、检验与评价、表达与交流。对一个实际的研究课题来说，在每一环节实现时，学生由于通常不具备直接解决的经验，都可能会遭遇障碍，即需要学生经历解决问题的过程。即便在"设计实验"子环节，学习者也可能会在"如何确定研究

---

① 袁运开. 科学课程与教学论[M]. 杭州：浙江教育出版社，2008：243.

对象"、"如何确定实验中应出现的物理过程和状态"、"如何确定需要测量的物理量以及测量原理"和"如何依据测量原理选择适当的实验仪器"等处遭遇障碍。也就是说,即使是解决"设计实验"问题,不同个体遭遇到的障碍也可能不同,所需策略和技能也不尽相同。实际上,一个具体问题的解决中,学生是否具备解决问题的策略,能不能适时启动策略;所需知识技能是熟练掌握还是提醒下会用还是没有掌握,亦或是所需策略和必要技能都未具备,这些情况都可能存在。期望有意愿解决教学中问题的学生都已事先具备解决问题的策略和技能是不现实的。

(三) 从学生的学习结果来看

问题解决式教学同样是以课程标准规定的学科知识的习得为主要目标,课程标准规定的学科知识目标是每一位学生都应该达到的,也就是说问题解决式教学也应保证每一位学生识别、获得习得新知识所必需的信息,并最终习得相应的学科知识。问题解决式教学重视过程,但如果过程中无法确保多数学生获得形成学科知识所必需的信息,即便"过程"安排在形式上再流畅、再丰富,也都是无效的教学。教师在运用问题解决式教学时,不仅应对学生是否参与活动、活动的自主程度等方面给予重点关注并给予及时指导,还应该关注学习者是否习得学科知识这一基本目标。

(四) 从教学活动的空间和时间来看

教学活动主要在课堂中进行,受教学时间的限制。学生在解决同一问题时遇到的障碍往往不同,解决问题所需的时间也有差异,有些对他人来说看似可以直接解决的子问题,对问题解决者来说,由于所需技能不具备,没有提取出或没有沿正确的思路思考,都会影响解决问题的效率和时间。此外,学生解决同一问题也不是同步的,如有的学生可能想出用垫高平板一端来解决误差问题,形成解决方案;他很可能直接告诉同组其他学生具体如何做,而不会像教师一样对为什么这样做进行清晰解释,导致同组其他未想清楚的同学仍旧不知为何做,从而不会产生真正的学习。

问题解决式教学中,不同学生探究的动机强度不一,承担的分工各有侧重,能够对需要解决的问题、思路、结果等有整体性认识的学生往往并不多,因此实际上多数学生获取的信息并不完整,也可能比较零散,从而影响学习目标的实现。所以在此类教学的结尾阶段,教师应将每一环节需要解决的问题、解决方案、获得的结论、不同方案间的优点及不足进行清楚的阐述,对学科知识习得所必需的信息给予清晰的呈现,以帮助所有学生达到基本的学科知识目标。

三、探究式教学的设计

就一节具体的课堂教学内容来说,不可能保证所有学生都对学习内容产生积极的认知动机,受限于课堂时间和资源,难以给每一位学生都提供充分的解决问题的时间,也难以完全依照每一位学生解决问题的思路,提供其所需的知识,所以在课堂教学中,要求大多数学生通过"真正"的问题解决并习得特定学习结果是难以实现的。换句话说，课堂并不是培养学生解决问题能力适合的场合。

但教学中的确应该提倡通过问题引导学生学习，提供给学生适当的思考时间，保证学生维持积极的思维活动。从这一角度看，探究式教学作为一种教学形式，还是值得倡导，也是可以实施的。在课堂有限的时间中实施探究式教学，要能够取得比较良好的实际效果，就更需要教师提供具体、有针对性的指导。

(一) 探究式教学实施的条件

一个课题要设计为探究式教学，须满足两个条件，对于课题中的问题，一是其解决所需要的必要知识和技能清楚，学生已经基本掌握。且需要学生通过"分析"、"综合"等比较复杂的思维活动才能完成。二是其解决所需要的策略或者说方法清楚，学生已习得或有运用的经验。

显然，如果一个问题解决所需要的技能或方法是不明确的，那么当学生无法解决时，教师也无法提供有效帮助，这样的课题当然无法设计为探究式教学。

只有所需解决的问题具体，那么解决问题的策略和所需技能相对有限，教师才能够清晰地分析把握，在有限的课堂时间内，教师才有可能为学生提供具体、有针对性的帮助，而不至于因为涉及解决的问题比较多，策略和技能难以全面把握，导致教学中教师顾此失彼，无法提供有效的指导。

不难发现，科学探究中"制定探究方案"、"获取事实与证据"、"检验和评价"等环节中包含的问题具有较为明显的科学课程特征，且解决问题所需基本技能、认知策略具体清楚，适宜设计成探究式教学。

因受课堂教学时间和资源所限，教师可选择 1—2 个子环节的具体问题进行探究。一位教师在"自由落体运动规律"的教学中，要求学生分组根据所提供的实验仪器，自主探究"自由落体运动是不是匀变速直线运动"。这一问题的解决实际包含实验装置的设计、实验方案和步骤的确定、实验数据的记录、实验数据的处理、获得结论等若干子问题的解决，在课堂有限的时间内要求学生能有顺序地思考并解决各子问题是不现实的，因此建议采用问题解决式教学时，教师应选择其中一个子问题加以解决为宜。

(二) 探究式教学的设计

1. 探究式教学设计准备

问题解决中，当学生遇到困难时，如果教师直接呈现给学生解决问题所需的知识和技能，学生的思维活动将不会有搜索和选择过程，也就不是什么探究了。

探究式教学前，教师应分析学生在解决问题时可能遇到的障碍及类型。

由前述分析可知，学生无法解决问题，要么是由于缺乏相应的解决技能，要么是缺乏解决问题的策略，也可能两者兼而有之。

因此，在教学前，教师可从如下几个方面对需要解决的问题进行分析：

（1）本节课需要学生解决的问题是什么？

（2）是否存在子问题需要解决？

（3）解决问题的基本途径有几种？

（4）每一种解决途径上需要的策略是什么？

（5）每一种解决途径上所需的知识和技能是什么？

然后教师对学生可能的思维节点做出预判，为有针对性的指导奠定基础。

依据分析出的学生可能遇到的障碍节点，教师事先分别准备提示单（或称工作单），提示单分两种，即"技能单"和"策略单"。教学中当学生解决问题遇到困难时，如果缺少的是必要技能，教师不应直接呈现，可以通过事先准备好的"技能单"引导学生反省以往的学习经验来获得；当学生没有思路时，教师可以通过事先准备好的"策略单"提示解决此问题所需的策略来加以引导，即教师的工作应保证问题最终的解决部分依赖于学习者通过自己的思维活动来完成，体现出学习者一定的"解决问题"性。[①]

在具备解决技能的前提下，若学生无法解决问题，则表明学生不具备解决问题的策略，因此教师可以通过提示解决此问题所需的策略来引导学生解决问题。

提供策略有两种基本方式：[②]

（1）以较为明确的文字形式呈现所用的策略；

（2）提供以往运用该策略解决问题的实例供学生分析类比，由学生自己领悟解决问题的策略，并加以运用解决问题。

显然，第二种提示中，学生的思维活动更积极、丰富，"探究"特征更突出，这是一种可以采用的、较好的引导方式。

2. 探究式教学设计样例

【案例11-3】平面镜成像的验证环节探究式教学设计

● 教学任务分析

在平面镜成像教学中，采用"理论分析＋实验验证"的学习途径，即通过光的反射定律理论分析物体经平面镜成像，形成物与像关于平面镜对称的结论，然后通过实验验证。

如果将"实验验证环节"设计为探究式，如第五章第二节所述，验证环节亦存在策略：

（1）根据新的物理规律，合理地推演出一些论断，这些论断预言出未曾观察到的、可以实验检验的现象或属性；

（2）设计出能够显现上述现象的实验；

（3）进行实验，对现象是否真实出现作出检验。

其中第（2）步，本质上也是设计实验的子环节，其问题解决存在策略：设计实验通用策略以及转换法、等效替代法等。

---

① 陈刚.试论探究式教学实施误区及应对方案[J].上海：上海教育科研,2011(9)：56.

② 陈刚.物理教学设计[M].上海：华东师范大学出版社,2009：189.

在提供实验仪器的条件下，可遵循设计实验通用策略的引导，搜索出设计实验所需技能，完成实验设计，如表11-3所示。

表11-3 平面镜成像验证实验设计

(1) 确定实验目的	研究平面镜成像时,物、像距离间的关系	
(2) 确定实验中的研究对象	发光LED灯或蜡烛等发光体(成像更清楚)以及物体经平面镜所成像	
(3) 确定实验中研究物体的状态及过程	发光体放置在平面镜前,可观察到其所成的像(位置适中,并能确定像的位置); 若使用普通平面镜,无法确定并控制像的位置,由此构成一个子问题	用"等效替代法"
(4) 确定要测量的物理量以及各物理量测量的原理	测量物体到平面镜的距离及像到平面镜的距离; 基本物理量长度的直接测量; 物到平面镜的距离可测量	
(5) 选择测量各物理量的实验仪器	测量位移——刻度尺(或位移传感器)	
(6) 确定每次实验中的条件(如物理量的变化方式)	可移动发光体,依次到近、较近、较远等位置	
(7) 确定实验仪器连接方式	略	

根据以上分析可知,如果要求学生自己对平面镜成像规律进行验证,学生可能会遇到学习障碍(或学习难点):

(1) 学生不具备验证的策略;当教师布置要求"验证"时,学生不知如何进行。(节点一)

(2) 学生不具备设计实验的通用策略。学生进行到第二步"设计实验装置"任务后,学生缺乏设计实验通用策略的引导,表现为行为上的无序化。(节点二)

(3) 在确定研究对象的过程和状态时,需要运用等效替代法加以解决。学生往往不会想到这种测量方案,即没有等效法策略的解决问题经历。(节点三)

(4) 在测量距离时,由于测量技能不正确,产生测量上的误差。(节点四)

● 教学规划

目前一种提示方式是采用教师课前准备的工作单来实现。工作单是一种文本形式的事先引导,是根据学生学习过程的关键点做铺垫准备。工作单的作用是引导学生探究而搭建的脚手架。

根据前述教学任务分析预判的节点或难点,可准备引导用的工作单。

教学准备:

工作单一:验证环节策略单,针对节点一;

工作单二:设计实验环节通用策略单,针对节点二;

工作单三:确定研究对象过程和状态的等效替代策略单,针对节点三;

工作单四:长度测量技能单,针对节点四。

（1）需要验证的规律是什么？_____；

（2）根据待研究的规律，可以推知：_____；

（3）可用实验验证的属性是什么？_____；

（4）根据所提供的实验仪器，可设计何种验证实验？ 方案为：

_____；

_____；

_____。

工作单二

（1）本实验中要研究的问题是？_____；

（2）实验中可选的对象是？_____；

（3）实验中需要对象出现的状态或过程实现方式是？_____

_____、_____；

（4）实验中需要测量的物理量是？_____；

（5）测量物理量的原理是？_____；

（6）测量仪器以及测量步骤是？_____。

工作单三

在物理研究中，当面对物理状态无法实现时，常可用等效替代法。等效替代法是指在效果等同的前提下，把实际的、复杂的过程或现象变成理想的、简单的过程或现象来研究处理的方法。

请思考用平面镜无法获得像的确定位置，如何在实现成像效果的条件下，又可以确定成像的位置？所提供的实验装置中，有哪个装置可以达到这样的目的？

工作单四

（1）本实验中需要测量距离：_____、_____；

（2）实验中为了准确测量距离，平面镜应如何放置？_____；

（3）对于有一定底面积的物体，如何准确确定其中心位置？_____。

当学生面对"验证平面镜成像"规律正确性的任务时，表现出无从下手的状态，表明其不知如何进行验证，这时可提供工作单一，帮助学生遵循验证的步骤有序思考。

如果学生选填工作单一中的问题4而无法完成时，说明学生不知如何设计实验，这时可提供工作单二，引导学生遵循设计实验通用策略有序思考。

如果学生选填工作单二中问题3而无法完成时，可能是学生不知如何实现像位置测量的状态,这时可提供工作单三,引导学生遵循等效替代的方法从所提供的仪器中找到可以进行像的位置测量的装置。

如果学生在测量距离时由于镜面位置、物、像中心位置选择不当,导致测量误差较大,这时可提供工作单四,帮助学生首先明确测量镜面、物、像的中心位置的测量。

如上所述,课堂教学是面对全体学生的,有明确的学习结果,受限于学生的认知动机、学生储备的解决当前问题所需的策略和技能的质量,以及课堂时间和资源,因此难以给每一位学生都提供充分解决问题的条件。培养学生真正解决问题的能力应通过课外研究性课题来实现,因为这样的课题大多经过学生的选择,学生有一定的兴趣、解决问题又无时间制约并有相对充分的资源可以选择运用,同时教师也有时间和精力对学生提供有针对性的帮助。

第三节　物理课堂教学难点的实质与突破

物理概念和规律学习是个体遵循各子环节问题解决策略,选择适当的必要技能解决子问题,并最终习得所学概念和规律的过程。

学习后,外显行为一是能够解释物理概念和规律的物理意义以及物理性质,也就是"知其然";二是能够解释物理意义和性质建立的过程,也就是"知其所以然"。

此处所指教学难点,是指学生在物理概念和规律学习的过程中,由于存在不符合学习者学习机制过程的情况,学生不能达到很好地"知其然"(即正确建立相应物理概念间的关系),或不能很好地达到"知其所以然"(即正确描述各物理概念建立关系的依据)。

无法知其然,主要是无法以合理的方式加工信息,形成正确的联系。无法知其所以然,即不能解释有效信息的获得过程,本质上就是不能有效地解决子问题。以下从信息加工和子问题解决两个方面,讨论物理概念和规律教学难点的实质与解决思路。

一、与信息加工相关的学习难点

(一) 不符合信息加工机制

由于有效信息呈现不全,学习者无法正确形成相关概念间的联系,由此形成学习中的难点。

【案例 11 - 4】

在"光的直线传播"一节中,教材呈现如下一组材料,由此获得结论"光在均匀介质中直线传播"。[1]

---

[1] 华东地区初中物理教材协作组编,九年义务教育三年制初级中学教材·物理·第一册[M].上海:上海科学技术出版社,2001:64.

 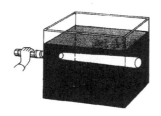 

（a）光在空气中传播的情况　　（b）光在水中传播的情况　　（c）光在玻璃中传播的情况

图 11 - 3 　光的传播路线

● 问题

由这三个实验获得实验事实：光在空气（气体）中直线传播；光在水（液体）中直线传播；光在玻璃（固体）中直线传播。由此，合理地获得结论为：光在（固、液、气）介质中是直线传播。

而教材中得出的结论是"光在均匀介质中直线传播"。

从教材提供实例所呈现的信息，学生无法建立起"光的直线传播与（介质）均匀有关"的联系，从而产生疑惑。

● 解决思路

本部分教材需要建立"光的直线传播"与"均匀介质"间的因果联系。建立因果联系主要是通过运用求同法、差异法、共变法等归纳法实现的。要建立"光的直线传播"与"均匀介质"间的关系，而均匀介质与否只有两种可能，故可以考虑采用差异法。

根据差异法的结构（见表 2 - 10），实验中应该有一次光沿直线传播、一次光不沿直线传播；一次是均匀介质，一次是不均匀介质；而其他条件相同。

● 可采用的实验方案

实验 4：教师事先把不同浓度的糖水（糖、水的比例为 1∶1、1∶2 和 1∶3）倒入烧杯中，浓度最大的在下面，然后用激光笔照射。

实验现象：激光笔射出的光线有弯曲，不沿直线传播。

实验 5：再搅拌烧杯中的糖水至均匀。用激光笔照射。

实验现象：激光笔射出的光线不再弯曲，沿直线传播。

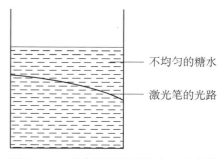

图 11 - 4 　光在不同浓度糖水中的传播路线

根据教材中的实验 1、2、3，再加上实验 4、5，可得出结论"光在介质中直线传播"与"介质均匀"有关，逻辑关系为求同求异法，结构如表 11 - 4 所示。

表 11-4 结论"光直线传播与介质均匀有关"获得的逻辑过程

场合	被研究现象	先行情况
1	光直线传播	空气,均匀
2	光直线传播	水,均匀
3	光直线传播	玻璃,均匀
4	光非直线传播	浓度不同的糖水,有分层,不均匀
5	光直线传播	浓度不同的糖水搅拌后,均匀溶液
故,光的直线传播与介质均匀有关		

(二) 信息加工获得新结论的前提缺失

物理概念和规律学习中,有些定量结论的获得需要学生首先形成相应的定性关系,如果教学中直接呈现定量结论,由于学生没有形成两者的定性关系,所以只能对两者的定量关系进行机械记忆,由此形成相应的教学难点。

【案例 11-5】

在"大气压大小"一节教材中,①教材呈现如下托里拆利实验,获得结论"大气压大小等于760 毫米高水银柱产生的压强"。

演示(录像)

大气压的测量

如下图,在长约 1 m、一端封闭的玻璃管里灌满水银,用手指将管口堵住,然后倒插在水银槽中。放开手指,管内水银面下降到一定高度时就不再下降,这时管内外水银面高度差约 760 mm。把玻璃管倾斜,竖直高度差不发生变化。

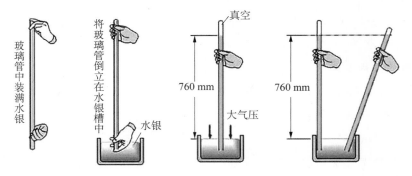

实验中玻璃管内水银面的上方是真空,管外水银面的上方是空气,因此,是大气压支持管内这段水银柱不会落下,大气压的数值等于这段水银柱产生的压强。这个实验最早是由意大利科学家托里拆利做的,他测得管内外水银面的高度差为 760 mm,通常把这样大小的大气压叫做标准大气压 P_0。

$$P_0 = \rho g h = 1.36 \times 10^4 \text{ kg/m}^3 \times 9.8 \text{ N/kg} \times 0.76 \text{ m} = 1.013 \times 10^5 \text{ Pa}$$

在粗略计算中,标准大气压可以取为 1×10^5 Pa。

图 11-5 托里拆利实验部分教材内容

---

① 人民教育出版社,等. 义务教育教科书·物理·八年级下册[M].北京:人民教育出版社,2013:40.

● 问题

在托里拆利实验中,当细玻璃管中的水银柱静止时,管内外水银面高度差约为 76 厘米,由这一现象,获得结论:大气压大小约等于 76 厘米高水银柱产生的压强。

学生常会疑惑:"为什么细管内比细管外容器水银液面高 76 厘米,管外面的大气压就是76 厘米水银柱产生的压强?"

● 解决思路

分析可知教材中获得的是一个定量的结论。

而在定量结论获得前,学生首先要形成"管外的大气压"与"细管内外水银柱的高度差"存在着定性关系。

建立两个物理量间的定性关系,往往可采用差异、共变等归纳法实现。由于"大气压"可以有程度上的变化,那么要建立"大气压"与"细管内外水银柱高度差"有关,可以考虑采用共变法。

实验中应该大气压有变化、细管内外水银柱高度差有变化,而其他条件相同。

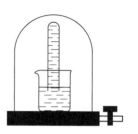

图 11-6 验证大气压对试管水注的影响

● 可行方案

有教师把试管注满水倒立在盛有水的烧杯中(类比玻璃管注满水银倒立在水银槽中),这时试管中仍充满水,再把它们放入玻璃罩内,如图 11-6 所示,用抽气机把玻璃罩内的空气抽去,随着罩内空气的减小,发现试管内水面下降,当把空气放回玻璃罩后,试管内的水面又上升,直至充满试管。由此现象,可以说明是周围的大气压把水柱压到试管内的。

显然,这位教师改进实验,就是为了获得该定性的结论。获得结论的逻辑机制为共变法。

表 11-5　结论"试管内外液体高度差与管外气压有关"获得的逻辑过程

实验	结果	变化条件
1	试管内充满液体	未抽气,玻璃罩内气压为大气压强
2	试管内液体高度降低	抽气,玻璃罩内空气稀薄,气压变低
试管内液体高度取决于管外空气压强		

在物理概念和规律学习中,有些结论的获得需要通过演绎推理来实现,实验现象往往作为小前提,如果学生不掌握大前提,就会对新结论产生疑惑,从而形成教学难点。

【案例 11-6】

在"浮力"一节的学习中,①在获得液体中下沉的物体也受到液体对其向上的力时,教材呈现实验如图 11-7 所示。

测量铝块浸没在水中所受的浮力

――――――――――――――

① 人民教育出版社,等.义务教育教科书·物理·八年级下册[M].北京:人民教育出版社,2013:50.

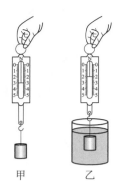

图 11 - 7 测量铝块浸没在水中所受的浮力

（1）如图甲，在弹簧测力计下悬挂一个铝块，读出弹簧测力计的示数，这就是铝块所受的重力。

（2）把铝块浸没在水中（图乙），看看示数有什么变化。

想一想，为什么示数会有变化，它说明什么问题？

读一读，弹簧测力计的示数变化了多少？

● 问题

如上图教材中实验，铝块在水中下沉。

现象：悬挂在弹簧秤下的铝块，弹簧秤指针指向某一位置，如 A；悬挂在弹簧秤下的铝块浸没在水中，弹簧秤指针指向另一位置，如 B，示数减小。

由此得出结论：在水中的铝块，受到一个向上的力。

根据如上现象，为什么就能得出铝块受到向上的力？其依据是什么？如果学生不能给出依据，那么也只能对这个结论进行机械记忆了。

● 解决思路

从实验现象得出结论，需要通过如下演绎推理：

悬挂在弹簧秤下的物体，受到向上的力，弹簧秤示数将减少（大前提）

悬挂在弹簧秤下的铝块浸没在水中，弹簧秤指针示数减小（小前提）

所以，浸没在水中的铝块受到向上的力

真正解决这个子问题所需的前提技能是：同一直线上力的合成，以及作用力和反作用力等知识（初中不会涉及的）。而学生通常也没有形成大前提的生活经验。因此，如果像教材中这样直接呈现小前提，学生就很难有依据地得出结论。

为了突破这一难点，显然应该为学生准备大前提。但由于多力合成在初中并不作要求，故完整的分析对大多数学生来说有难度。建议用一个具体的同类的实例，先形成相应的大前提。

● 可行方案

实际教学中，有教师通常会采用如下做法：用手托起悬挂在弹簧秤下的铝块（给铝块向上的力），弹簧秤指针示数减小。

显然，这种处理方式就是通过简单枚举的方法，为上述演绎推理准备一个大前提。

（三）信息逻辑加工序列较复杂

如果一个结论的获得需要经过多个逻辑加工过程，其间构成逻辑关系链，而教师未能把握其中信息加工的序列，就不能按正确的方式依次呈现信息获得结论，从而可能造成学生学习的困难。

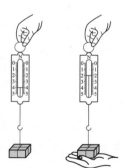

图 11 - 8 测量铝块所受浮力的改进实验

【案例 11-7】

在"流体流速与压强关系"一节学习中，①教材提供的学习内容如图 11-9 所示。

 用两手平拿一张纸，让大半张纸自由下垂，在纸的上方沿水平方向吹一口气，这张纸将怎样运动呢？记录所观察到的现象，并思考为什么会出现你所观察到的现象？

这一现象说明当纸上方有气流流过时，它的压强会减小，而纸的下方气体没有流动，压强仍等于大气压强，由于纸的上、下方存在压强差，所以纸会向上运动。

图 11-9 流体压强与流速关系实验

● 问题

通过演示实验获得新结论，原则上应遵循"实验现象描述、从实验现象中获取信息、处理信息获得结论"的序列进行。而教材采用的论证方式是："正是因为有这样的结论，所以有这样的现象"，即先有结论再反过来解释现象，实质是逻辑上的循环。

按教材所述，如果我们追问学生："气体流速快的地方压强较小，你获得这一结论的依据是什么？"学生该如何回答呢？

● 解决思路

应具体分析获得结论的逻辑关系链。

（1）需要得出的结论是："气体压强与气体流速有关，流速大，则气体压强小。"

（2）研究对象：纸张上表面的空气。

（3）获得结论的逻辑机制为共变法，两次实验中的变化条件，可从观察中获得。

表 11-6 结论"压强与气流速度有关"获得的逻辑过程

场合	结果	条件	不变条件
1	气体压强大	气流速度小（未吹气）	纸张上表面、环境中其他条件
2	气体压强小	气流速度较大（吹气）	
所以，压强与气流速度有关。			

通过上面的分析可知，由观察到的现象——"沿上表面吹气，原来下垂的纸张向上飘起"，到获得规律——"气体压强与气体流速有关，流速大，则气体压强小"，需要经过一系列的信息加工过程（逻辑过程），所需各子结论及相关逻辑加工情况如下：

① 吹气前，纸张上表面和下表面处的压强均等于大气压；

② 吹气时，纸张向上飘起，说明此时纸张向上的压强（下表面处）大于向下的压强（上表面处）；

（纸张上、下表面积相同）

如果物体受到的压强不相等，则沿压强大的方向运动（大前提）

吹气时，纸张向上飘动（小前提）

——————————————————————————

则吹气时，纸张（下表面）向上的压强大于（上表面）向下的压强（结论）

————————————————

① 袁运开. 义务教育课程标准实验教科书·科学（八年级）[M]. 上海：华东师范大学出版社，2008：60.

③ 吹气和不吹气时,纸张下表面各项条件未变,两次实验中纸张所受向上的压强(下表面)未变,等于大气压;

如果条件没有变化,则结果亦不变
两次实验中,下表面各种条件没有变化
———————————————————————
则纸张下表面所受压强没有改变

④ 吹气时,上表面压强小于下表面压强,小于大气压;

吹气时,纸张上表面压强小于下表面压强
吹气时,纸张下表面压强等于大气压
———————————————————————
则吹气时,上表面压强小于大气压

⑤ 吹气前,上表面气体压强等于大气压;吹气时,上表面压强小于大气压。由此得出结论:气体压强与气体流速有关,流速快,则气压小。

● 可行的教学方案

根据上面的分析,可引导学生逐一识别有效信息,并合理加工得出相关子结论,待获得最后结论所需信息都已识别后,引导学生得出结论。

师:未吹气时,$P_上$和$P_下$大小如何? 与大气压大小关系如何?

图 11-10　未吹气时纸片受力示意图　　　图 11-11　吹气时纸片向上飘起

生:$P_上$和$P_下$相等,等于大气压。$P_上 = P_下 = P_0$。

师:吹气时,发现有什么现象?

生:吹气时,纸张向上飘起。(如图 11-11)

图 11-12　吹气时纸片受力示意图

师:由纸张向上飘起,可知 $P'_上$和 $P'_下$间大小有何关系?

生:$P'_上$小于 $P'_下$。

师:为什么?

生:因为纸张向上飘动,说明纸张下方空气向上的压强大于纸张上方空气向下的压强。

师:吹气时,$P'_上$和 $P'_下$与大气压相比大小有何关系?

生:$P'_下$等于大气压;$P'_上$小于大气压。

师:为什么?

生：两次实验中，纸张下表面的条件未变，所以 $P'_{下}$ 等于 $P_{下}$，等于大气压。而前面已得 $P'_{上}$ 小于 $P'_{下}$，所以 $P'_{上}$ 小于大气压。

师：未吹气和吹气两种情况下，纸张上表面气压 $P_{上}$ 和 $P'_{上}$ 的大小关系如何？

生：$P_{上}$ 等于大气压，$P'_{上}$ 小于大气压。所以 $P_{上}$ 大于 $P'_{上}$。

师：由以上讨论可知：未吹气时，$P_{上}=P_{下}=P_0$；吹气时，$P'_{上}<P'_{下}=P_0$。

师：从两次实验中，纸张上表面气体压强大小有变化。那么两次实验中，有什么条件发生了变化呢？

生：一次没有吹气，一次吹气。

师：对上表面气体来说，吹气和不吹气有什么不同？

生：吹气时，上表面气体流动得快。

师：那么，上面的实验中，关于气体压强的大小，可能与什么因素有关？有什么样的关系？

生：气体压强大小与气体流速有关。流速大，则气压小。

（四）信息加工获得结论较多

通过一组实验学习物理概念和规律，有时需要获得多个结论，从实验信息中要归纳相关物理对象间可能存在的因果关系，或排除相关对象间的因果关系。如果教师不能理解可获得的结论以及获得各结论的逻辑过程，在教学中就可能出现所呈现信息不符合信息加工机制（参见第二章第四节相关内容）的情况，于是学生亦不能合理有据地获得结论，由此形成教学中的难点。

【案例 11-8】

在"超失重"一节教学中，学生通常会猜测超失重可能与速度方向、加速度方向有关，由此完成电梯中的超失重实验，相应信息如表 11-7 所示。

表 11-7　电梯超失重实验信息汇总

实验			速度方向	加速度方向	秤的示数变化
1	电梯上升	加速上升	向上	向上	示数变大（超重）
2		匀速	向上	无	示数不变
3		减速上升	向上	向下	示数变小（失重）
4	电梯下降	加速下降	向下	向下	示数变小（失重）
5		匀速	向下	无	示数不变
6		减速下降	向下	向上	示数变大（超重）

● 问题

这一环节需要获得多个结论：

（1）超失重现象与速度方向无关；

（2）超重与加速度方向向上有关；

（3）失重与加速度方向向下有关。

获得每一个结论所需要的信息不同，逻辑结构各异。如果呈现表 11 - 7，教师问：你可从中获得什么结论？由于学生的注意力可能无法聚焦于获得结论所需的信息，会表现出茫然，从而形成学习中的难点。

● 解决思路

根据短时记忆加工机制，在教学中应满足信息加工的序列要求，即呈现一组信息，获得一个结论。同时也应该满足获得结论的逻辑结构的要求。确定每一结论获得的逻辑过程。

分析可知，结论（1）获得的逻辑过程为排除因果联系的逻辑方法，结构如下：

$$\frac{\text{如果 } A \text{ 与 } B \text{ 有关，则 } B \text{ 不变化，} A \text{ 亦不变化}}{\text{速度方向均向上（实验 1、2、3），而有时超重、有时失重}}$$
$$\text{所以，超（失）重与速度方向无关}$$

由实验 4、5、6，同样可以得出上述结论。

结论（2）、（3）获得的逻辑过程为求同法，由实验 1、6，可得超重与加速度方向向上有关。由实验 3、4，可得失重与加速度方向向下有关。

● 可行方案

在分析并获得表 11 - 7 后，教师提出问题："超失重与速度方向有关吗？"当学生的回答体现出无序性时，可引导学生关注实验 1、2、3，提醒学生识别速度方向的信息，以及超失重现象的信息，由此帮助学生形成结论："超失重与速度方向无关。"

教师提出问题："超重可能与什么因素有关？"当学生不能获得结论或不能给出合理依据时，教师可引导学生关注实验 1、6，提醒学生识别超重的信息、加速度方向的信息，由此帮助学生形成结论："超重与加速度方向向上有关。"同理，获得结论："失重与加速度方向向下有关。"

如此教学可以满足序列加工要求，亦满足获得各结论的逻辑结构要求。

二、与问题解决过程相关的教学难点

（一）理论分析途径

在理论分析学习途径中，学习者需要运用科学论证的方法以及解决问题的一般方法选择出解决问题所需的必要技能。从学生的角度，其经历的必然是弱方法解决问题的过程。教师若不能遵循弱方法有序地选择出所需技能，而是直接给出解决的过程，学生将不知道选择出所需技能的依据，由此形成理解上的难点。故对于通过理论分析途径进行物理概念和规律的学习，教师应基于理论分析途径的任务分析，揭示各子环节问题解决的策略以及所需的必要技能。

当学习者面对第一次遇到的问题时，通常只能采用弱方法解决。其实质与学生第一次解决一道新的物理习题相似,需要经历"审题、分析题",初步确定待研究问题的已知与待求,再运用手段-目标、逆推等解决问题最一般的弱方法,或者物理学科问题解决的弱方法(如守恒、对称)等选择出解决当前问题所需的必要技能。

【案例 11 - 9】

● 教学内容:太阳和行星之间的引力(最一般的关系)

● 教学任务分析(分析学生第一次面对该问题时可能的解决过程)

1. 审题、分析题

待求:太阳和行星间的引力表达式

已知:

太阳和行星间距离通常很远,远大于各天体的线度。故可采用质点模型。(隐含条件1)

行星绕太阳做椭圆轨道运动,由于椭圆轨道偏心率很小,故可将行星绕太阳运动视为圆周运动。(隐含条件2)

做圆周运动的物体需要向心力。行星绕太阳做圆周运动,所需的向心力为两者间的引力。(隐含条件3)

2. 确定解决问题的策略以及遵循策略选择解决问题所需的必要技能

经过上述审题、分析题过程,仍不能直接看出从已知条件到最终达到目标间的途径,此问题可借助手段-目标方法解决。(根据已有条件,结合待求目标,尽可能一步步接近最终目标的解决)

问题解决过程简述如下:

① 因为行星绕太阳运动可近似为圆周运动(已知),

可得,$F_{阳 \to 星} = m_{星} \dfrac{v^2}{r}$

在此步骤中运用了策略-模型法。行星绕太阳运动轨迹是椭圆,从地球的偏心率(是0.0167)来看近似为圆,就用圆周运动研究简化-模型法。

必要技能:圆周运动速度与向心力的关系。

② 遇到的子问题是:行星速度无法精确测量?(因此公式就不能是有效应用的通式)

解决:用已知代换(解决习题常用的代换策略)。找与圆周运动速度有关的物理规律。

行星运动的速度较难精确测定,而周期相对易测,两者关系有 $T = \dfrac{2\pi r}{v}$。

必要技能:圆周运动周期与速度的关系。

代入后有 $F_{阳 \to 星} = m_{星} \dfrac{4\pi^2 r}{T_{星}^2}$(1)。根据式(1),越远的行星,受到的力越大?这显然违背客观事实的。其原因为何?可能的情况是是物理量间不独立,如 r 越大,T 变化的更大?

③ 遇到的子问题:相关物理量不独立。(因此该公式也不能是通式)

解决：用已知代换（解决习题常用的代换策略）。找周期、半径有关的物理规律。

因为要求出的是两者间引力的通式，因此式中的物理量应相互独立，而天体圆周运动中的周期与运动半径存在相依关系。

$$\frac{r^3}{T_{星}^2} \propto k$$

必要技能：开普勒第三定律。

代入后有 $F_{阳\to星} = m_{星}\dfrac{4\pi^2 k}{r^2} \propto \dfrac{m_{星}}{r^2}$（2）。两者间引力与源（太阳）无关，难道太阳是一个乒乓球也可以？

④ 遇到的子问题：太阳与行星间引力与施力物体无关？

解决：用已知代换（解决习题常用的代换策略）。寻找与施力物体有关的物理量。太阳对行星间的引力，施力物体是太阳，而（2）式中没有表征施力物体的属性的量，似也不太合适。

根据牛顿第三定律，有 $F_{星\to阳} \propto \dfrac{m_{阳}}{r^2}$（3）

必要技能：牛顿第三定律。

⑤ 结合式（2）、（3），有 $F_{阳\to星} \propto \dfrac{m_{阳}\,m_{星}}{r^2} = G\dfrac{M_{阳}\,m_{星}}{r^2}$。

分析： 从以上讨论可知，本题的求解可根据已有条件，结合待求目标，尽可能地一步步接近最终目标的解决，也就是选择出解决问题所需技能，采用的策略是手段-目标法。此外还要根据通式的一般条件，以及代换方法等合并起来加以解决。

显然，通过任务分析揭示出学生第一次解决该问题可能的过程，包含解决问题所需的策略以及相应的必要技能，实际教学中，教师就可遵循相应策略指引的方向，引导学生有序选择解决问题所需的技能，从而解决问题。若学生对于解决问题所需的技能有些生疏，教师可在教学的"引入复习"环节中，帮助学生熟悉所需运用的必要技能。

（二）实验归纳途径

在实验归纳学习途径中，由于设计实验环节涉及解决问题的策略相对较多，所需的必要技能（含测量原理的知识以及测量仪器使用的知识）也比较多，所以该子问题解决时，学生或者没有思路（也就是没有相应的策略），或者没有所需的必要技能，因此在完成任务时会遇到一定障碍，形成学习难点。由于课堂教学中的实验往往都提供实验仪器，故设计实验就属于结构良好的问题，具体参见本章第二节探究式教学案例。

本章阐述了教学规划环节的两项主要工作：教学方法的实质与选择、教学难点的实质与突破。从以上分析可以看出，教学方法的选择以及教学难点的突破亦可以从学习基本机制的角度进行分析，由此有助于减少教师教学的盲目性。

（1）结合本章介绍的常用教学方法，请谈谈你对实际中学物理课堂教学优化组合的设想和看法。

（2）请以高中物理"自由落体运动"为例，运用一种或多种教学方法和手段，设计一节课的教学，并说明你选择教学方法的依据。

（3）在"探究功与速度变化的关系"一节，教材提供如下实验方案，①试依据探究式教学设计的思路，完成本部分"设计实验"子环节探究式教学的设计。

参考案例一

如下图，由重物通过滑轮牵引小车，当小车的质量比重物大很多时，可以把重物所受的重力当做小车受到的牵引力，小车运动的距离可以由纸带测出。改变重物的质量或者改变小车运动的距离，也就改变了牵引力做的功。

参考案例二

如下图，使小车在橡皮筋的作用下弹出。

第二次、第三次……操作时分别改用 2 根、3 根……同样的橡皮筋，并使小车从同样的位置被弹出，那么，橡皮筋对小车做的功一定是第一次的 2 倍、3 倍……测出小车被弹出后的速度，能够找到牵引力对小车做的功与小车速度的关系。

图 11－13　第 3 题图

（4）教材中有关刻度尺的教学中，常规做法是先让学生观察刻度尺的"量程"、"分度值"、"零刻度线"，然后再讲解其使用规则：刻度尺水平放置，视线与刻度垂直，读数时要估读到分度值的下一位等。②

有教师认为其中存在不足：估读是刻度尺使用的难点，学生经常读错，仅按上述设计讲解，学生只能记下刻度尺的使用规则，却不理解为什么要估读，怎样才能正确估读等问题。

由此提出改进意见：给出量程一样（10 cm），分度值为 1 mm、1 cm、1 dm 的三把刻度尺，分别用它们测量同一物体的长度，并记录数据。

① 人民教育出版社，等. 普通高中课程标准实验教科书·物理·必修 2[M]. 北京：人民教育出版社，2010：70.

② 人民教育出版社，等. 义务教育教科书·物理·八年级上册[M]. 北京：人民教育出版社，2013：11—12.

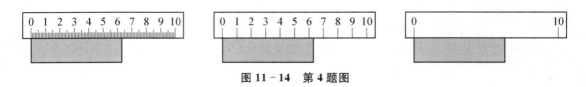

图 11 - 14　第 4 题图

教学效果：通过对比观察，学生很容易想到测量结果的不同是由于分度值的不同导致的，长度测量的准确程度由分度值决定，比分度值小的长度测量不出来，需估读。在上述问题的引导下，学生自然就理解了估读。

试分析上述教学难点突破的依据是什么？

第十二章　物理学科教学设计

教学设计需要回答"到何处去"、"如何到那里"、"如何确定到了那里",也就是解决教学目标、教学策略、教学测评的问题。从学习心理学视角,学习有不同的类型。学习的类型不同,对应的学习内部机制和内部条件不同,学习后能够表现出的外显行为就不同。也就是说,目标、教学与测评之间具有一致性的关系,因此,教师可以首先确定学习内容对应的学习类型,然后根据该类型学习的内部机制合理规划教学事件;执行教学过程后,依据此类学习后相应的外显行为,制定测评项目,测量学习者是否达到教学目标。第二编中分别阐述了物理学科各类学习结果的学习机制以及有效教学,本章将重点讨论教学设计的核心,即教学任务分析,并相对完整地呈现基于学习心理学的教学设计模式及运用。

第一节　物理概念和规律的教学设计

一、教学设计概述

狭义的教学设计(此处指课时教学设计)是指教师运用学习心理学等理论,有依据地选择教学方法并规划教学事件、挑选教学素材及呈现方式并制定学习结果评价方式,以形成用于帮助学生有效地习得特定学习结果的方案的过程。主要工作如下:[①]

第一,陈述教学目标。确定学习内容对应的学习结果类型,要求用可观察、可测量行为的术语精确表达学习目标,这是教学设计的一项基本要求。

第二,教学任务分析。通过任务分析,揭示出习得该学习结果的内部过程及条件。

第三,规划教学活动。依据分析出的过程与条件,合理规划教学事件,选择教学媒体和方法。

第四,制定测评项目。依据学习结果类型及相应学习者的外显行为,制定测评项目。

由于学科知识学习是最直接的结果,在学习过程中可能会运用特定的方法,而具体运用哪些方法,需要对学习途径每一子环节待解决的子问题和相应的策略做出分析,也就是"方法"目标需要在教学任务分析之后才能确定,所以建议物理教学设计遵循以下步骤:

第一,教学任务分析。通过任务分析,揭示出习得该学习结果的内部过程及条件,这部分工作主要运用学习心理学理论来完成。

第二,确定学习内容对应的学习结果类型,陈述教学目标。要求用可观察、可测量的术

---

① 皮连生.教学设计[M].北京:高等教育出版社,2009:20.

语精确表达学习目标,这是教学设计的一项基本要求。

第三,规划教学活动。依据分析出的过程与条件,合理规划教学事件,选择教学媒体和方法。

第四,制定测评项目。依据学习结果类型及相应学习者的外显行为,制定测评项目。

显然,任务分析是教学设计的核心成分,选择教学方法、规划教学事件均以任务分析的结果为依据。任务分析,亦可称为教学任务分析,是指在学校教育环境下教师对帮助学生习得特定学习结果的教学任务的解构,是教师确定教学目标后,揭示学习者达到教学目标所需要掌握的知识、技能及相互间序列关系的认知活动。

二、物理概念和规律意义学习的任务分析技术

第五章中阐述了物理概念和规律学习内部的过程和表征,指明了物理概念和规律教学任务分析的方向和内容。因为物理概念和规律的图式可反映其全貌,有助于教师明确其中各要素学习的先后次序以及关系,因此,教学任务分析首先应写出所教概念和规律的图式;由图式确定本节课需要教授的物理内容,即新的结论;由于有效信息的来源途径不同,要确定学习途径;要具体分析各途径上子环节的任务,及解决的策略和所需技能;因为所有物理概念和规律都是通过逻辑过程获得的,所以重点要具体分析获得每一教学新结论的逻辑过程。

综上所述,物理概念和规律意义教学的任务分析包含以下内容:

(1)写图式:遵循物理概念和规律的图式结构,写出所教授物理概念或规律的图式。

(2)定内容:由图式内容确定教学结论,确定其学习类型。

(3)析途径:分析各教学结论习得的途径,是经验事实归纳途径(多用于属性特征类物理概念的学习),实验归纳途径(多用于物理量和物理规律的学习),还是理论分析途径?抑或是两种途径的结合?如先理论分析,然后实验归纳等。

(4)清序列:确定各结论所需信息获得的途径,分析各途径上学生所需经历各子过程的学习过程和所用策略或者说方法。

"清序列"环节是教学任务分析中最重要的一环,其分析的结果是"教学规划"环节中选择教学方法、确定重难点的基础,因此以下对理论分析途径、实验归纳途径中"清序列"环节做进一步的讨论。

(一)理论分析途径的"清序列"

通过理论分析途径形成概念和概念间的关系,本质上是结构良好问题解决的过程。其解决类似于习题的解决。解决问题是个体运用一定认知策略(也就是说方法),选择解决问题所需必要技能的过程。课堂教学中通过理论分析途径的需要解决的问题比较明确,解决所需的必要技能不多,通常采用逆推法、手段目标法等方法,即可挑选出解决该例问题所需的技能。

理论分析途径的"清序列",可遵循如下步骤完成:

第一,确定解决过程。运用类似"任务描述法"清晰地描述问题解决的完整过程。

第二,确定所需技能;分析问题解决的每一步所需必要技能。

第三,确定解决问题的策略;由待求的问题,以及已知条件,确定可能的策略(或者说方法),即引导解决这选择出解决此问题所需技能的思考方向,通常运用的方法有解决物理习题的一般方法、各子领域物理习题解决方法、以及逆推法等弱方法。

【案例 12－1】 质点加速或减速运动,质点加速度和初速度方向间的关系:

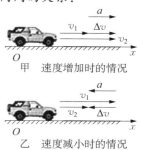

如右图,汽车原来的速度是 v_1,经过一小段时间 Δt 之后,速度变为 v_2。为了在图中表示加速度,我们以原来的速度 v_1 的箭头端为起点,以后来的速度 v_2 的箭头端为终点,作出一个新的箭头,它就表示速度的变化量 Δv。由于加速度 $a = \dfrac{\Delta v}{\Delta t}$,所以加速度的方向与速度的变化量 Δv 的方向相同;确定了速度变化量 Δv 的方向,也就确定了加速度 a 的方向。

从图中看出:在直线运动中,如果速度增加,加速度的方向与速度的方向相同;如果速度减小,加速度的方向与速度的方向相反。

图 12－1 案例 12－1

● 确定解决过程:

(1) 研究问题:质点加速、减速时,加速度和初速度方向满足的关系。

(2) 研究对象:向右匀加速(或减速)运动的质点。

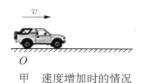

(3) 解决过程:

① 作图呈现选定时刻 t_1 质点速度,v_1;如图 12－2(a)。

② 作图呈现运动一段时间后 t_2 时刻质点速度,v_2;如图 12－2(b)。

③ 将两速度矢量平移到同一位置;如图 12－2(c)。

④ 作图显示 $v_2 - v_1$,用从 v_1 箭端(始),指向 v_2 箭端(终)的矢量表示。如图 12－2(d)。

⑤ $\Delta v = v_2 - v_1$(即 a)的方向,加速时与 v_1 相同。

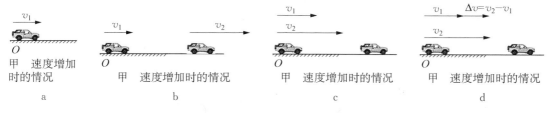

图 12－2 解决过程

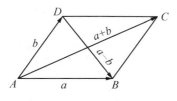

图 12-3 矢量表示法

（1）矢量的表示法：向量可以用有向线段来表示．有向线段的长度表示向量的大小，箭头所指的方向表示向量的方向。

（2）矢量减法的表示：将两个向量平移至公共起点，以向量的两条边作平行四边形，结果由减向量的终点指向被减向量的终点。

同一直线上矢量加减法。

● 确定解决问题的策略

（1）确定问题的策略。略。

（2）确定研究对象的策略。

策略：研究问题的科学、可行的原则。

任一方向做匀加速（减速）物体均可。

根据简单、科学、可行：选择向右做匀加速（减速）运动的质点。

（3）选择解决问题所需技能的策略。

问题：以向右做匀加速（减速）运动质点为对象，其加速度与初速度方向的关系。

本例求解策略：主要是逆推法（执果索因）

● 需要研究的加速运动中加速度的方向与初速度方向的关系

应该判定加速度的方向

● 加速度的方向由谁决定

由 Δv 即末速度减初速度的方向决定

● 速度是矢量，末速度和初速度的差

同样是矢量

● 矢量如何表示

一段有向线段，长度表明大小，箭头指明方向。

● 可否在图上标出始、末两个时刻的速度

标出 v_1、v_2，如图 a、b

● v_1，v_2 有何特征

方向相同，因为是加速运动，故 v_2 较 v_1 长

● 现在要求 v_1，v_2 矢量差，矢量差应如何表示

将两个向量平移至公共起点，结果由减向量的终点指向被减向量的终点。

● 那么 $\Delta v = v_2 - v_1$ 如何表示，

将 v_2 移至 v_1 相同起点，如图 c，然后从减向量 v_1 的终点指向被减向量 v_2 的终点，如图 d。

（二）实验归纳途径的"清序列"

对实验归纳途径,重点要分析出各教学结论获得的逻辑过程。其一,逻辑过程揭示了学习者习得该结论所必须识别出的信息,教师有序地呈现有效信息是学生习得学习结果的最基本保证;其二,分析出新结论获得的逻辑过程,还可帮助教师理解"规划方案"环节的策略,因为一旦逻辑过程分析出,其加工信息的结构就清楚了,因此规划方案的策略也就确定了。

故对于实验归纳途径的"清序列",可遵循如下步骤完成,

第一,确定结论获得的逻辑过程;分析定内容中各主要结论获得的逻辑过程。

第二,确定各子环节运用的策略。各环节可能的策略如表 5 - 17 所示,建议各环节可如下思考,

【提出问题环节】

● 本环节要提出的问题为何?

● 包含可提出问题的情景(生活情景或实验情景)为何?

【假设与猜测环节】

● 可否从生活经验的实例中,猜测(主要是归纳)出研究对象的相关因素?

● 可否从相关实验的事实中,猜测(主要是归纳)出研究对象的相关因素?

● 可否依据已有理论或事实经验,演绎出研究对象相关因素?

基于生活或实验经验,是运用归纳法(求同、差异、共变等方法)以及类比法来推测相关影响因素,也可能通过理论分析推测出相关因素。

【规划方案环节】

经过假设和猜测环节,学习者已确定了可研究问题以及可能的影响因素,接下来的任务是规划研究方案。此环节可运用的方法有归纳法(求同法、差异法、共变法)、演绎法(包含理论分析方法)和控制变量法。

● 特征属性或单一变量问题?(差异、共变、求同)

如"曲线运动可能与受力的关系","轻绳弹力的方向"等。此类单一变量的问题,规划方案(研究的思路)主要由该结论获得的逻辑过程确定。

● 是否是多变量问题中存在一一对应关系?(控制变量法)。

● 是否是多变量问题中不存在一一对应关系?(求同法)

如"合力与分力的关系"(合力与分力大小有关、与分力方向有关,但合力有方向和大小两个属性确定,不能单独研究合力的大小与分力大小的关系等)

● 研究方案是否从演绎推理过程中得出?

【设计实验环节】

个体运用设计实验通用策略完成,在确定研究对象的过程和状态子环节,可能需要运用等效替代法,在确定物理量测量原理子环节可能需要运用转换法。

【执行实验,获得数据环节】略

【整理数据，获得结论环节】

● 整理数据主要方法是图像法、列表法等

● 获得结论的方法：主要是逻辑方法，有归纳法、演绎法、类比法等。见前分析。

三、物理概念和规律学习的教学规划

在教学规划时，有两方面的工作，其一是教学重点和难点的确定；其二是选择教学方法。

（一）教学重难点

重点：本节课的物理概念和规律。

难点：教学分析揭示出学生在学习中需要具备的必要技能以及解决问题所需的策略，对于学生掌握情况不佳的必要技能，或不具备问题解决的策略，常常构成学习的难点，通常也就是教学难点。

由第十一章第三节讨论可知，实验归纳学习中，由实验现象所提供的信息到获得最后的结论，需要经过多个逻辑过程，构成逻辑关系链。如本章第二节楞次定律教学案例中教学难点1所述。对于这样的教学难点，教师如果能分析出其中的逻辑关系链，教学就可以做到有序呈现一组信息，得出一个子结论，依次获得最后结论。

实验归纳学习途径中，由实验现象所提供的信息获得相应子结论，需要经过问题解决的过程。教师应分析出解决问题所需的策略，教学中就可遵循策略，引导学生选择解决问题的所需技能，从而解决问题获得结论。

设计实验子环节中，学生可能不具备物理量测量原理，或者测量仪器操作技术未能很好掌握，构成教学难点。

理论分析途径中，学习者未掌握所需技能以及转换等方法，构成教学难点。

【案例 12－2】

"向心力"教学中，需要根据如下一组实验，形成向心力的概念。

● 实验

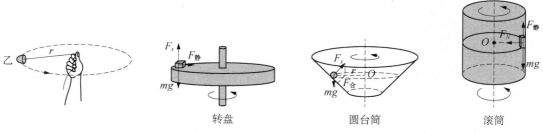

图 12－4 "向心力"教学实验

● 获得结论

结论 1－1：做匀速圆周运动的物体受到指向圆心的力。

结论 1－2：向心力是效果力，可以是重力、弹力、摩擦力等各种性质的力，也可以是几个

力的合力。

- 获得结论的逻辑过程

表 12-1　结论"圆周运动物体受指向圆心的力"获得的逻辑过程

	共同结果	共同条件	变化条件
1	小球做圆周运动	小球受到拉力,指向圆心	运动的物体、施力对象等
2	随转盘一起运动的物块做圆周运动	物块受到摩擦力,指向圆心①	
3	随圆台筒一起运动的物块做圆周运动	物块受到重力和支持力的合力,指向圆心②	
4	随滚筒一起运动的物块做圆周运动	物块受到桶壁的弹力,指向圆心③	
	做圆周运动的物体受到指向圆心的力		

- 教学难点

其中,信息①—③的获得,需要运用基本的力学解题方法分析。从具体情境中分析出物体所受的向心力,相当于一个问题解决的过程,需要遵循解决力学问题的一般方法来:

(1)明确研究对象;(2)受力分析。画出受力示意图;(3)分解力。沿竖直方向、水平方向分解力;(4)判断受力方向特征。水平方向受力指向物体做圆周运动的圆心,即向心力;(5)确定向心力的性质。是合力还是分力,是重力还是弹力抑或是摩擦力等。

由于解决该问题所需必要技能较多,对于学习程度一般的学生,可能就构成难点。

(二) 教学方法的选择

如第十一章第一节所述,学习是学生运用一定策略解决各环节子问题、习得相应学习结果的过程。学校环境下的学习,需要教师规划教学事件,引导和帮助学生的学习过程,也就是与学习过程对应的教学过程。教学任务分析已揭示出学生习得该学习结果经历的途径和各子环节问题解决的策略,那么教学就是教师遵循各环节中相应策略的引导,帮助学生选择解决子问题的技能,从而解决问题、习得所学知识的过程。教学方式主要有三种:传授式教学、启发式教学、探究式教学。教学方法的实质与实施参见第十一章前两节所述。

在一个知识点或教学结论获得的过程中,教师可以在各子环节选择不同的教学方法组合,当然还可以有更多样的选择,表现出多样性的教学处理,比如在牛顿第二定律性质的教学中,选择各子环节教学方法如表 12-2 所示(其中★、▲各表示一种教学方法的组合)。

表 12-2　实验归纳途径中各子环节教学方法选择图表

	提出问题	假设猜测	规划方案	设计实验	执行实验获得数据	处理数据获得结论
传授式	★▲	▲	▲		★	
启发式		★	★	▲	▲	★
探究式				★		▲

第二节　物理概念和规律教学设计样例：楞次定律

一、教学任务分析

（一）写图式

表 12 - 3　楞次定律的图式

物理意义		反映了电磁感应现象中感应磁场与原磁场间的关系，可以用来判断由电磁感应而产生的电动势的方向
内容		感应电流的磁场总是阻碍引起感应电流的磁通量的变化
物理性质	物理对象及过程	闭合线圈；穿过闭合回路的原磁场的磁通量；原磁场磁通量发生变化；闭合回路中感生电流；感生电流产生的磁场。
	存在规律	穿过闭合回路原磁场的磁通量发生变化；闭合回路产生感应电流；感应电流的磁场阻碍这种磁通量的变化。
	规律形成的依据	实验发现： 原磁场磁通量增加，感应电流磁场就与原磁场反向，让其减少（不让增大）； 原磁场磁通量减小，感应电流磁场就与原磁场同向，让其增大（不让减少）。
定律适用条件		普遍适用
与其他物理概念间的关系		1. 楞次定律是能量守恒定律在电磁感应现象中的具体体现； 2. 感应电流是电磁感应现象在闭合导体中的体现； 3. 当闭合线圈中电流变化即磁通量发生变化时，会在闭合线圈本身中产生感应电动势，为自感。
物理体系中的价值		楞次定律是电磁现象符合能量转化与守恒定律的具体表现，揭示了电与磁的内在联系及依存关系。

（二）定内容

根据图式可知，本节课主要得出结论：

感应电流的磁场总是阻碍引起感应电流的磁通量的变化。

在得出该结论前，应得出两个子结论：

（1）原磁场磁通量增加，感应电流磁场就与原磁场反向，让其减少（不让增大）；

（即感应电流磁场与原磁场方向反向，与穿过闭合回路的原磁场磁通量增大有关）

（2）原磁场磁通量减小，感应电流磁场就与原磁场同向，让其增大（不让减少）。

（即感应电流磁场与原磁场方向相同，与穿过闭合回路的原磁场磁通量减小有关）

（三）析途径

楞次定律的习得途径为实验归纳途径。本节课采用实验方案如图 12-5 所示。

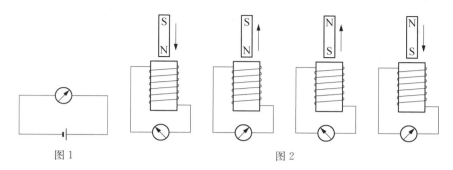

图 1　　　　　　　　　　　图 2

图 12-5　楞次定律实验方案

（四）清序列

1. 写出主要结论及其建立的逻辑过程

从感应电流磁场的作用看：

结论 1：穿过闭合回路原磁场磁通量增加，闭合回路中感应电流磁场就与之反向，让其减少（不让增大）；

结论 2：穿过闭合回路原磁场磁通量减小，闭合回路中感应电流磁场就与之同向，让其增大（不让减少）；

本实验中，实验数据如表 12-4 所示。

表 12-4　楞次定律实验数据

	第 1 组	第 2 组	第 3 组	第 4 组
磁铁运动方向	N 极向下插入线圈	N 极向上抽出线圈	S 极向上抽出线圈	S 极向下插入线圈
穿过线圈的磁场方向	向下	向下	向上	向上
磁通量的变化情况	增大	减小	减小	增大
产生的感应电流方向	左偏	右偏	左偏	右偏
感应电流的磁场方向	向上	向下	向上	向下
两个磁场间的方向关系	相反	相同	相同	相反
感应电流磁场与原磁场变化的关系	阻碍增大	阻碍减少	阻碍减少	阻碍增大

根据以上数据表，通过求同法获得以上两个结论。

通过第 1 组和第 4 组实验，获得结论 1"穿过闭合回路原磁场磁通量增加时，感应电流磁场方向与原磁场方向相反"，其逻辑过程如表 12-5 所示。

表 12-5　结论"原磁场磁通量增加,感应电流磁场与原磁场方向相反"获得的逻辑过程

场合		变化条件	不变条件	结果
1	N 极插入	原磁场方向、感应电流磁场方向	原磁场磁通量增加	感应电流磁场与原磁场反向
2	S 极插入		原磁场磁通量增加	感应电流磁场与原磁场反向
结论 1：所以,原磁通量增加,感应电流磁场与原磁场反向				

通过第 2 组和第 3 组实验,获得结论 2"穿过闭合回路原磁场磁通量减少时,感应电流磁场方向与原磁场方向相同",其逻辑过程如表 12-6 所示。

表 12-6　结论"原磁场磁通量减少,感应电流磁场与原磁场方向相同"获得的逻辑过程

场合		变化条件	不变条件	结果
1	N 极拔出	原磁场方向、感应电流磁场方向	原磁场磁通量减少	感应电流磁场与原磁场相同
2	S 极拔出		原磁场磁通量减少	感应电流磁场与原磁场相同
结论 2：所以,原磁通量减少,感应电流磁场与原磁场相同				

由结论 1 和结论 2 概括出结论：感应电流产生的磁场总是阻碍原磁场的变化。依然是运用求同法获得。

2. 实验归纳途径各子环节和策略分析

【提出问题环节】

本节课要研究：电磁感应现象中,闭合回路感应电流方向满足的规律。

对本研究内容学生没有生活中的经验,因此,教师可以呈现感生电流产生的一些实验场合(或引导学生回忆感应电流产生的实验),观察识别实验中感应电流的方向是不同的。

演示实验 1：(任选一组均可)

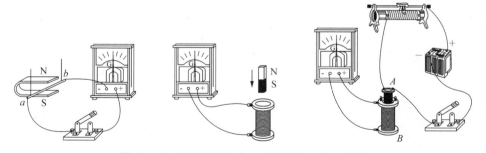

图 12-6　不同实验场合中感应电流的方向不同

由此引导学生概括出本节课要研究的问题：闭合电路中感应电流的方向满足的规律。

【假设与猜测环节】

本研究中学生没有相关感应电流的生活经验,因此需要教师提供演示实验情境给学生。可采用在闭合回路中插入或拔出条形磁铁的实验,引导学生做出猜测。

演示实验 2：将条形磁铁 N 极插入、拔出闭合回路(接有电流表),运用共变法可以做出猜测：

表 12-7　结论"感应电流方向(可能)与磁通量变化方式有关"获得的逻辑过程

场合		不变条件	变化条件	结果
1	N 极插入	原磁场方向向下	原磁场磁通量增加	感应电流左偏
2	N 极拔出		原磁场磁通量减少	感应电流右偏
故,感应电流方向与磁通量变化方式有关				

演示实验 3：将条形磁铁 N 极、S 极分别插入闭合回路(接有电流表),运用共变法可以做出猜测：

表 12-8　结论"感应电流方向(可能)与原磁场方向有关"获得的逻辑过程

场合		不变条件	变化条件	结果
1	N 极插入	原磁场磁通量增加	原磁场方向向下	感应电流左偏
2	S 极插入		原磁场方向向上	感应电流右偏
故,感应电流方向与原磁场方向有关				

当然,学生可能会有其他一些猜测,教师可要求学生提供假设的依据,或根据归纳法的结构,对学生的猜测做出判断。

【规划方案环节】

因为本环节中主要结论是通过求同法、共变法获得的,因此应遵循两者的结构,将变化条件(及结果)、不变条件(及结果)等信息记录下来,可通过列表的方式呈现相关信息。

实验次数一维,相关信息一维。研究条形磁铁插入和拔出闭合回路实验,如表 12-9 所示：

表 12-9　楞次定律实验数据记录表

	第 1 组	第 2 组	第 3 组	第 4 组
磁铁运动方向				
穿过线圈的磁场方向				
磁通量的变化情况				
产生的感应电流方向				

【设计实验环节】

本课例选择实验装置,如图 12-5 所示。

设计实验环节可遵循设计实验通用策略完成。

表 12-10　设计实验通用策略引导下楞次定律实验设计

(1) 确定实验目的	探究感应电流方向与磁通量变化的关系
(2) 确定实验中的研究对象	感应电流方向,磁通量变化情况
(3) 确定实验中研究物体的状态、过程	磁铁不同磁极插入、拔出线圈的过程中,电流表指针会偏转

（4）确定要测量的物理量； 确定各物理量测量的原理	感应电流方向：通过电流表指针偏转的方向来判断 磁通量的变化：更换磁极,磁铁插入、拔出线圈
（5）选择测量各物理量的实验仪器	感应电流方向：电流表 磁通量的变化：人为更换磁极,插入、拔出
（6）确定每次实验中的条件（如物理量的 变化方式）	换磁极,磁铁插入、拔出线圈
（7）确定实验仪器连接方式	

【执行实验,获得数据环节】

表 12 - 11 　楞次定律实验数据表一

	第 1 组	第 2 组	第 3 组	第 4 组
磁铁运动方向	N 极向下 插入线圈	N 极向上 抽出线圈	S 极向上 抽出线圈	S 极向下 插入线圈
穿过线圈的磁场方向	向下	向下	向上	向上
磁通量的变化情况	增大	减小	减小	增大
产生的感应电流方向	左偏	右偏	左偏	右偏

【处理数据,获得结论环节】

（1）各子结论获得过程分析：

● "感应电流方向可能与原磁场磁通量变化有关"

以第 1 组与第 2 组实验,或第 3 组与第 4 组实验相关信息获得。

如以第 1 组与第 2 组实验相关信息,通过共变法获得上述结论,结构如表 12 - 12 所示：

表 12 - 12 　结论"感应电流方向可能与原磁场磁通量变化有关"获得的逻辑过程

场合	结果	变化条件	不变条件
1	电流表左偏	磁通量增大	穿过线圈的磁场方向 向下
2	电流表右偏	磁通量减小	
所以,感应电流方向与磁通量变化情况有关			

由第 1 组和第 2 组可得结论 1.1："感应电流的方向可能与穿过闭合回路的磁通量变化方式有关,磁通量增大对应感应电流左偏,磁通量减小对应感应电流右偏。"

由第 3 组和第 4 组可得结论 1.2："感应电流的方向可能与穿过闭合回路的磁通量变化方式有关,磁通量增大对应感应电流右偏,磁通量减小对应感应电流左偏。"

由结论 1.1 和结论 2.2,可得结论,"感生电流的方向与磁通量的变化方式无必然关系"。

演绎推理过程:

如果感应电流方向与磁通量变化方式必然相关,则其对应关系应不变

感应电流方向与磁通量变化方式对应关系不一致

所以,感应电流的方向与磁通量的变化方式无必然关系

- "感生电流方向可能与原磁场方向有关"

由第 1 组和第 4 组可得结论 2："感应电流的方向可能与磁场方向有关"。共变法的逻辑过程如表 12-13 所示:

表 12-13   结论"感应电流方向可能与原磁场方向有关"获得的逻辑过程

场合	结果	变化条件	不变条件
1	电流表左偏	磁场向下	磁通量增大
2	电流表右偏	磁场向上	
所以,感生电流方向与原磁场方向有关			

由第 1 组和第 4 组可得结论 2.1："感应电流的方向可能与原磁场方向有关,原磁场向下对应感应电流左偏,原磁场向上对应感应电流右偏。"

由第 2 组和第 3 组可得结论 2.2："感应电流的方向可能与原磁场方向有关,原磁场向下对应感应电流右偏,原磁场向上对应感应电流左偏。"

由结论 2.1 和结论 2.2,可得结论,"感生电流的方向与原磁场方向无必然关系"。

演绎推理过程:

如果感应电流方向与磁场方向必然相关,则其对应关系应不变

感应电流方向与磁场方向对应关系不一致

所以,感应电流的方向与原磁场方向无必然关系

由上分析,感应电流的方向似乎与磁场方向、磁场变化方式有关,但也没有必然关系。那么,就面临如下问题(子问题及解决):

问题:感应电流方向到底与什么因素有关? 有什么关系呢?

已知:感应电流与磁场方向、磁场变化方式无必然关系。

解决方案:不直接研究感应电流方向与上述因素的关系,而是通过研究与感应电流方向一一对应的磁场方向与上述因素间的关系来间接研究其间规律,即用感应电流磁场方向来研究相关因素间存在的规律。

解决的策略(或者说方法):转换法(科学中对于一些看不见、摸不着的现象或不易直接测量的物理量,通常从一些非常直观的现象去间接认识,或用易测量的物理量间接测量,这种研究问题的方法叫转换法。)

感应电流方向与原磁场方向、原磁场变化有关,但并不只是与其中一个因素有关。从上述要素无法看出有何必然关系。而感应电流方向与感生磁场有一一对应关系,可通过这一要素尝试发现其中的必然关系——转换法。

所以,研究中增加"感应电流的磁场方向"等几栏,得到数据表二:

表 12-14 楞次定律研究数据表二

	第1组	第2组	第3组	第4组	所需技能
磁铁运动方向	N极向下插入	N极向上抽出	S极向上抽出	S极向下插入	
穿过线圈的磁场方向	向下	向下	向上	向上	条形磁铁磁场分布
磁通量的变化情况	增大	减小	减小	增大	条形磁铁磁场分布
产生的感应电流方向	左偏	右偏	左偏	右偏	
感应电流的磁场方向	向上	向下	向上	向下	电流表偏转与线圈电流方向;螺线管磁场判定方法
两个磁场间的方向关系	相反	相同	相同	相反	
感应电流磁场与原磁场变化的关系	阻碍增大	阻碍减少	阻碍减少	阻碍增大	

(2)处理新数据,获得结论(求同法)

具体分析参见"(四)清序列"中1的讨论。

表 12-15 求同法获得结论

场合	先行情况	被研究的现象
1	原磁场增加	感应电流磁场就与之反向,让其减少(不让增大)
2	原磁场减小	感应电流磁场就与之同向,让其增大(不让减少)
	感应电流产生的磁场总是阻碍原磁场的变化	

二、教学目标

(一)物理观念

理解楞次定律;能解释闭合回路感应电流的方向所满足的规律。增加相互作用、能量观的核心构成成分。

(二)科学探究

在楞次定律的学习过程中,遵循实验归纳途径,经历运用共变法等做出猜测、规划方案,运用设计实验通用策略以及转换法设计实验、运用共变法以及演绎推理形成或排除相关因素之间的联系等。

如果在教学中没有显性化的"方法"教学，"过程与方法"目标可表述为：经历楞次定律的学习过程，体会求同法、共变法、设计实验通用策略、转换法的运用。增加科学探究中形成问题、获取证据等要素实施的经验。

（三）科学态度与责任

经历楞次定律学习过程，体会求真、理性、实事求是的科学态度。

三、教学规划

（一）教学难点

本节课教学难点主要在信息的加工和处理，以及子问题的解决上。

1. 研究"感应电流方向与原磁场方向、原磁通量变化方式的关系"

（1）在此部分，通过四次实验获得信息，要猜测与感生电流方向有关的相关因素，需用归纳法中的共变法，要排除感生电流方向的影响因素，需要用演绎推理，推理的大前提是形式逻辑中的矛盾律。

要分组排除或肯定相关因素，信息较多，若呈现给学生的方式不合理，学生将难以进行相应的加工，获得结论。

如表 12－16 所示，共有 16 个单位信息，应引导学生识别一组信息，猜测一种可能的影响因素（子结论），然后遵循形式逻辑的矛盾律，演绎推理排除无关信息。信息应有序呈现。（参见第 248～249 页获得结论环节的分析）

表 12－16　楞次定律实验信息汇总

	第 1 组	第 2 组	第 3 组	第 4 组
磁铁运动方向	N 极向下插入线圈	N 极向上抽出线圈	S 极向上抽出线圈	S 极向下插入线圈
穿过线圈的磁场方向	向下	向下	向上	向上
磁通量的变化情况	增大	减小	减小	增大
产生的感应电流方向	左偏	右偏	左偏	右偏

（2）在排除感应电流方向与原磁场方向、原磁通量变化方式之间存在必然关系后，学习者面临如下子问题：

已知：感生电流方向与原磁场方向、原磁场磁通量变化方式无必然关系。

子问题：如何研究"感生电流方向"影响因素？

解决方案：不是直接研究感生电流的方向，而是以感生电流的磁场为研究对象（感生电流方向与感生电流磁场方向存在一一对应关系）

解决方法：转换法。教学中可引导学生遵循转换法的思路，提出可从感生电流磁场方向入手研究。

图 12-7　密绕螺线
管外侧显
示绕向

2. 确定感应电流磁场方向的环节

确定感应电流磁场方向的测量方式子环节,需要根据电流表偏转方向,判断导线中电流方向,进而确定线圈中电流方向,再由右手定则确定感应电流磁场方向。即:

(1)电流表指针偏转方向与电流方向的关系:

指针右偏——电流从正接线柱流进灵敏电流表;

指针左偏——电流从负接线柱流进灵敏电流表。

(2)然后"顺藤摸瓜",确定线圈中感应电流的方向。对于密绕螺线管,最好在管外侧用适当方式显示绕向,如图 12-7。

(3)最后,运用右手螺旋定则判定感应电流磁场方向。

(二)教学方法选择

在一个知识点或教学结论获得过程中,教师可以在各子环节选择不同的教学方法组合。当然还可以有更多样的选择,表现出多样性的教学处理,比如本节教学中主要采用启发式教学。

表 12-17　实验归纳途径中各子环节教学方法选择图表

	提出问题	假设猜测	规划方案	设计实验	执行实验获得数据	处理数据获得结论
传授式						
启发式	★	★	★	★	★	★
探究式						

四、教学流程图

提出问题
- 呈现一组感应电流存在的实例,如导体切割磁感线、磁铁在闭合回路中插拔等。
- 【教学】教师引导学生识别感应电流方向的不同,提出问题:感应电流方向满足什么规律?

假设猜测
- 呈现闭合线圈中插入、拔出条形磁铁。
- 【教学】教师引导学生运用共变法猜测:感应电流方向可能与原磁场方向、磁通量变化可能方式有关。

规划方案
- 呈现猜测:感应电流方向与原磁场方向、磁通量变化方式可能有关。
- 【教学】教师根据求同法、共变法的结构,以及需要研究的对象、可能因素规划方案,如表12-9所示。

设计实验
- 呈现实验仪器,以及规划好的方案。
- 【教学】教师引导学生遵循设计实验通用策略,设计实验装置,如图12-10所示。

执行实验
- 学生按规划方案完成实验,获得数据,如表12-11所示。

获得结论1
- 呈现实验获得的数据,如表12-11所示。
- 【教师】教师引导学生依据共变法以及演绎推理,获得感应电流方向与原磁场方向、磁通量变化方式无必然关系的结论。

提出 新问题	•感应电流与原磁场方向、磁通量变化方式无必然关系。 •【教学】教师提出问题：如何研究感应电流方向的规律？
解决 新问题	•【教学】教师引导学生遵循转换法，提出可从与感应电流无必然相关的物理量为对象入手研究，由此提出：可研究感应电流磁场方向与上述因素是否有关。可在表12-11的基础上增加感应电流磁场方向一栏。
获得数据	•【教学】教师引导学生分析四次实验中感应电流磁场的方向，填入表12-14中。
获得结论2	•【教学】教师引导学生分析原磁场和感应电流产生磁场方向的关系并填入表12-14中，引导学生遵循求同法获得结论：原磁场磁通量增加，感应电流磁场与原磁场方向相反（不让增加）；反之不让减少。由此概括出楞次定律。

图 12 - 8　楞次定律教学流程图

五、其他教学方案评析

有的教师在教学中利用"来斥离吸"现象获得了"感应电流的磁场总是要阻碍引起感应电流的磁通量的变化"，从而得出楞次定律。实验装置如图 12 - 9 所示。

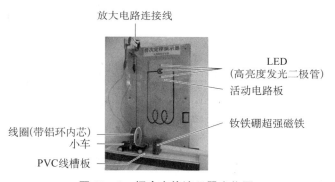

放大电路连接线

LED
（高亮度发光二极管）
活动电路板

钕铁硼超强磁铁

线圈(带铝环内芯)
小车
PVC线槽板

图 12 - 9　楞次定律演示器实物图

（一）楞次定律形成过程分析

实验中观察到的现象，如表 12 - 18 所示，

表 12 - 18　楞次定律实验中观察到的现象

	磁铁相对线圈运动	磁铁与线圈间相互作用力的形式
1	N 极靠近	相斥
2	N 极远离	相吸
3	S 极靠近	相斥
4	S 极远离	相吸

问题：由表 12-18 中显示的现象，如何习得楞次定律，即获得结论"感应电流的磁场方向总是阻碍引起感应电流的磁场磁通量的变化"呢？

解决问题的总策略：向前推理。可遵循向前推理的策略，由已知逐步接近待求。

（1）由实验现象（已知，如表 12-18）可得结论。

由表 12-18 中的实验 1、3，可得结论（求同法）：当条形磁铁靠近线圈时，两者间相互作用力的形式是相斥。（不让靠近）

由表 12-18 中的实验 2、4，可得结论（求同法）：当条形磁铁远离线圈时，两者间相互作用力的形式是相吸。（不让远离）

（2）在磁性方面，通电螺线管相当于一个条形磁铁，通过两者的作用形式能判断线圈与磁铁相对面的极性（表 12-19）。

表 12-19　线圈与磁铁相对面的极性

	磁铁相对线圈运动	磁铁与线圈间相互作用力的形式	线圈与条形磁铁相对面的极性
1	N 极靠近	相斥	N 极
2	N 极远离	相吸	S 极
3	S 极靠近	相斥	S 极
4	S 极远离	相吸	N 极

（3）此线圈中的磁场是由谁产生的？　答：由感应电流产生。

（4）相互作用中，两个磁场的关系如何？（表 12-20 除最后一列）

表 12-20　磁铁磁场与线圈中磁场之间的关系

	磁铁相对线圈运动	磁铁与线圈间相互作用力的形式	线圈与条形磁铁相对面的极性	两个磁场的方向	两个磁场方向的关系	闭合回路磁通量变化
1	N 极靠近	相斥	N 极	条形磁铁磁场 ⇐ 线圈感应电流的磁场 ⇒	相反	增大
2	N 极远离	相吸	S 极	条形磁铁磁场 ⇐ 线圈感应电流的磁场 ⇐	相同	减少
3	S 极靠近	相斥	S 极	条形磁铁磁场 ⇒ 线圈感应电流的磁场 ⇐	相反	增大
4	S 极远离	相吸	N 极	条形磁铁磁场 ⇒ 线圈感应电流的磁场 ⇒	相同	减少

由表 12-20（除最后一列），得出结论：

当磁铁靠近时，线圈中感应电流产生的磁场与原磁场方向相反。（求同法）

当磁铁远离时，线圈中感应电流产生的磁场与原磁场方向相同。（求同法）

显然，以上结论不是物理规律，因为磁铁相对线圈靠近、远离并不涉及物理概念。

（5）分析磁铁相对线圈靠近、远离背后物理量的变化。

靠近时，哪些物理量发生变化？——磁感应强度、磁通量大小。

因为螺线管的磁场是由于感应电流产生的，感应电流与哪些因素有关？——磁通量的变化。

故可增加磁通量的变化一列，如表 12 - 20 最后一列所示。

（6）由此得出结论（求同法）：

当闭合回路磁通量增加时，感应电流磁场与原磁场方向相反。（不让增加）

当闭合回路磁通量减少时，感应电流磁场与原磁场方向相同。（不让减少）

（二）方案的优缺点分析

以上方案的优点：方案一中，直接研究感应电流方向规律时，要帮助学生排除"感应电流方向与磁通量变化方式、原磁场方向可能存在的因果关系"，逻辑上相对繁琐，易造成学生学习的困难。以上方案则避开了方案一的不足。

以上方案的缺点：本节课研究的问题是"感应电流的方向所满足的规律"，而本组实验中并不涉及感应电流方向。采用此方案学习时，学生可能会迷惑，要研究的是感应电流方向的规律，但学习过程中并不出现这一对象。显然，尽管可以用该组实验获得楞次定律，但并不适合安排在楞次定律学习阶段，即获得楞次定律的学习过程中。

建议作为习得楞次定律后的验证性实验使用。

通过方案一，习得楞次定律后，进行验证：

（1）提供方案二的实验装置；

（2）假设楞次定律成立，则当 N 极、S 极靠近线圈时，线圈应如何运动？（应远离磁铁）当 N 极、S 极远离线圈时，线圈应如何运动？（应靠近磁铁）

（3）执行实验，观察相关现象是否出现。由此证实楞次定律的真实性。

第三节　物理课堂教学首尾环节设计

在新课教学中，教师一般遵循如下步骤和顺序：教学引入、知识教学、课堂小结。引入是课堂教学的序幕，良好的引入是教学"成功的一半"；良好的小结可以为课堂教学起到画龙点睛的作用。本节对这两个环节设计的学习理论依据、设计的基本思路，结合教学实例进行阐述。

一、课堂引入环节的设计

学生的学习动机是促使教学设计在实施过程中取得预期效果的重要支持性条件，课堂教学中的教学引入阶段，其一个重要的目的就是激发学生学习本节课知识的学习动机。本节讨论课堂教学中激发学生学习动机的主要动机类型以及激发的方法。除了"动机"一词外,往往还用需要、内驱力、目标、兴趣、理想、信念等来描述人的行为的原因,它们之间难以严格区分。

(一) 动机及其类别

在心理学中动机是指驱使人或动物产生各种行为的原因。传统心理学把学习动机定义为激发与维持学生从事学习活动的原因。可以从不同的角度对动机进行分类。

1. 内在动机和外源性动机

内在动机即源于个体内在兴趣,好奇心或成就需要等内部原因所引发的动机。内在动机激发的学习活动的满足在于学习过程本身,可以说是"乐在其中"。外源性动机即由外在的奖惩等活动的原因激起的动机。

2. 马斯洛的需要层次论

人本主义心理学家马斯洛对人的需要做了全面的分析,提出需要层次论(如图9-1)。

最下面的四个层次需要属于缺失需要,在这些需要尚未满足前,它们一直推动人们去从事满足这些需要的行为,但一旦需要得到满足,行为便暂时停止;上面三个层次的需要属于成长需要,它们是在适当程度的满足以后产生的,而且会暂时终止,可以在较长时间推动人从事满足这些需要的行为。

本书的目的是帮助师范生以及一线教师掌握最基本的、科学的课堂教学技能,课堂教学主要是知识学习,因此本节重点讨论在课堂教学中如何通过激发学生的认知需要,帮助学生形成学习动机。

(二) 课堂教学中学习动机的激发

学习动机是由学习需要和学习期待共同组成的,两者相互制约、共同作用,形成学习动机系统。认知需要是学习需要的一种。在引入阶段,主要任务之一就是激发学生的学习动机。

1. 认知需要的产生对教学引入的要求

认知需要是要求知道和理解事物,要求掌握知识以及系统地阐述并解决问题的需要,它是直接指向知识本身的。一般认为,认知需要是在主体感受到认知不协调——新知识与主体原有知识不协调时产生的,主体存在认知不协调的直观表现为主体存在一些无法给予清晰解释的问题,那么在主体没有感受到认知不协调时,可以通过呈现这些问题给主体思考的方式,使他们感受到存在的认知不协调。

所以在课堂教学引入阶段,教师首先应设法:创设问题情境,合理地引出问题供学生思考,让学生感受到认知上的冲突,引发学生的认知需要。

面对课堂上同样的学习情境,有些学生可能会感受到其中某些经验与自己原有知识之间的不协调,从而形成认知需要。但也有很多学生由于注意学习情境中的其他方面或别的一些原因,并没有感到认知上的不协调,这样也就不会产生认知需要。而课堂教学是面向全体学生的,需要每一位或绝大多数学生对学习活动产生学习需要,因而教师可将学习情境与全体学生原有经验间存在的不协调突现出来,即通过提出相应问题供全体学生思考,让每一位学生都能感受到认知上的不协调,从而形成认知需要。也就是说在教学引入时,为了激发学生的认知需要,教师可以创设出一种问题情境——一种学习情境,该情境中含有学生当前无法解决的、需用即将学习的知识来加以解决的问题,并从中合理地引出这类问题,提供给学生思考,让他们感受到认知上的不协调,从而激发他们的认知需要。

【案例 12 - 3】

物理教学中,在学习大气压强时,教师选用马德堡半球演示实验引入新课。

材料:马德堡半球——两个没有任何外加固定的、有良好密闭性的半球。

演示过程:没有抽气时,先让一位同学上来拉这两个半球,半球很容易就被拉开了。

然后用抽气机将球中的空气抽去,再请几位同学上来拉半球,结果多位同学用了很大的气力也拉不开。

分析

从学生的原有经验和直觉来看,两个没有任何外加固定的半球应该很容易被拉开,但结果却与他们的看法相反。也就是说,该情境中存在学生无法解决的问题。有一些学生可能感受到这种差异,但又无法给予解释,出现认知不协调,从而形成一定的认知上的需要。但也有些学生可能关注于其他学生参与活动的过程或半球的某些细节,并没有感到认知上的不协调,为了让这些学生也感到认知不协调,教师应将情境中存在的、对学生而言是无法解决的问题明确予以提出:"这两个半球并没有用任何方式加以固定,为什么抽去球内空气后,两个半球很难被拉开? 我们如何来解释这个现象呢?"从而迫使每一个学生加以思考。这个问题是与学生即将学习的内容有关的,但又是学生当前无法回答的,因而会使学生感受到认知上的不协调,从而激发学生的认知需要。

【案例 12 - 4】

一位教师在"力的合成与分解"一节授课时,通过如下两个实验引入:①

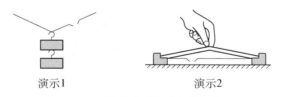

演示1   演示2

图 12 - 10 "力的合成与分解"实验

演示实验 1:由学生用两只手各提一根线把一重物提起,并使两手逐渐分开,直至绳断。

演示实验 2:再来做另一个实验——指断铁丝。

师:在上述两个实验中,我们发现一个力在两个方向上产生了作用效果。为了解释上述现象,为了研究一个力在某两个方向上是什么效果(如形变),有多大的效果(分解的目的),这就需要我们学习新知识——力的分解。

① 广东省教育厅教研室.高中新课程物理优秀教学设计与案例[M].广州:广东教育出版社,2005:118.

分析

在本例中,教师并没有将两次演示实验中蕴含的问题,清晰地概括并呈现给学生,而是直接过渡到要研究的课题——两个分力产生的效果。

学生并没有完全感受到其中的问题,因此这两个演示实验引发的认知需要的价值并没有完全被体现出来。

2. 学习期待的建立对引入的要求

研究表明,仅有学习需要还不足以形成学习积极性,只有当能满足这种需要的目标或期待同时存在时,才能使主体把行为指向确定的方向。也就是说,要激发学生学习的动机,学生不仅应具有学习需要,还应形成学习期待。学习期待是学习动机的另一个基本构成要素,是学习者对学习活动所要达到目标的意念。

在课堂教学中,学生并不知道学习的最终目标,学习后可以解决的问题,因而往往不能自动地形成学习期待,所以教师有责任帮助学生建立学习期待。通过创设问题情境的方式引发学生的认知需要,随后告知学生学习后,问题情境将得以消除,可以使学生建立相应的学习期待。

因此,引入时通过创设问题情境的方式引发学生的认知需要后,教师还应明确告知学生问题情境在学习活动后将得以消除,帮助学生建立相应的学习期待。

在案例12-4中教师既没有概括出问题,也没有明确告知学生上述两种现象在学习后可以得到解释,因此并没有帮助学生建立学习期待。

3. 学习动机系统中因素间的相互作用对引入的要求

学习动机中的学习需要和学习期待是相互制约和影响的,问题情境造成学习者认知上的冲突,使学习者出现认知需要,学习期待引导主体把行为指向特定的学习活动,这时学习动机由潜在状态转为活动状态,激发了有明确指向的学习积极性。每一次具体的学习活动后,如果问题情境得到有效消除,学习期待达到了,学习需要得到满足,主体的学习动机将会得到进一步强化,这对学生今后的学习有积极影响。

如果问题情境没有得到有效消除,学生的学习需要得不到满足,学习者感到付出和所得不一致,那么学生对后续学习活动的需要就会减少,同时学习期待也将会相应地减少,这样就会对后续的学习活动产生负面影响。

因而,为了满足学生的学习需要,以利于学生今后的学习,对于引入时所创设的问题情境,教师应在学习活动后,给予清晰的解答,帮助学生消除问题情境。

有些教师在教学引入活动中,采用创设问题情境的方式来引发学生的学习动机,但在活动后,由于课时紧张或考虑不周等原因,没有帮助学生消除问题情境,依据上面的讨论,这种做法将对学生今后学习动机的引发有负面影响,应该予以避免。

此外,在教学引入中,通常都强调选用刺激的新异性,但是考虑到问题情境的消除对今后学习活动的影响,那么选择用于创设问题情境的刺激就不是越新越异越好,而是有一定制约,即由此产生的问题情境能否有效地得以消除。所以引入时,即使那些可以给学生以深刻印象的刺激,但如果利用它们所形成的问题情境不易解释清楚,那么这种引入也不宜采用。

【案例 12 - 5】

物理教学中,在讲授"大气压强"时,教师选用如下演示实验引入新课。

演示过程:用易拉罐装上少许水,在电炉上加热至沸腾,然后迅速倒置在预先准备好的一只装有冷水的玻璃器皿中,刹那间易拉罐"喀嚓"一声被压瘪,显示了大气压的威力。

分析

上述实验中水沸腾,罐内气体的压强增大,体积膨胀,大部分空气被挤出易拉罐,倒置于冷水中,罐内气体遇冷收缩,压强迅速降低,罐外受到大气压和水产生的压强作用,罐内外气压差大于罐体材料所能承受,因而将罐压瘪——该演示实验的解释,涉及上述众多的知识点且有些知识学生尚未全面习得(人教版以及其他多数教材中,"压强"都是在"气体"之前学习的,且初中阶段并不学习气体压强随温度发生变化),此外易拉罐是在水中被压瘪的,为何其中大气压起主要作用,解释起来也需费一番口舌。这样一种引入,尽管对学生的视听感官都有刺激,效果十分强烈,能吸引学生的注意力,但由于该问题情境不易清晰地被消除,所以并不是一种合适的引入方式。

(三) 激发认知需要的一般方法

前面讨论指出在课堂教学的最初阶段,教师通过合理方式激发学生的学习动机,其合理的行为应是:第一,创设问题情境,合理地引出问题供学生思考,让学生感受到认知上的冲突,引发学生的认知需要。第二,明确告知学生,问题情境在学习活动后将得以消除,帮助学生建立相应的学习期待。第三,学习活动后,给予问题清晰的解答,帮助学生消除问题情境。

由于后面几个步骤基本相同,变化主要在创设问题情境的方法上,对于不同的学科,创设问题情境的方法既取决于学生的认知特点,显然又有具体学科的一些特点有关。在物理教学中,创设问题情境的方式主要有如下几种:

(1) 借助生活实例创设问题情境,并从中引出问题。从与学生密切相关的日常生活中引出学生无法回答的问题来引发学生的学习需求,是一种常用且有效的引入方式。此类问题可以从《生活中的物理》等一类专题中寻找。

【案例 12 - 6】

在教"惯性"时,教师采用如下引入方法:

① 师:在匀速直线运动的汽车上,一个人如果竖直向上跳起,还会落回原地吗?

生:(思考片刻)可以落回原处。

学生思考,依据自己的乘车经验,大多数同学可以做出正确回答。

② 师:为什么可以落到原地?如何解释这个现象呢?再譬如说,平常如果钢笔不出墨水时,为什么往下甩一下墨水就出来了?衣服上有了灰尘,为什么仅凭拍打、抖动就能将灰尘除去?为什么从行驶的车上跳下来容易摔倒?人走路时,如果不小心踩到一块西瓜皮,人为什么往往是向后仰而摔倒?

学生思考。

③ 师：上述几个问题都是生活中常见的实际例子，它们都可以用同一个物理规律加以解释。学习本节课后，我们就可以解释这些现象，并且我们还能够解释另外一些生活中的现象。

分析

上述①和②中教师提出问题供学生思考，学生无法解释，从而激发学生的认知需要；③中教师告知学生学习后问题得到解决，帮助学生建立学习期待。

（2）实验是物理学研究的重要手段，经过许多年的发展，在教学方面积累了大量的演示实验，这些演示实验可以鲜明、直观地反映特定的物理现象。对学生来说，这些实验基本上都是第一次见到，所以都属于新异刺激，新异刺激可以高效地、暂时性地吸引学生的注意，然后教师再合理地从中引出问题供学生思考，以便引发学生的认知不协调，进而形成认知需要，这也是物理教学中常用且有效的引入方法。此类问题可从物理实验、趣味物理实验等书籍、杂志中寻找。

【案例 12-7】

在讲述"大气压强"时，教师通过如下演示实验引入：

演示过程：拿一根两端开口的玻璃管（不要太粗），将其插入有着色水的杯中，在玻璃管的上端吸气，可以看到着色水被吸上来，然后用手指堵住上端管口，将管提出杯外，尽管下端是开口的，可是水并不流出。如果此时将堵住上端管口的手指放开，水就从管中流了出来。

该演示实验中，有学生当前无法解释的问题，因而对学生而言就构成了一个问题情境，但并不是每一位学生都可以从中感受到存在这些问题，所以教师应将这些问题明确提出，供学生思考，以期引发学生的认知不协调，建立学生的认知需要。

师：下面让我们来考虑这样几个问题。在前面所做的演示实验中，为什么在玻璃管上端吸气，杯中的水就可以被吸上来？水吸上来后，我们将上端用手指堵住，下端是开口的，但为什么水并不从管中流出？手指放开后，水为什么就会流出呢？学习本节知识后，我们就可以回答上述问题了。

分析

教师首先从实验中引出问题让学生感到认知不协调，从而形成学习需要，同时帮助学生建立学习期待。

（3）通过设计出一种理想化的问题情境让学生思考解决，在解决问题的过程中使他们感受到困难，从而激发他们的认知需要，这也是一种适用面较广且效果较好的引入方法。这些问题可以从《物理趣味问题集》之类的书籍中选取。

只短一点点

图 12-11　怎么过河

【案例 12-8】

在讲授"杠杆"一节时，教师采用下面的方法引入课题：

① 师：在讲新课之前，请同学们先思考这样一个问题。如图 12-11 所示，一个大人和一个孩子都要过河，一个要从河的左岸到右岸，另一个则相反。两岸各有一块木板，但每块木板都略短于河的宽度，你能否帮他们想一个办法，使他们都能到达

对岸?

　　学生思考,可能会有一些学生通过与生活中某些现象作类比或其他方法,找到正确的解决办法,但是他们并不能清楚地了解这样做的道理所在,绝大多数学生可能无法回答。教师选取学生中的正确解法;如果没有,教师可呈现正确解法。

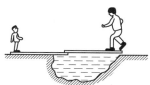

图 12-12　巧用杠杆

　　② 师:如何解决呢? 请看下面的图 12-12,用这样一种办法,他们就可以完成这个任务。那么为什么这样做就可以使两人都过河呢? 其中的道理是什么呢? 等我们学习了"杠杆"这一节后,我们就可以回答上面这个问题。

　　(4) 在中学阶段学习的物理知识中,有许多内容在日常生活中有着广泛的应用,对于这类知识,学生从平常的生活中或多或少取得了一定的经验,其中有许多是正确的,但也有一些是片面的,甚至是错误的。譬如,通常学生会认为落体快慢与物体所受重力的大小有关,物体越重,下落越快;冬天,放在室外的金属块比同样条件下的木块温度要低;电流经过灯泡后,电能消耗,电流强度变小;机械波在传播过程中媒质也随之迁移等等。另外对一些不熟悉的问题,学生往往会根据直觉做出回答,这样的回答在很多时候同样是不全面的。那么在讲授这类物理知识时,教师可以通过演示或陈述的方法来逐步展现事实,以揭示学生认知上的错误,使学生感受到认知上的不协调,即存在无法解释的问题,从而形成学习需要,这同样是一种有效引入的方法。

　　【案例 12-9】

　　在教"物体的浮沉条件"这一节时,教师可采用如下方式引入:

　　演示:将一木块和铁块同时投入盛水的水槽中,让学生观察。

　　① 师:为什么铁块会下沉,而木块会上浮呢?

　　生:由于铁块重,木块轻。

　　演示:将一块木块和一枚大头针同时投入盛水的水槽中,让学生观察。

　　② 师:通过这个实验,同学们先前给出的论断是否正确呢? 如何解释铁块会下沉,而木块会上浮呢?

　　生:因为铁的密度大。

　　演示:将一只铁盒和一铁块(铁盒重于铁块)同时投入水中,结果铁块仍旧沉入水中,而铁盒浮在水面上。

　　③ 师:同样是用铁制成的,密度一样,但铁盒浮在水面上,铁块沉入水底,说明我们上面的结论不正确,那么物体"浮"与"沉"究竟取决于哪些因素呢? 学习本节后,我们就可以知道了。

　　分析

　　在上面的引入中,针对学生存在的片面认识,教师通过演示的方法,一步一步地揭示出学生认知上的不协调,从而引发学生的认知需要。

综上所述，在进行教学引入环节的设计时，教师应：

（1）明确本节课学习的物理概念和规律。

（2）分析确定所学物理知识可以解决的问题，可以"生活物理"、"物理实验"、"趣味物理问题"等三个方面确定问题来源，并依据问题解决是否涉及学生未习得的知识，挑选适当的问题情境。

（3）思考确定问题情境的呈现方式；对于非实验情境的呈现，一般有三种方式：一是言语陈述。对于学生有经验，能复现问题的情境，可采用言语描述，如案例 12-5 和案例 12-6 等。二是静态媒体。对于学生不熟悉的问题情境，对涉及的各要素之间的关系不具经验，并且物理情境主要涉及物理状态，可考虑采用静态媒体，如适当板书、板画、图片资料等，如案例 12-7。三是录像资料及多媒体技术。对于学生不熟悉的问题情境，且情境主要涉及物理现象的过程，可用录像资料呈现或运用 flash 等多媒体技术模拟呈现。利用录像和多媒体的可控技术，调节呈现的速度、方位等，以利于学生识别。

（4）最后，在课堂教学中遵循激发动机的主要步骤和顺序。

一般情况下，对于同一个教学内容，在创设问题情境时，教师可以采用不同的问题来源和不同的呈现方式自由搭配，然后从中选出适用于本节课的几种搭配方法。这样，当教师在面对不同班级上同一教学内容时，就可以尝试使用不同的引入方式，增加教学手段的多样性。

良好的引入应激发学生的学习动机，通过创设问题情境，并从中引出问题让学生思考，可以有效地达到这个目的。以上我们介绍了几种物理教学中常用的通过创设问题情境来引入新课的方法。但上面的介绍是分立的，在实际教学中，将上述几种方法适当地结合起来使用，可能会取得更好的效果。

二、课堂教学小结环节的设计

教师在教学的结尾一般会花费一些时间对学习内容做一个回顾。新授课中，主要将教学的要点，即获得的主要结论、获得结论的过程和依据以及其中的难点突破等进行梳理，或以适当的方式将新知识与已学知识间建立联系；在习题课中，主要将解决问题的方法或思路进行梳理。小结通常都以板书、投影等显性化的方式有序呈现。

一般来说，小结具有以下几项功能：一是突出重点，强化注意。通过小结使学生进一步明确教学的重点、难点和关键，掌握物理概念、定理、公式和法则运用时要注意的条件和范围。二是系统整理，形成结构。通过小结将所学的物理概念、定理、公式和法则等进行系统的整理、归纳，沟通各种知识之间的相互联系，使之条理化、结构化和系统化，便于巩固和记忆。三是深化知识，提高素养。在小结物理知识和解题方法的基础上，使学生对物理思想方法的认识升华，进一步提高物理素养。

那么如何进行小结呢？什么样的小结是合理的呢？显然，与学习者内部存储方式相匹配的小结是合理的。由第二章第四节的阐述可知，对于陈述性知识，其存储方式主要有命题网络、图式。习得特定知识间命题网络的外显行为是学生能够陈述相联系的知识点及其关系,物理学科中知识点间的关系一般有相同、相异、层级、逻辑关系等,而列表、层级图、逻辑关系图能较好地匹配。

图式是对一范畴的某些典型特征的信息所做的概括编码。对某一范畴对象的一种整体表征方式,物理学科中主要有物理概念图式、物理规律图式等。所以对物理概念、规律的小结,应以匹配图式的方式为宜。

(一) 新授课小结的形式

1. 基于图式的物理概念小结

【案例12－10】电阻小结

定义:导体两端的电压U与流过导体电流强度I的比值

表达式:$R = U/I$

单位:欧(Ω),$1V/A = 1\,\Omega$

量性:标量

物理意义:反映导体对电流的阻碍程度

适用范围:固体,液体导体

上位概念:电抗

易混淆的概念:电阻器,电阻率

【案例12－11】电容器小结

定义:两个彼此绝缘又相互靠近的导体构成电容器

功能:存载电荷,通交流隔直流,通高频阻低频

构成:正极板、负极板、中隔绝缘介质

描述其属性的基本量:①电量Q;②电压U;③电容C;$C = Q/U$

表象与变式:①可变电容,固定电容;②电解电容与无极性电容;③陶瓷、聚苯乙烯低质电容器(介质)

符号:

2. 基于图式的物理规律小结

【案例12－12】帕斯卡定律

内容:加在密闭液体上的压强,能够大小不变地由液体向各个方向传递。

物理对象或过程:密闭液体;对密闭液体施加压强。

存在规律:压强被密闭液体传递;传递方向为液体内各个方向;传递压强的大小与施加压强等大。

适用范围:密闭液体或气体。

应用实例:液压千斤顶、液压机、气压式转椅、气压垫。

3. 基于命题网络的物理知识小结

在新授课中一般涉及少数联系紧密的概念之间的表征。内在关联的多个物理概念、定律的完整表征一般在复习课中进行。

【案例 12－13】 电阻、电压、电流概念的比较

表 12－21　电阻、电压、电流概念的比较

	电阻	电压	电流强度
符号	R	U	I
意义	表示导体对电流阻碍作用大小的物理量	表示迫使电荷做定向移动作用大小的物理量	表示电流强弱的物理量
定义	导体两端的电压跟通过导体的电流强度之比	电路中两端的电势差	通过导体横截面积的电量跟通电时间之比
定义式	$R=\frac{U}{I}$	$U=\frac{W}{q}$	$I=\frac{Q}{t}$
单位	欧姆	伏特	安培
单位符号	Ω	V	A
单位的意义	1 欧姆＝1 伏特/安培	1 伏特＝1 焦耳/库仑	1 安培＝1 库仑/秒
测量仪器	电流表、电压表	电压表	电流表

【案例 12－14】 教师对各种变速运动及其关系进行小结

变速运动
- a=常数（匀变速）
  - a与v_0同向：匀加速(包括自由落体)
  - a与v_0反向：匀减速(包括竖直上抛)
  - a与v_0非同向和非反向：平抛和斜抛
- a≠常数（非匀变速）
  - a的量值不变，方向变——匀速圆周运动
  - a的量值和方向都变——振动

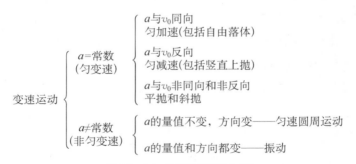

图 12－13　“变速运动”小结

（二）解题方法小结的形式

习题课小结时，教师一般会将解题方法做回顾梳理。对于解决特定类型习题的强方法，应突出解决问题的关键物理量及求解的顺序。

【案例 12－15】 机车以恒定功率启动问题解题方法

速度v↑

$$\downarrow F=\frac{P}{v}\Rightarrow\downarrow a=\frac{F-F_{阻}}{m}\Rightarrow \text{速度最大}v_m=\frac{P}{F_{阻}}\ (F=F_{阻},\ a=0)\Rightarrow \text{保持}v_m\text{匀速}$$

图 12－14　机车以恒定功率启动过程示意图

【案例 12－16】 运动学与动力学结合习题解题方法

呈现方式一：文字呈现

"该类问题有两种基本范式：

（1）其一是给出速度、位移等运动学条件，求解物体动力学量如受力情况；其二是给出物体受力方面的条件，求解物体位移或速度等运动学量。

（2）解决此类习题的方法：可以由已知条件出发，通过物理量加速度将运动学规律与动力学规律即牛顿定律等联系起来求解。"

呈现方式二：示意图呈现

图 12－15 运动学与动力学结合类习题解题方法示意图

上述两种呈现方式中，方式二能更加清楚地显现：有两种类型及基本特征；解决该问题的核心是以加速度为桥梁。比起方式一的文字呈现，方式二更能突出要素及其相互间的关系，因而更加合适。

（三）其他功能的小结例析

结尾还可有其他目的，如以下几例。[①]

1. "留有悬念"，讲究思维的发散性

【案例 12－17】

一位教师在讲授"欧姆表原理"一节课的结尾时，出示一块小黑板，如表 12－22 所示。

表 12－22　几种测量电阻方法的比较

	伏安法	欧姆表法	电桥法
优点	原理明确	测量简便，可以直接测量	
缺点	精度不高，不能直接读数	精度稍差	

表 12－22 中对电阻测量的主要两种方法欧姆表法和伏安法做了优缺点比较，同时为下节课将要学习的"电桥法"设置了伏笔，也给学生留下了悬念，促使学生在预习时寻找这两个问题的答案。

2. 知识的应用拓展

【案例 12－18】

在讲授"动量定理"这节课的结尾时，一位教师做了一个小实验：用一根细线悬挂一重物（用一块普通的石头），如图 12－16 所示，然后问学生：当教师拉下面的细线时，是上面的线

---

① 唐一鸣. 物理教学艺术［M］. 南宁：广西教育出版社，2002：190.

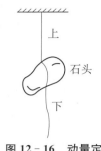

图 12 - 16 动量定理应用实例

先断,还是下面的线先断?

学生热烈讨论。

教师说:"我完全可以控制,要上面的线先断也行,要下面的线先断也行。"然后当堂做两次实验,均与预测结果相一致。教师提出问题让学生思考:"请同学们结合今天所学的知识加以解释,下节课再做出回答。"

对于课堂教学结尾环节的处理,在当前的教学环境中主要存在着两种情况。其一,对结尾环节的重视程度不够。很多教师认为整堂课该讲的内容已经在新课教学过程中逐一涉及了,没有必要再花时间去重复知识点。有的教师往往就习惯性地用课堂习题、课后练习加以代替,将着眼点更多地放在学生会不会解题上,简单地将知识点的掌握和做题的准确率等同化。其二,对结尾环节的设计带有盲目性。很多教师主观上其实是重视结尾环节设计的,但可能会对每节课的结尾采用不同的方法,这样的"手段多样性"实际上也是一种盲目性的表现,即没有真正把握课堂教学结尾环节设计的目的性和重要性。

思考与练习

(1) 试举例解释物理概念和规律意义学习的教学任务分析。

(2) 参考本章第二节教学设计样例,设计一节物理概念和规律课的教学。

(3) 试举例说明课堂小结具有的功能。

(4) 如下是一位教师的课堂引入,请根据引入的基本要求分析其中不合理的方面。

课堂教学开始。

师:首先我们一起来看一个动画片。

(教师活动:播放视频)

师:有一天孙悟空拿着金箍棒来到了一个地方,他看到一个洞,发现这个洞是金属丝做的,他就想,"俺老孙倒要看看这究竟是个什么洞!"于是就冲了进去。可是孙悟空费了好大的劲才穿过这个洞,他觉得很奇怪:"怎么要费这么大的力气才能穿过呢?"

师:好,这个问题就交给我们同学。谁能分析一下孙悟空穿过"盘丝洞"时,受到了谁给他的阻力?

生:孙悟空拿着金箍棒穿过盘丝洞的时候,可能是使金属线圈产生了电流,电流又产生了磁场,从而给了他阻力。

师:好,那么金属线圈产生了什么电流呢?

生:感应电流。

师:那么感应电流是怎么产生的呢?

生:那个金箍棒可能是一个磁体。

师:原来孙悟空拿的金箍棒不是普通的钢棒,而是一个磁体。在前两节课的基础上,这节课我们来探究一下感应电流的方向问题。

第十三章 物理学业水平的测量

　　教学目标是预期学生学习后在知识、解决问题能力、态度和价值观等方面的发展变化，即加涅所称的"性能"变化——学习结果。课堂教学中，学生一般会获得明确的学习结果，也就是说，学生应该出现明确的行为上的变化。目标参照评价的基础是目标分类体系，学生学习后外显行为的变化，为教学目标实现与否提供了可靠的测量依据。本章首先介绍教育目标分类各层次的表征以及认知过程的实质，然后阐述各层次测试项目的设置。

第一节　教育目标分类各层次的实质

　　布卢姆教育目标分类是公认的学习结果测评的理论，1956 年发布以来，得到了广泛的应用。2001 年以 L. W. 安德森为首的专家小组对布卢姆认知领域教育目标分类进行了修订，修订版依据知识维度和认知过程维度对教育目标进行分类，作为教学内容的知识被分为事实性知识、概念性知识、程序性知识、元认知性知识；认知过程则被分为记忆、理解、运用、分析、评价、创造。

一、理解、运用层次的实质

　　物理概念和规律是物理课程中最主要的学习内容，以下重点阐述物理概念和规律学习后，"理解"、"运用"层次的实质。

（一）理解、运用层次的简述

　　布卢姆教育目标分类中，物理概念和规律属于概念性知识，其学习有两个基本层次，即"理解"、"运用"，其界定如下。

　　1. 理解

　　"学生的理解出现在他们要将'新'知识与原有知识建立联系时。"理解这个类目的外显表现为：解释、举例、分类、概要、推论、比较和说明。

　　关于解释——"学生能够将信息从一种表征形式转化为另一种表征形式时，解释就产生了。解释可能涉及从词语到词语（如释义）、图像到词语、词语到图画等多种转换。"

　　关于举例——"出现在学生提供一般概念或原理的例子时。举例包括识别一般概念和原理定义的特征以及应用这些特征选择例子。"

　　关于说明——"当学生能建构和运用一个系统的因果模型时，说明就出现了。完整地解释涉及建构因果模型，包括一个系统中的每一个主要部分或该连锁中的每一事件。"

2. 运用

"运用涉及使用程序完成练习或解决问题。"运用有两种行为表现,即执行、实施。

关于执行——"当学生遇到某一熟悉的任务(即练习)时,他会习惯性地执行一套程序。情境的熟悉性常常为选择适当的运用程序提供足够的线索。"如案例13-1所示。

【案例13-1】

给学生提供公式:密度＝质量/体积,要求学生回答:一材料质量为18磅,体积为9立方英寸,则它的密度为多少?

关于实施——"实施出现在学生选择和运用一个程序去完成不熟悉的任务时候,因为需要进行选择,所以学生必须理解他们所遇到的问题的类型和可以利用的程序的范围。因此实施经常与理解、分析等其他认知过程类目一起运用。"

评析

修订版从学习后外显表现出的行为,推断出学习者达到的认知层次。理解层次的行为表现主要是"能说",如解释、举例、比较、区分等行为都可以口语表述的方式实现;运用层次的行为表现主要是"能做",表现为能执行一定的规则完成相应的任务。

理解层次有七种行为表现,既然是同一层次,其间有什么联系?不同之处又在何处?

运用中的执行、实施这两种"做"的行为,都是运用同一程序。当学习者面对一个新情境和一个熟悉情境时,"做"的行为有何本质不同?为什么说实施通常与理解、分析等认知类目一起运用?此外,理解层次与运用层次之间又有什么关系?

布卢姆教育目标分类(修订)对此亦未作出清晰的界定。

(二) 命题网络表征与相应的外显行为

1. 物理概念和规律的命题网络表征

信息加工心理学提出,对于个体而言的一个意义单元是以命题形式存储的。如果两个或两个以上的命题有共同成分或关系项,这些命题就可通过这些共同成分联系起来形成网状结构,即命题网络。

对于物理概念和规律的学习,经过"有意义学习"后,学习者内部出现命题网络的表征形式,其内部表征形式如下例所示。

● 学习内容

阿基米德原理:浸在液体中的物体受到向上的浮力,大小等于其排开液体所受到的重力。

● 学习后的内部表征

经过有意义学习后,个体内部形成如下命题网络(图13-1)。

2. 命题网络表征下的外显行为

(1)解释。

问题1:请回答什么是阿基米德原理。

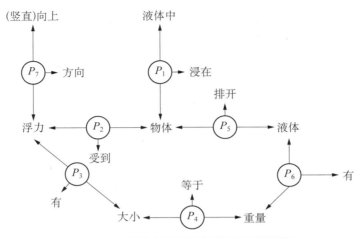

图 13 - 1　阿基米德原理命题网络表征样例

面对这一问题,如果个体内部形成如图 13 - 1 所示命题网络存储,显然个体就能做如下陈述:有一个物体;物体有部分浸在液体中;物体会受到液体对其产生的浮力;浮力的方向是向上的;(这个)物体也会排开一部分液体;被排开的液体有重量;(物体受)浮力大小与(被物体排开)液体重量,两者是相等的。

也就是说,个体可以表现出"以一个意义单元与另一个意义单元相关联的方式有序陈述学习内容",即能用自己的语言呈现所学的内容,而不是逐字逐句地陈述所学内容("背出来",也就是奥苏贝尔有意义学习理论中的"机械学习"后个体表现出的行为)。

此外显行为是学习者将学习内容用另一种词语形式表示出来,在修订版中,此为"理解"层次解释中的释义行为。

当学生能够以一个意义单元与另一个意义单元相关联的方式陈述学习的内容,当然也就可以用其他本质相同的方式呈现各意义单元以及其间的关系,此种行为是将学习内容的文字呈现方式转化为其他呈现方式,也属于"理解"层次中的解释。例如,学习者可用作图的方式描述阿基米德原理,如图 13 - 2 所示。

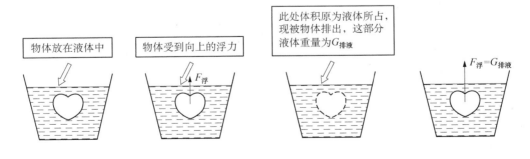

图 13 - 2　阿基米德原理作图表述方式样例

此外,如果个体能表现出以一个意义单元与另一个意义单元相互联系方式陈述的行为,也就应该能够具备对其中几个意义单元进行解释的行为,例如可以回答以下问题。

问题 2：阿基米德原理中，浮力大小等于哪部分液体的重量？（子意义单元的释义）

回答：被物体排开液体的重量。（P_5、P_6 两个意义单元）

问题 3：阿基米德原理中，是哪两个力相等？（子意义单元的释义）

回答：物体受到液体的浮力，与物体排开液体的重量，两者相等。（先陈述 P_2、P_3 两个意义单元，再陈述 P_5、P_6 两个意义单元，再陈述 P_4）

问题 4：浮力的方向是如何向上的？（子意义单元的释义）

回答：是竖直向上的。（P_7 意义单元）

（2）举例。如果个体能表现出解释性行为，也就能根据相应意义单元所蕴含的属性举出符合物理概念和规律的事例，即"理解"层次中的举例。举例的替代用语是"例示、具体化"。

问题 5：一个小酒杯落入大玻璃杯中的黄酒中，小酒杯受到的浮力大小为_____。

回答：等于小酒杯排开黄酒的重量。此行为即根据浮力等于物体排开液体的重量（P_4 意义单元），具体化到"小酒杯排开黄酒"的当前情境下。

（3）推论。如果个体能表现出解释性行为，也就可以根据描述定性或定量关系的意义单元，对物理对象相应的变化趋势作出判断，即"理解"层次中的推论。

问题 6：如果浸入同一物体的液体的密度发生变化，则其排开液体的重量会变化吗？如何变化？

显然，回答上述问题根据意义单元——"浮力等于排开液体的重量"，可推测出"浮力随排开液体重量而改变"，再结合重量的意义单元"重量与物质密度有关"、"重量与体积有关"，由此可进一步得出"物体浸入液体体积、密度变化，浮力会变化"，据此可做出本题中浮力变化趋势的推断。

（4）分类。如果个体能表现出解释性行为，也就可以依据概念和规律所蕴含的意义单元或意义单元的变化趋势将属于和不属于物理规律的事例区分开，即"理解"层次中的分类。

问题 7：以下事例中，可以用阿基米德原理解释的有（　　　　）

A. 2007 年 12 月 21 日，古沉船"南海一号"在广东阳江海域被打捞出水。打捞时，施工人员首先将未充气的 16 个气囊分别均匀安装在水下沉船四周，然后将气囊充足气，将"南海一号"打捞出水。

B. 轮船从河水中行驶到海水中，其排水量会减少。

C. 将苹果、西瓜、樱桃等放入水中，通常西瓜会漂浮在水面，樱桃会沉底。

D. 将挂在弹簧下的铝块浸入水中，弹簧会缩短。

（5）说明。如果个体能表现出解释性行为，也就可以根据描述定性或定量关系的意义单元对给定事例提供理由，即"理解"层次中的说明。"评估学生的说明能力，包括推理任务，要求学生为给定的事件提供理由。"

问题 8：在将一条浸没在水中的大鱼捞出水面的过程中，当鱼被捞出水面后，人用的力要变大，试说明其中的原因。

（6）比较。如果个体能表现出解释性行为，也就可以区分所学概念和规律的意义单元与其他相近概念和规律的意义单元之间的异同,即"理解"层次中的比较。

问题9:用阿基米德原理可以求出物体所受浮力,用浮力等于液体对物体上下表面压力差亦可求出同一物体所受浮力,那么,这两种求解浮力的方法有何关系?

由于新学习的每一意义单元中的各论题可能涉及其他概念,各子概念在有意义学习后同样会构成相应的命题网络,个体也就能表现出解释各子概念的意义的行为。本例中,学习者还应能解释如下单元的意义:①何谓重力? ②何为排开? ③何谓竖直向上? 比如,对于③,学生可回答"(竖直向上)这个方向是与水平面垂直的,指向地球外部"。

由以上分析可知,当学习后的结果是以命题网络形式存储时,个体最直接的外显行为就是:能够以相互关联的方式,一个意义单元、一个意义单元地陈述概念和规律的内容,并同样陈述各意义单元所涉及观念(其他物理概念和规律)的内涵,这种行为即为"理解"层次中的解释。在解释行为的基础上还可以拓展出其他行为,如:

(1) 能依据各意义单元间的关系,列举出符合各意义单元关系的具体对象。(举例行为)

(2) 能以不同的形式正确呈现各意义单元以及各意义单元间的关系。(转换行为)

(3) 能解释各意义单元所涉观念(概念)与其他邻近概念的不同和联系。(比较行为)

(4) 能依据各意义单元间的关系,推测其间变化的趋势。(推断行为)

也就是说,"理解"层次上各行为之间实际上是相通的,无论解释、举例抑或是说明,其操作的对象都是所学物理概念和规律相应的意义单元,解释行为是"理解"层次最基本的行为。

(三) 产生式系统表征与相应的外显行为

对个体有意义的一个信息单元,包含两个论题以及论题间的关系。论题既可以是单称也可以是概念,如果是单称的意义单元,如"北京是中华人民共和国的首都",包含两个意义单元:北京是首都,(此)首都是中华人民共和国的,这种知识通常称为事实性知识,事实性知识并不能转化为指导个体做事的能力。而像物理概念和规律,通常表现为物理对象(概念)间定性或定量的因果关系。所谓因果关系,就是在一定条件下必然会出现的现象。那么在满足条件下,这种关系就可以转化为指导个体做事的规则。

如解决本节案例13-1中的问题,我们会表现出这样的外显行为:写出密度=质量/体积,将数据代入,得出结果,密度=质量/体积=18/9(磅/立方英寸)=2(磅/立方英寸)。

此时,个体表现出的是一种"做"事的行为,而这种行为是依照密度概念所蕴含的规则完成的,加涅将它称为"规则支配性行为"。

认知心理学提出个体表现出"能做"的行为,其对应的内部存储方式是产生式或产生式系统。(参见第二章第四节程序性知识部分)

如果一个产生式的行动将给出另一个产生式的所需满足的条件,那么这些产生式就可以构成一个产生式系统,如:

产生式1:如果已知物体排开液体的体积等信息求浮力(条件),则判断可用阿基米德原理求解(行动);

产生式 2：如果用阿基米德原理求浮力（条件），则写下 $F_浮 = G_{排液} = \rho_液 gV_{排液}$（行动）。

如果个体内部存储如上的产生式系统，当个体从题设情境中识别出相应的条件，个体就会表现出相应的"执行规则"的行动。

显然，要启动产生式，就需要个体能识别出产生式启动所需的条件，个体在面对情境熟悉和不熟悉的问题时，识别条件的过程是不同的。

【案例 13-2】 以下两个例子均可运用阿基米德原理解决问题，其中例 1 属于情境熟悉、例 2 属于情境不熟悉。

例 1　质量为 5 千克的物体，若它的体积为 $2×10^{-3}$ 米³，求它浸没在水中时受到浮力的大小。

例 2　2011 年 3 月 11 日，日本发生了地震和海啸灾难，致使福岛核电站出现核泄漏。为减少放射性污染，电力公司利用"人工浮岛"（一个钢制的空心浮体）储存放射性污水，该浮体是用 $8×10^6$ kg 的钢板制成的一个外形长 140 m，宽 50 m，高 3 m 的空心长方体。问：若存放 $1.3×10^7$ kg 的放射性污水，可以保证"人工浮岛"安全工作不沉入海底吗？（海水密度取 $1.0×10^3$ kg/m³，g＝10 N/kg）

● 解题过程分析

例 1 的解题过程分析：

学习尚可的学生应该都可以很自然地写出 $F_浮 = G_{排液} = \rho_液 gV_{排液}$，然后将排开水的体积和水的密度代入式中，求出浮力大小。

例 2 的解题过程分析：

当学习者第一次面对例 2 中的问题时，其解决过程可能是先读题并梳理出一些已知条件，然后确定待求。

已知：有空心的箱子，重 $8×10^6$ kg，长、宽、高分别为 140 m、50 m、3 m，箱子放在海水中，并放进污水，污水的重量为 $1.3×10^7$ kg。

待求：该箱子装上污水，会不会沉下去。

确定了已知和待求，如何解决该问题呢？

个体可能会根据待求物理量，采用逐步逆推的方式来寻找解决该问题的途径。

待求是浮体不沉入海水中，其条件应该是什么？

浮力等于重力。

重力有几部分，已知吗？

箱的重力和污水的重力，都已知。

浮力如何求？

可用称重法，也可以用阿基米德原理或浮力等于液体对物体上下表面压力差等方法。

此题可用称重法求吗？

不能，题设中没有提供运用称重法的条件。

那么，可以用哪种方法求？

题目已知条件中有箱的体积,且浸入海水中,符合可运用阿基米德原理的条件,可用阿基米德原理求此种情况下的浮力。

评析

学习者要表现出"做"的行为,需要个体能从题设情境中识别出启动产生式所需的条件。

在例1题设情境中,抽象程度高,基本没有无关的干扰信息,与学习情境接近,学习者不难从题设中识别出待求,以及已知的体积等信息,所以个体容易识别出启动相应产生式的条件,从而启动相应的产生式,执行其中的规则来解决问题。

当学习者第一次面对例2时,尽管这一问题的最终解决,主要是用阿基米德原理求出浮力大小,但从例2可能的解决过程的描述来看,此时个体识别启动产生式的条件,也就是从新情境中辨识其中蕴含相关性质,借以判断可用物理规律的过程,这一过程实际上是经历真正解决问题的过程。(对解决者来说存在障碍的才构成真正的问题,而像例1,很多学生读完题就可直接表现出正确求解的行为,这对学习者来说就不是真正的问题。)

案例13-2中例2的解决过程中,学习者通过读题梳理已知条件和待求,本质上就是遵循物理习题解决一般方法的引导完成审题、分析题的任务;待确定已知、待求后,又遵循逆推法,从题设情境中搜索可运用物理规律的相应的条件,当适用的物理规律的信息被个体识别出来后,就可以启动相应的产生式,执行其中的规则来解决问题。

因此,面对情境不熟悉的问题和面对情境熟悉的问题,虽然都是运用同一套程序或者说规则,但个体的认知过程本质上存在不同。情境熟悉时,其产生式启动的所需条件个体可以比较容易地识别出,一旦识别出,即可以启动相应的产生式,执行其规则,表现出布卢姆教育目标分类修订版"运用"层次中的执行行为。

而面对情境不熟悉的问题时,个体不能直接识别出启动产生式的所需条件,识别的过程又是一个解决问题的过程,需要运用解决物理问题的一般方法(即先审题、分析题),还需要运用向前推理法、逆推法等引导来搜寻启动产生式条件的过程。此即修订版"运用"层次的实施行为。

个体能够表现出"运用"层次中的实施行为所需要的条件为:

(1)从案例13-2中例2的解决过程中不难看出,学习者从相对新的情境中搜索出符合运用特定物理概念和规律的条件,实际上就是找到可用特定物理概念和规律的一个例证,即具体化或举例的行为。也就是说学习者要表现出实施的行为,首先要达到对特定物理概念和规律的物理性质的"理解"层次。

(2)学习者需要运用审题、分析题的方法以及逆推、向前推理方法搜寻和确定启动产生式的条件,表现出对问题情境的"分析"行为。

这也就是修订版对实施的界定中,所称"通常的实施都伴随着分析、理解等层次的认知类目"的缘由。

（四）图式表征与相应的外显行为

认知心理学提出，当人们对自己所了解的各个范畴的知识进行表征时，就会形成对某一范畴中对象具有共同属性构成结构的整体编码表征方式，即图式。

在物理课程对概念和规律的学习中，同样存在图式，如物理规律图式，其结构往往包含物理意义、物理性质、性质形成过程、数学表达式、适用条件、典型实例等方面。具体学习物理规律后，学习者可将相关信息逐一"填入"图式的"槽道"中，形成一种整体性的表征，如表13-1所示。

表 13-1　阿基米德原理规律图式

物理意义		描述浸在液体中的物体受到浮力大小的规律。
内容		浸在液体中的物体受到向上的浮力，浮力大小等于物体排开液体的重量。
物理性质	物理对象及过程	浸在液体中的物体；液体对物体有向上的浮力；物体排开部分液体。
	存在规律	浮力大小等于物体排开液体的重量。
	规律形成的依据	实验中，根据称重法，求出物体受到的浮力；收集物体排出的液体，测量其重量，发现物体受到的浮力等于其排开液体的重量。
数学表达式		$F_浮 = G_{排液} = \rho_液 g V_{排液}$
定律适用条件		静止流体，由液体压力产生。
与其他物理规律间的关系		浮力等于上下表面液体产生压力的差； 与浮沉条件的关系

依据图式可知，就物理概念和规律学习来说，学习后通常有如下结果：

（1）理解物理概念和规律的意义。学习者能解释物理概念和规律引入的原因。

（2）理解物理概念和规律的物理性质（知其然）。学习者能解释物理性质本身所含的各意义单元，内部表征形式为命题网络。

（3）理解物理概念和规律性质建立的过程（知其所以然）。学习者能解释性质（定性、定量关系）形成的依据，即能够解释定量或定性关系形成的依据。

（4）理解物理概念和规律的数学表达式（即物理性质蕴含的规则）。学习者可以正确陈述数学表达式中的符号所代表的物理对象，以及各符号间的关系。

应区分两种不同的学习结果：

第一，理解物理概念和规律的物理性质与理解物理概念和规律所蕴含的规则（指导个体做事）是两种不同的学习结果。

比如狭义相对论提出，物体的质量随速率的增大而增大，其关系满足：以速度 v 运动的物体的质量，等于其静质量的 $(1/\sqrt{1-v^2/c^2})$ 倍。数学表达式为：$m(v) = \dfrac{m_0}{\sqrt{1-v^2/c^2}}$。

若学习者能正确描述上述数学表达式中每个符号代表的对象，如：m_0 是物体相对静止参考系的质量；m_v是物体在相对静止参考系以速度 v 运动参考系的质量；两者满足（$1/\sqrt{1-v^2/c^2}$）倍关系，则表明个体达到"理解数学表达式"的层次。

那么，学习者的上述行为是不是表明其理解狭义相对论中"质量-速度关系的物理性质"？那还要看学习者是否真正能够解释其每一个意义单元（含各意义单元中所涉及的概念）的内涵，以及能否正确解释关系形成的依据。

比如，能否解释"其中的质量是惯性质量还是引力质量？这质量是实际可测的吗？物体的速度是相对哪一个参考系的？"、"这一关系建立的过程是什么？所需要的必要技能有哪些？洛仑兹变换和伽利略变换的异同是什么？什么事实可以说明在高速运动中，物理量间的变化满足洛伦兹变换？"等。若学习者无法回答这一性质的各意义单元，以及子意义单元，或不能解释论证过程中所需的知识与技能，也就是对物理性质处于"知其然，不知其所以然"的状态，那就不能表明个体理解其物理性质，只能说明个体理解物理性质所蕴含的规则。

第二，"运用"层次中的执行和实施，尽管最终都是运用其中的规则做事，但本质上存在不同。

个体表现出执行规则的行为，并不意味着个体理解支配规则的性质以及性质由来的合理性。

比如，有一位没有学过物理的小学生，他知道物体的体积（如苹果的大小）、物体的质量（如苹果的质量），会运用除法规则，若告诉他物质的密度等于物质的质量除以其体积，请他求出苹果的密度，那他也应该能"执行"密度的规则求出苹果的密度，但他并不理解密度的物理性质，即不能回答"为何要引入密度？""密度这种关系是如何建立的？"等问题。

同样，面对以下习题：一个运动员以 $0.9945c$ 的速度飞跑时，他的质量将增大为平时 m_0 的多少倍？一位初步学习过狭义相对论的高中生应该可以执行"质-速关系数学表达式"完成这个问题的解答，即表现出这种"规则支配性行为"，$m(v)=\dfrac{m_0}{\sqrt{1-(0.9945)^2}}\approx 9.55m_0$。

这位学生的上述计算行为，当然不能表明他就理解"质-速"关系的物理性质。

理解物理概念和规律的物理性质与理解物理概念和规律中蕴含的规则，都能达到执行其中规则的行为，即"运用"层次的执行这种行为表现。但如前所述，要达到"运用"层次中的实施，个体必须能够从对其相对新颖的题设情境中，识别出可用物理概念和规律的条件，本质上就是找到一个概念和规律的事例，相当于"理解"层次中的举例。所以，实施行为的前提条件是学习者理解物理概念和规律的物理性质。

二、分析、创造层次的实质

前面讨论了"理解"、"运用"层次对应的心理表征以及外显行为。那么，"分析"、"评价"、"创造"层次对应的心理实质又是什么呢？如第二章第二节所述，"分析"、"创造"是一次问题解决过程中的两个侧面,用物理解题的语言来说,"分析"就是"审题、分析题"的过程,"创造"就是运用策略选择出解决问题必要的技能并组合而成的列方程的过程。

解决问题是个体运用一定的策略选择、组合解决问题所需的必要技能的过程。物理习题属于结构良好的问题,根据解决问题过程中所用策略的不同,可以对个体解决物理习题的水平做一个初步划分。

(一)"理解"水平的问题解决

个体能比较容易地识别出物理习题提供情境中的问题特征,运用强方法选择出解决问题的所需技能,并有序排列解决问题,此解决习题的过程,因为没有新的学习过程、产生新的学习结果,所以并不是严格意义上的问题解决。比如第四章提及的专家解题的情况就属于此类。

(二)"分析"水平的问题解决

个体运用"审题、分析题"等弱方法识别出物理习题提供情境中的相关特征,并运用强方法选择解决问题的必要技能,从而解决问题。此种解决问题的过程中,个体新增运用弱方法的经历,但没有形成规则间的新联系,故此类问题解决,主要还是偏重于"分析"层次。

从本节前文关于"运用"层次中实施的讨论可知,实施本质上也是解决问题的过程,需要运用弱方法从相对不熟悉的问题情境中识别出特定规则执行的条件,所以本质上也是"分析"水平的问题解决,只不过其问题解决主要运用单一规则,而此处所提的问题解决多为几个规则的联合运用。

【案例 13 - 3】

学习了绳牵连物体的运动速度模型的解决(例 1、例 2),要求学生完成习题 1、习题 2。

例 1　如图 13 - 3 所示,用绳牵引小船靠岸,若收绳的速度为 v_1,在绳子与水平方向夹角为 α 的时刻,船的速度 v 有多大?

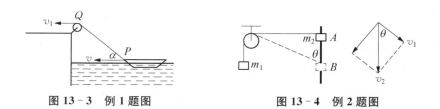

图 13 - 3　例 1 题图　　　　　　图 13 - 4　例 2 题图

例 2　如图 13 - 4,两物体的质量分别为 m_1、m_2 且 $m_1 < m_2$,它们通过一不可伸长的轻绳连接,m_2 拴在竖直杆上由位置 A 静止释放,到达 B 位置时 m_2 的速度为 v_2,绳与竖直方向夹角为 θ,则此时 m_1 的速度值 v_1 为(　　　)

A. v_2;　　　　B. $v_2/\cos\theta$;　　　　C. $v_2\cos\theta$;　　　　D. $v_2\sin\theta$

习题 1　如图 13 - 5 所示,一汽车沿水平方向运动,当运动至 B 点时,绳与水平方向的夹角为 θ,若此时汽车的速度为 v,则物体 m 上升的速度为_____。

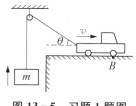

图 13 - 5　习题 1 题图

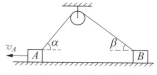

图 13 - 6　习题 2 题图

习题 2　一根细绳通过定滑轮在两端分别系着物体 A 和 B，如图 13 - 6 所示。物体 A 在外力作用下向左以速度 v_A 匀速运动。当连接 A 的绳子与水平方向成 α 角，连接 B 的绳子与水平面方向成 β 角时，求此时物体 B 的速度大小。

评析

此类习题的图式如表 13 - 2 所示。

表 13 - 2　绳牵连类习题的问题图式

题型特征	所需知识与技能	解题策略
呈现情境：绳牵连物体，绳子在被沿径向拉动的同时，还在绕某点转动 待求量："绳端"速度	理解合运动与分运动；理解平行四边形法则	有转动的"绳端"物体的实际运动就是合运动，对绳端物体速度沿绳方向和垂直绳方向进行分解求解

若学习者通过案例 13 - 3 中例 1、例 2 的学习已习得上述图式，当他面对测试试题时，由于与所学习情境有差异，他需要通过分析其物理对象、物理过程、物理状态等特征，识别出其属于绳牵连运动类习题，然后才运用强方法解决问题。由于解决测试题本身并未出现新的知识和技能联系，但运用了"审题、分析题"等弱方法，故此问题解决侧重属于"分析"层次。

（三）"创造"水平的问题解决

个体运用"审题、分析题"等弱方法识别出问题情境中的相关特征，并运用"逆推法"、"向前推理"等弱方法，或者运用学科领域的弱方法如"极限法"、"守恒法"、"微元法"等选择出解决问题的所需技能，这种情况下，个体除了有运用弱方法的体验之外，还会将以前未联系起来运用的规则联系起来，出现新的规则联系，因此此类问题解决，尽管也需要"分析"题设情境中的物理对象、过程、状态等方面要素，需要达到"分析"层次，但因为最后的结果需要已有知识之间新的联系或排列方式，因此解决问题可为高于"分析"层次、偏重于"创造"层次。

比如解决第八章第二节中新题教学分析中的习题，该题情境高度抽象，当学习者第一次遇到时，需要运用"审题、分析题"等弱方法分析出隐含的信息，用"逆推法"等搜索解决问题有用的信息，最终解决问题还需要将以前未联系在一起的规则联系起来，故属于问题解决中的"创造"层次。

【案例 13-4】

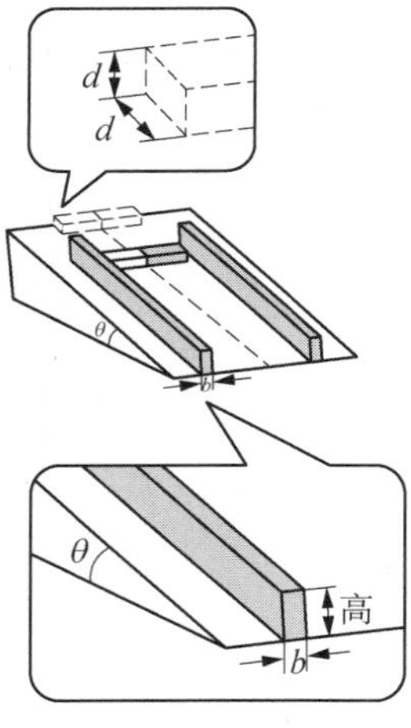

图 13-7 电磁阻尼作用实验

电磁缓速器是应用于车辆上以提高运行安全性的辅助制动装置,其工作原理是利用电磁阻尼作用减缓车辆的速度。电磁阻尼作用可以借助如下模型讨论:如图 13-7 所示,将形状相同的两根平行且足够长的铝条固定在光滑斜面上,斜面与水平方向夹角为 θ。一质量为 m 的条形磁铁滑入两铝条间,恰好匀速穿过,穿过时磁铁两端面与两铝条的间距始终保持恒定,其引起电磁感应的效果与磁铁不动、铝条相对磁铁运动相同。磁铁端面是边长为 d 的正方形,由于磁铁距离铝条很近,磁铁端面正对两铝条区域的磁场均可视为匀强磁场,磁感应强度为 B,铝条的高度大于 d,电阻率为 ρ。为研究问题方便,铝条中只考虑与磁铁正对部分的电阻和磁场,其他部分电阻和磁场可忽略不计,假设磁铁进入铝条间以后,减少的机械能完全转化为铝条的内能,重力加速度为 g。

(1) 求铝条中与磁铁正对部分的电流;

(2) 若两铝条的宽度均为 b,推导磁铁匀速穿过铝条间时速度 v 的表达式;

(3) 在其他条件不变的情况下,仅将两铝条更换为宽度 $b'>b$ 的铝条,磁铁仍以速度 v 进入铝条间,试简要分析说明磁铁在铝条间运动时的加速度和速度将如何变化。

答案:(1) $\dfrac{mg\sin\theta}{2Bd}$

磁铁在铝条间运动时,两根铝条受到的安培力大小为 $F_安 = BId$ ①

磁铁受到沿斜面向上的作用力,其大小有 $F = 2F_安$ ②

磁铁匀速运动时受力平衡,则有 $F = mg\sin\theta$ ③

联立①②③式可得 $I = \dfrac{mg\sin\theta}{2Bd}$ ④

(2)、(3) 解答略。

评析:

本题情景较新,当学习者第一次面对这一习题时,学习者不能直接看出可用何种方法、选择何种知识技能加以解决,必须要经历"审题、分析题"等弱方法分析问题情境。由第一问的解答可知,解决此习题,需要学生理解此种条件下,每根铝条所受到的安培力 BId。学习者已习得一根不计形状的通电电流 I 为导体棒,若有效切割磁力线的长度 l,则导体棒所受安培力为 BIl。而本题情景中导体是有一定厚度的铝条,在磁场中的区域为 $d\times d$ 的面,那么此条件下,其所受安培力为 BId,此处的 I 对应那段导体的电流?方向为何?

理解这些问题需要学习者从已学习的单轨导线在磁场中导轨切割磁力线运动,运用微元法,形成解决本问题新的技能:"有一定厚度的金属板在磁场中切割磁力线时,产生的等效电源的感应电动势与内阻的规律",如下分析:

（1）实际上金属板都是有一定厚度的，假设为 a，将对准磁场的区域是 $d \times d$ 金属板划分为 N 根导体棒，则每根导体棒切割磁力线，相当于一个电源，电动势为 Bdv，在图 13-8 中，电流至下而上，所以电阻为沿电流方向的长度 d，横截面积为 $a \times \dfrac{d}{N}$，则电阻为 $R_n = \rho \dfrac{d}{a \times \dfrac{d}{N}} = \rho \dfrac{N}{a}$。

对准磁场区域视作 N 根导体棒并联

图 13-8 案例 13-4 题分析图

（2）N 根导体棒并联，在磁场中切割磁力线，视为 N 个电源并联，电动势仍为 Bdv，总的内阻为 $R = \dfrac{R_n}{N} = \dfrac{\rho}{a}$。

（3）由于磁场区域外的电阻不计，也就是说上述 N 个棒切割磁力线形成电源是通过导线直接相连的，总电流 $I_总 = \dfrac{\varepsilon}{R} = \dfrac{Bdv}{\dfrac{\rho}{a}} = \dfrac{Bdv \cdot a}{\rho}$。

（4）每根导体棒所受安培力：

$$F_n = BI_n d = B\frac{\varepsilon}{R_n}d = B\frac{Bdv}{\dfrac{\rho N}{a}}d = \frac{1}{N}(B \cdot \frac{Bdv \cdot a}{\rho} \cdot d) = \frac{1}{N}(B \cdot I_总 \cdot d)$$

所有 N 根导体棒所受安培力 $F = N \cdot F_n = B \cdot I_总 \cdot d$［等于磁感应强度乘以导体 $(d \times d \times a)$ 总电流、以及切割磁力线的长度］

（5）如果导体厚度为 $b = Ma$（$M = 1, \cdots\cdots, M$），则该导体块所受的总安培力为

$$F_总 = M \cdot F = M \cdot (B \cdot \frac{Bdv \cdot a}{\rho} \cdot d) = B \cdot \frac{Bdv \cdot b}{\rho} \cdot d$$

也就是说在解决此问题过程中，需要学习者通过已有知识技能的联系形成新的必要技能。这种知识与技能的组合对个体而言是未曾出现的，学习者解决此习题，需要运用"审题、分析题"等弱方法，可能还需要运用逆推法等弱方法搜索解决问题所需的技能，同时解决此习题还需将以前未曾建立联系的知识技能联系起来，故本题主要可归属于"创造"层次。

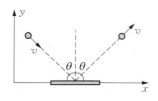

图 13 - 9 小球与木板碰撞示意图

【案例 13 - 5】

（1）动量定理可以表示为 $\Delta p = F\Delta t$，其中动量 p 和力 F 都是矢量。在运用动量定理处理二维问题时，可以在相互垂直的 x、y 两个方向上分别研究。例如，质量为 m 的小球斜射到木板上，入射的角度是 θ，碰撞后弹出的角度也是 θ，碰撞前后的速度大小都是 v，如图 13 - 9 所示。碰撞过程中忽略小球所受重力。

a. 分别求出碰撞前后 x、y 方向小球的动量变化 Δp_x、Δp_y；

b. 分析说明小球对木板的作用力的方向。

（2）激光束可以看作是粒子流，其中的粒子以相同的动量沿光传播方向运动。激光照射到物体上，在发生反射、折射和吸收现象的同时，也会对物体产生作用。光镊效应就是一个实例，激光束可以像镊子一样抓住细胞等微小颗粒。

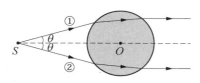

图 13 - 10 光束穿过介质小球的光路示意图

一束激光经 S 点后被分成若干细光束，若不考虑光的反射和吸收，其中光束①和②穿过介质小球的光路如图 13 - 10 所示。图中 O 点是介质小球的球心，入射时光束①和②与 SO 的夹角均为 θ，出射时光束均与 SO 平行。在下面两种情况下，请分析说明两光束因折射对小球产生的合力的方向。

a. 光束①和②强度相同；b. 光束①比②的强度大。

评析

此题由两个问题组成，第一问的解决是动量定理的"运用"层次的执行。第一问通过对常见的力学情境运用动量定理求解二维问题的具体方法进行详尽表述，这也是为第二问光镊效应的新情境做出知识和方法方面的铺垫。所以，在理解了动量定理 $\Delta p = F\Delta t$ 后，在新情境下的运用，需要运用弱方法"审题、分析题"分析出此情境下"光子与细胞碰撞"过程中，可用动量定理的特征，如动量变化以及与时间变化的关系，因为主要是单一规则的运用（因为在第一问中已经涉及牛顿第三定律判断小球对木板的作用力），故该题第二问的解决本质上属于动量定理"运用"层次的实施。

如果不设置第一问，要求学生直接解决第二问中的问题，学习者需要从题设情境中识别出介质小球受力的原因，光子微粒与介质小球间作用力不是电荷间作用力、不是磁场对运动带电体的力、不是万有引力等，同时解决此习题还涉及微粒数量、牛顿第三定律等组合运用，故属于"创造"层次。

对于综合物理习题的解决，也就是需要将多个物理概念和规律的规则联系在一起解决的习题，可以根据问题解决时，个体在不同阶段使用方法的类型，以及是否形成规则间新的联系来简单划分测试项目对应的是"分析"水平还是"创造"水平，如表 13 - 3 所示。

表 13-3 解决问题过程所处的层次

	形成问题空间 （理解问题）	确定策略	层次
情境熟悉	无需运用审题、分析题等弱方法	通常可用强方法,如案例 4-1 中专家解题。	理解
情境 不熟悉	情境真实 需要运用审题、分析题等弱方法识别其中的物理模型。前提:对物理概念和规律物理性质的理解	强方法	分析
		运用逆推、手段-目标等一般弱方法,或运用守恒、微元等领域弱方法选择解决问题所需技能; 结果:有规则的新联系或新的解决问题的思路,如案例 13-4。	创造
	情境抽象 需要运用审题、分析题等弱方法识别出习题所涉各物理模型中的隐含条件。前提:对物理状态或过程模型中隐含过程或状态条件达到理解	强方法,如案例 13-3。	分析
		运用逆推、手段-目标等一般弱方法,或运用守恒、微元等领域弱方法选择解决问题所需技能; 结果:有规则的新联系或新的解决问题的思路 如第八章第二节中新题的解决	创造

第二节　物理学业水平的测量

一、物理学科题型分类与比较

对学生学习结果的测试主要是通过学生完成特定的测试题实现的。测试题有不同的类型,物理学科的常见题型可作如下分类,如图 13-11 所示。[1]

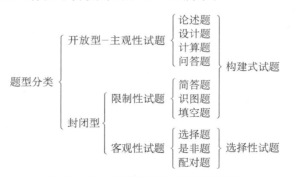

图 13-11　物理学科常见测试题题型

主观性试题的答案完全由答题者给出,命题者几乎不作限制,几乎没有标准答案(只有答案要点),因而评分时受评分者主观因素的影响较大,此类题型亦称为论文式试题或开放

---

① 郑晓蕙.生物课程与教学论[M].杭州:浙江教育出版社,2003:225.

型试题;客观性试题则相反,答案的范围已被明确给出,答题者只须从中做出选择,不同的评分者可以得出完全相同的评分结果,评分极具客观性;限制性试题答案的确定性则介于前两者之间,答案虽未给出,但题目有较明确的限定,其评分的客观性依具体试题编制方法而定,但不论怎样,其评分的一致性应是介于客观性试题与主观性试题之间。

从学生答题的方式来分,上述题型又可分为建构式和选择式两大类。建构式就是要求学生自己组织语言来回答问题;选择式就是学生从题目已给出的几个选择答案中选择出正确的答案。这也是一种很有意义的分类。

客观性试题的优点明显地多于主观性试题和限制性试题。客观性试题便于在较短的时间内测量出较多的教学目标,取样的覆盖面广,诊断功能强,评分方便和客观公正。但这类题型也存在明显的不足,比如难以测量学生的表达能力和较复杂的认知能力,区分度比较差。为弥补这些不足,限制性试题受到重视,简答题既有较好的评分客观性,又能在一定程度上测量学生的综合、创新能力,所以,在强调评分客观性的物理学科测试中,选择题、填空题和简答题是最常用的几种题型。

二、物理学科不同学习结果的测量

(一)物理事实性知识学习结果的测量

1. 事实性知识学习的结果

学生经过事实性知识的学习后,可以陈述事实性知识的内容或者说再现知识的内容。

2. 测量方法

再现知识内容一般采用填空、选择方式进行测试。

【案例 13 - 6】

例 1　马德堡半球实验是_____国科学家_____在马德堡完成的。

例 2　马德堡半球实验是哪一位科学家完成的?(　　　)

A. 伽利略　　　　B. 牛顿　　　　C. 马德堡　　　　D. 盖里克

例 3　1687 年牛顿的巨著《_____》问世,提出_____定律和_____定理,该论著的出版标志经典力学体系的建立。

(二)物理概念和规律"理解"层次的测量

物理概念和规律"识记"层次的测试如事实性知识测试。

在新课教学之后,教师需要评测并巩固学生对习得的物理概念和规律的理解。布置作业的过程中,其中理解类的问题一般以主观题为主,因为其主要考查对概念的释义、举例、转换、说明、比较等解释性的行为。

【案例 13 - 7】①

内能:内能是组成物体分子的无规则热运动动能和分子间相互作用势能的总和。影响

---

① 本例由南汇中学王一研老师提供。

内能的宏观因素是温度、体积和状态,改变的方式有热传递和做功两种。

命题网络如图 13-12 所示:

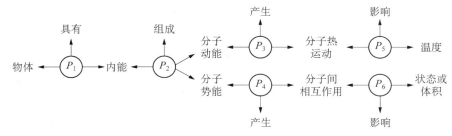

图 13-12 "内能"命题网络示意图

新课结束后,教师提供给学生的巩固及评测"理解"层次的主观题如表 13-4 所示。

表 13-4 有关"内能"巩固及评测"理解"层次主观题

题号	内容	评测目标及分析
题1	内能是指物体的内能还是分子的内能?	解释。测试内能的归属,是物体的还是分子的,对 P_1、P_2 进行解释、释义。
题2	物体的内能由哪两部分组成?	解释。测试对内能组成这一个意义单元的理解。对 P_2 进行解释。
题3	分子动能产生的原因和影响因素是什么?请举例说明什么情况下分子动能发生变化。	解释并举例。测试对内能子概念——分子动能(P_3、P_5)的理解。由于学生对于机械运动的动能概念比较深刻,现在需要学生将重点聚焦于"分子"动能,理解分子微观的热运动与机械运动是无关联的。而举例说明影响因素是进一步加强对热运动的理解。
题4	一飞机在高空中以某一速度飞行,有人说: 由于飞机中所有分子都具有速度,所以分子具有动能。	比较。内能中的分子动能是指物体内所含分子无规则运动的动能。飞机具有的动能是相对地面参考系以速度 v 飞行,这部分动能通常不参与热现象中的能量交换,所以在热学系统变化研究中一般不考虑物体的机械能,除非它会与物体内能发生某种转化,如摩擦生热。解答此题,主要是比较内能中分子动能与宏观物体相对一定参考系运动具有动能之间的不同,也是内能中分子动能与宏观物体机械能中的动能相应命题的不同。
题5	北方冬季经常寒风怒吼,风大表示空气分子运动速度大,寒冷表示空气的温度低,即空气分子的平均动能小,二者是否矛盾?	比较。解答此题,大风中分子动能是风整体宏观动能,寒冷表示温度低,即空气中分子无规则运动的平均动能小,二者讨论的动能不同,故不矛盾。实际上是比较内能中分子动能(平均平动能)与宏观物体的动能的不同。
题6	分子势能产生的原因和影响因素是什么?请举例说明在什么情况下分子势能发生变化。	解释并举例。测试对内能子概念——分子势能(P_4、P_6)的理解。分子势能概念更抽象,与分子相互作用力有关,因此需要学生借助重力势能概念进一步理解分子距离变化引起分子力做功导致分子势能变化,而宏观上又体现为物质状态、体积的改变。抽象的理解需借助具体的实例。
题7	有同学认为"0 摄氏度的 1 g 冰"熔化成"0 摄氏度的 1 g 水"的过程中平均动能和内能均不变,你同意他的观点吗?请说明理由。	推断。测试对平均动能决定因素和内能内涵的理解。冰在熔化过程中温度不变,温度不变,则平均平动能不变,但体积改变,分子势能改变,故内能改变。本题未考查内能如何变化,因需要运用能量转化观点,又涉及了另一个知识点,因此理解类问题出题最好以单一知识点的考查为宜。

题号	内容	评测目标及分析
题8	容器内装有一定质量的气体，在保持体积不变的条件下使它温度升高，气体内能如何变化？	根据意义单元：温度影响气体分子平均平动能，温度高，平均平动能大，推断：分子势能不变，平均平动能增大，内能增大。
题9	容器内装有一定质量的气体，在保持温度不变的条件下压缩气体，气体内能如何变化？	推断行为，分析同上。
题10	请你用自己的语言简要说明"内能"与"机械能"在产生原因、影响因素、改变方式等方面的区别与联系（可自己创设物理情境辅助说明）。	比较。将内能和与之相近的概念——比如机械能，这两者的命题进行比较，找到这两个概念子命题中哪些成分是有区别的，哪些成分是有联结的。
题11	请完成下列思维导图中的空白处。	解释。用本质相同但形式不同的结构化表述进行"等值转换"。

（三）物理概念和规律"运用"层次的测量

物理概念和规律运用学习后，内部形成物理性质的产生式表征，根据学习者对测试项目启动产生式所学条件的不同识别过程，对单一规则的运用，可以分为两种形式：一是执行；二是实施。当完成测试项目时，学习者无需经历"审题"、"分析题"即可基本确定需要运用的物理概念或规律，则此测试项目测量学习者"执行"层次。当完成测试项目时，学习者需要经历"审题"、"分析题"等弱方法，才能确定测试项目中需要运用的物理概念和规律，则该测试项目测量学习者是否达到"实施"层次。

【案例 13 - 8】

在学习"匀速直线运动的路程速度关系"后，完成如下测试，属于执行和实施层次的测试。

例 1　做匀速直线运动的物体在 10 秒内通过的路程为 50 米，则此物体的速度为＿＿＿＿。它在第 4 秒时速度为＿＿＿＿。在 4 秒内通过的路程为＿＿＿＿。

例 2　某飞机在 5 秒内匀速飞行了 1 000 米，它的飞行速度为＿＿＿＿米/秒，合＿＿＿＿千米/时。

例 3　一辆公共汽车在道路上以 55 km/h 的速度行驶。突然一个孩子以 2 m/s 的速度横穿马路。如果公交车驾驶员在 0.75 s 的反应时间后立即刹车，则汽车在减速前已行驶了多远？

评析

在例 1、例 2 中，学习者不难识别出需要用匀速直线运动的路程速度关系求解，对应为

"执行"层次测试项目。

例 3 中学习者需要根据题设抽象出运动情境，从驾驶员看到孩子到踩下刹车用时 0.75 s，公交车在驾驶员踩刹车前还是做匀速直线运动，还要排除孩子 2 m/s 速度和最后待求无关，然后选择出匀速直线运动的路程和速度关系求解，此测试项目对应"实施"层次。

采用计算题形式，可以把握学生解决问题的过程，从而更好地显现学生是否真正会运用速度和路程关系解决问题，而采用填空题和选择题形式，由于提供的信息量较多，相对来说学生容易完成，并且选择和填空还容易有猜测的可能，因此如果要考查学生是否真正会"运用"特定概念、定理(律)，那么采用计算题的形式较好。

【案例 13 - 9】

学习左手定则后，请学生完成以下测试题。

例 1　已知磁场和电流方向(如图 13 - 13)，请作出下列电流所受的磁场力方向。

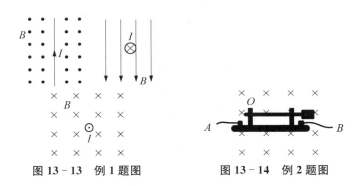

图 13 - 13　例 1 题图　　　　图 13 - 14　例 2 题图

例 2　某同学想设计一个能在电流过大时自动断开的电键。他将电键放在如图 13 - 14 所示的匀强磁场中，为了达到他预设的效果，你认为电键的 A、B 两个接线柱，哪个应接电源正极？(O 为转动点)

评析

关于例 1 的求解。用习得的规则解决熟悉的情境问题，个体表现出一种依照左手定则所蕴含规则而"做"事的行为，启动的是"如果/则"的产生式。学习者只要知道规则即可，属于"运用"层次的执行。

关于例 2 的求解。本题为不熟悉的情境，个体需要先从题设情境中运用弱方法识别出相应的条件，再搜索选择符合条件用来执行的"规则"。可以用向前推理的方式寻找解决该问题的途径。

结果是，电流过大时"自动断开"，其条件是什么？

电键受力。

是什么方向的力？

向上。

谁施加的力？

磁场对电流的力。

这个力的方向与什么因素有关？

电流、磁场方向。

该怎么判断？

左手定则。

已知什么？求什么？

已知磁场力和磁场的方向，求电流的方向。

显然，与执行相比，实施需要学生对测试项目所需运用的物理概念和规律达到"理解"层次。

（四）物理系统化知识学习结果的测量

1. 系统化知识学习的结果

学生习得系统化的知识系统，以图式、命题网络等形式存储。

2. 测量方式

学生习得系统化的知识是以图式、命题网络等形式存储的，其外显行为中学生可以回答哪些知识点之间存在有关系以及有什么关系，因此为了测量学生是否习得系统化知识，一种方式是用简答等形式要求学生回答各知识点间的关系，也可以使用与学习情境有变化的同一类方式进行测试。

【案例 13-10】

如果学习时呈现的方式如表 13-5 所示：[①]

表 13-5　电流表与电压表的比较

		电压表	电流表
不同点	用途	测量电路两端的电压	测量电路中的电流
	符号	Ⓥ	Ⓐ
	连接方式	并联在被测电路两端	串联在被测电路中
	与电源相接	能够直接并联在电源两端	决不允许不经过用电器就直接连接电源
相同点		1. 使用前要调整指针在零刻度； 2. 确定电表的量程和最小刻度； 3. 要使电流从正接线柱流进、负接线柱流出； 4. 使用时要选定适当的量程； 5. 待指针稳定后读数。	

在测试学生是否习得这部分知识时，测试题应与原先的呈现方式有变化，如可采用以下

---

① 曲一线. 初中习题化知识清单（物理）[M]. 北京：首都师范大学出版社，2013：51.

形式：

形式1　请同学完成表13－6。

表13－6　电压表与电流表的比较

	不同点				相同点
	用途	连接方式	符号	与电源相接	
电压表					
电流表					

形式2　请比较电流表和电压表在连接方式、表示方法及使用时的相同和不同之处。

评析

测量学生是否真正习得系统化知识，测试题应与原来的呈现方式不同。形式1测试题提供的信息较多，且与学生习得时的情境相似，形式2的测试情境与学生习得情境不同，并且需要学生自己组织回答。对比可知，两种形式对学生而言难度不同，教师可以依据学生习得后的外显行为，选择不同的测试题来控制难度。

（五）物理学科问题解决的测量

物理习题需要运用多个物理规律求解，物理习题属于结构良好的问题。

结构良好的问题解决是指问题的解决有明确的目标、解决步骤，并且解决问题时需要运用多个概念、定理（律），结合一定的解决策略来完成。

测试方法可采用综合题形式，采用填空、选择、计算题等亦可。可参照本章第一节表13－3所示所类标准来制定或选择适当的测试项目。

（六）物理学科方法学习结果的测量

在一次具体类型的学习活动中，或多或少都要运用认知策略（方法），学生既习得具体的学科知识，同时由于学习过程中又运用策略，因而自发地或在教师引导下也会习得策略。就策略学习来说，一般也有三个层次：第一，学生知道并能够回答所使用的策略，即"识记"；第二，学生理解该策略使用的条件和场合，即"理解"；第三，学生能够在解决一定的问题时运用该策略，即"运用"。

【案例13－11】

例1　"曹冲称象"的故事流传至今，最为人称道的是曹冲采用的方法，他把船上的大象换成石头，而其他条件保持不变，使两次的效果（船体浸入水中的深度）相同，于是得出大象的重就等于石头的重。人们把这种方法称为"等效替代法"。请尝试利用"等效替代法"解决下面的问题。

（1）探究目的：粗略测量待测电阻R_x的值；

（2）设计实验和进行实验：用如图13－15甲所示的电路可以测量一个未知电阻的阻值，其中R_x为待测电阻，R为电阻箱（符号为——），S为单刀双掷开关，R_0为定值电阻。某

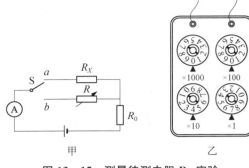

图 13-15　测量待测电阻 R_x 实验

同学用该电路进行实验,主要步骤有:

A. 把开关 S 接 b 点,调节电阻箱,使电流表的示数为 I;

B. 读出电阻箱的示数 R;

C. 把开关 S 接 a 点,读出电流表的示数为 I;

D. 根据电路图,连接实物,将电阻箱的阻值调至最大。

① 上述步骤的合理顺序是_____(只需填写序号)。

② 步骤 A 中电阻箱调节好后示数如图 13-15 乙所示,则它的示数为_____Ω。若已知 R_0 的阻值为 10 Ω,则待测电阻的阻值为_____Ω。

③ 本实验所采用的物理思想方法可称为_____(选填"控制变量法"或"等效替代法")。

例 2

(1)探究目的:粗略测量待测电阻 R_X 的值;

(2)实验器材:待测电阻 R_X、电阻箱、定值电阻 R_0、电源、电压表、开关、导线若干。

请设计用等效替代法测量 R_X 电阻的实验电路图。(要求所设计的电路在连接好后,只能通过开关改变电路连接情况)

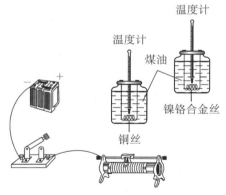

图 13-16　电流热效应与电阻关系实验

例 3　小明要用如图 13-16 所示的实验器材探究电压一定时,电流热效应与电阻的关系。其中瓶内电阻丝的长度、粗细都相同。

(1)请你用笔画线代替导线,帮他把电路连接完整。

(2)电流产生热量的多少不易直接测量。因此,在这个实验中是通过_____显示电流产生热量的多少的。像这种用能直接观测的量来显示不易直接观测的量的方法叫"转换法"。这种方法在物理学的研究中经常用到,请你列举一例:_____。

(3)在这个实验中,除了控制电压一定外,还要控制的量有_____。

(4)在这个实验中,若两个电阻丝的通电时间相同,则_____瓶内温度计的示数升高的多。

评析

"等效替代法"是物理学科研究中最常使用的研究方法之一。例 1 中,第 3 问要求学生回答方法是什么,学生能够回答就说明学生达到"识记"层次。

第 1 问的解决中,学生需要"运用"等效替代法来获得结论,由于测题中呈现的情境与学生学习这部分内容选用的材料和实验步骤略有不同,学生能够完成则说明学生达到该策略(方法)的"运用"层次。

在例 2 中,若学生完成任务,则达到该方法的"运用"层次。但学生能否真正解决该问题,还需要学生具备串并联电路连接的基本知识和技能,以及电压表使用的知识等。

例 3 主要涉及"转换法"的测量,若学生能够回答第 2 问中的第二空,说明达到转换法的"理解"层次;能够回答第 3 问,则说明学生达到了控制变量法的"运用"层次;依据焦耳定律能够回答第 4 问,则说明学生达到了焦耳定律的"运用"层次。

(七)物理概念和规律习得过程的测量

除了对概念和规律本身意义的考查外,还应对概念和定律的习得过程进行考查。

第一,学习后学生能陈述概念和规律习得的过程,即达到"识记"层次;第二,学习后学生能用自己的语言陈述物理概念和规律习得的过程,即达到"领会"层次。

【案例 13-12】"影响电阻大小的因素"的考查

例 1   在如图 13-17 所示研究导体的电阻大小与哪些因素有关的实验中,如要研究电阻的大小与导体横截面积有关时,应取导线组(   )。

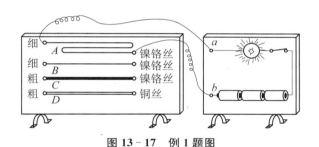

图 13-17   例 1 题图

A. A 和 B B. A 和 C

C. B 和 C D. C 和 D

例 2   如图 13-18 所示,在研究导体电阻影响因素的实验中,当分别将 C、D 接入电路中,你观察到的现象是_____、_____,从中可以得出导体电阻与导体_____有关。

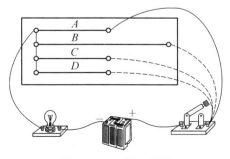

图 13-18   例 2 题图

例3 请简述"影响电阻大小的因素"一节教学中的结论以及获得各结论的依据。

评析

例1和例2与学习情境相似,学生能解决就说明达到了对此学习过程的识记层次;例3中测试题的情境与学习时相差较大,需要学生对学习过程进行梳理并组织进行回答。学生能解决此问题,表明学生达到对"影响电阻大小的因素"一节学习的理解层次,即"知其所以然"。

(八) 对态度及科学精神的考查

态度有三个成分,学习者能够举例陈述态度的认知内容,或能够从自己及他人的行为中辨识出体现的科学精神,则表明学习者达到态度的"理解"层次;如果学习者能够稳定地表现出特定态度或科学精神所要求的行为,则说明学习者达到该态度的"性格化"阶段。

【案例 13 - 13】

著名物理学家卢鹤绂在回顾自己的研究经历时,曾有如下描述:一切就绪,实验开始了。我的实验室是第 77 号房间。操作这台质谱仪并不容易,光是稳定仪器性质就得花上几天时间。然而比这更难的是究竟选择什么合理的矿物来测定。在我之前的科学家用的锂离子热源矿物质是锂辉石,它是一种透明、呈淡绿色或粉红色的含锂矿石,把它研磨成粉末,在灯丝上加热,锂离子就释放出来。大家公认锂辉石是最理想的锂离子热源。可是,我并不相信,我是个不唯书的人,我就去请教地质系的助教 W 先生,问他:"含锂的矿有多少种?"他为我推荐了一大堆矿物,从中我终于筛选出一种效果极好的磷矾石,发现用磷矾石粉末做锂离子热源,释放锂离子的效果好,温度不用升得很高,热源被烧坏的可能性就小得多,寿命也就延长了。对此,我如获至宝。

问题:从上面的描述中,尤其是画下划线的部分,主要体现了卢鹤绂具有什么科学精神?
(   )

A. 求真务实精神   B. 理论联系实际的态度   C. 创新精神

D. 精益求精的工作态度   E. 充满探究的理性精神

评析

显然在纸笔考试中,对态度的考查,一般只能要求学生回答特定态度的认知内容和相应行为,并不能测试出个体在存在利益冲突的情况下对特定态度行为选择的概率。所以,纸笔考试并不是测试学习者态度的适当方式。

三、拓展讨论

在教学中,特别需要重视学习-测评的一致性。

显然,对于物理概念和规律的学习,其基本的目标应该是使学生达到"理解物理概念和规律的物理性质"的层次,所以在新授课后,测试项目应以学习者能够表现出对所学物理概念和规律的性质以及性质形成依据的"解释"、"举例"、"说明"、"分类"等行为为宜,此类问题通常都要求学习者自己组织语言来阐述,属于主观性试题;在终结性测试中,如期中期末考、中考、高考等测试中,由于主观性试题阅卷中存在的客观困难,所以,要测试学习者是否达到"理解具体物理概念和规律的物理性质",建议测试项目可比较多地设置"运用"层次实施类的试题,这样既可考查学习者对规律的物理性质的理解,还可考查其执行规则的能力。案例13-14是某地2017年中考物理卷,[①]计算题共四道,前两道题与后两道题的第1、第2问,本质上考查的都是单一概念和规律"运用"层次中的执行,后两题的第3问,考查的也是多规则的"运用"层次中的执行。

【案例13-14】 19. 金属块排开水的体积为 $2×10^{-3}$ 米^3,求金属块受到浮力的大小。

20. 物体在50牛的水平拉力作用下沿拉力方向做匀速直线运动,10秒内前进了20米。求此过程中拉力做的功和拉力的功率。

21. 甲、乙两个薄壁圆柱形容器(容器足够高)置于水平地面上。甲容器底面积为 $6×10^{-2}$ 米^2,盛有8千克的水。乙容器有深度为0.1米、质量为2千克的水。①求乙容器中水的体积。②求乙容器底部受到水的压强。③现从甲容器中抽取部分水注入乙容器后,甲、乙两容器底部受到水的压力相同。求抽水前后甲容器底部受到水的压强变化量。

22. 在如图13-19所示的电路中,电源电压保持不变,电阻 R_1 的阻值为20欧。闭合电键S,两电流表的示数分别为0.8安和0.3安。①求电源电压 U。②求通过电阻 R_2 的电流。③现用电阻 R_0 替换电阻 R_1、R_2 中的一个,替换前后,只有一个电流表的示数发生了变化,且电源的电功率变化了0.6瓦,求电阻 R_0 的阻值。

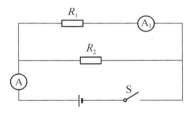

图13-19 第22题图

此类习题针对"运用"层次中的执行,考查不出学习者是否理解所用规律的物理性质,如果考试多以此类测试题为主,客观上就会将教师的教学行为导向对规则的操练。鉴于中考、高考对教学的巨大导向作用,此类习题似不应在中考、高考中占据主体地位。

学业水平的测量需要以教育目标分类学为依据,因此,命题者只有把握学业水平各层次的内部表征方式以及相应的外显行为,才能制定出有针对性、有效的测量项目,以免出现学-考不一致的现象,避免将物理教学导向机械训练的歧途。

思考与练习

(1) 试举例解释布卢姆教育目标分类中"理解"层次的七种外显行为表现之间的联系。

(2) 试举例说明布卢姆教育目标分类中"应用"层次的执行、实施两种行为间的异同。

(3) 请解释科学方法的实质,并制定相应的测试项目。

① https://wenku.baidu.com/view/5a526024c4da50e2524de518964bcf84b9d52d6f.html.

图书在版编目(CIP)数据

物理学习与教学论/陈刚著. —上海:华东师范大学出版社,2019
(基于学习科学的学科教学丛书)
ISBN 978 - 7 - 5675 - 9207 - 0

Ⅰ.①物…　Ⅱ.①陈…　Ⅲ.①物理学—教学研究—高等学校　Ⅳ.①O4 - 42

中国版本图书馆 CIP 数据核字(2019)第 118394 号

物理学习与教学论

著　者	陈　刚
项目编辑	范美琳
审读编辑	程云琦
责任校对	郭　琳
装帧设计	俞　越

出版发行　华东师范大学出版社
社　　址　上海市中山北路 3663 号　邮编 200062
网　　址　www. ecnupress. com. cn
电　　话　021 - 60821666　行政传真 021 - 62572105
客服电话　021 - 62865537　门市(邮购)电话 021 - 62869887
地　　址　上海市中山北路 3663 号华东师范大学校内先锋路口
网　　店　http://hdsdcbs.tmall.com

印 刷 者　上海锦佳印刷有限公司
开　　本　787×1092　16 开
印　　张　19
字　　数　399 千字
版　　次　2019 年 8 月第 1 版
印　　次　2019 年 8 月第 1 次
书　　号　ISBN 978 - 7 - 5675 - 9207 - 0
定　　价　49.00 元

出 版 人　王　焰

(如发现本版图书有印订质量问题,请寄回本社客服中心调换或电话 021 - 62865537 联系)